콘크리트 실무매뉴얼 KCI PM104.1-20

철근의 정착이음 상세 매뉴얼

실무지침편찬특별위원회

사단법인 한국콘크리트학회 Korea Concrete Institute

발간사

일정한 길이로 생산되는 철근은 구조물의 형상과 치수 및 적용 위치에 따라 이음 또는 절단 및 정착이 필연적으로 발생됩니다. 이음은 두 부재를 길이방향으로 이어서 길이를 연장하는 의미로서 단순히 길이연장의 의미뿐만 아니라 두 부재를 잇기 전과 비교하여 동등 이상의 성능이 발현되도록 하여야 합니다. 정착은 한 부재가 다른 부재에 단단하게 붙어 있는 의미로 해석되지만, 조건에 따라 정착의 정도는 달라지게 됩니다. 콘크리트구조 학회기준(KCI 2017)에서는 '철근콘크리트 부재 각 단면의 철근에 작용하는 인장력 또는 압축력이 단면의 양측에서 발휘될 수 있도록 묻힘길이, 갈고리, 기계적 정착 또는 이들의 조합에 의하여 철근을 정착하여야 한다.'고 규정하고 있으며, 한국콘크리트학회에서 발간된 콘크리트용어해설집에서 정착길이는 '철근콘크리트 구조물에서 매입된 철근이 설계기준 항복강도를 발현하기 위하여 필요한 위험단면으로부터의 최소묻힘길이'로 정의하고 있습니다. 어떠한 경우라도 이음부 및 정착부에 해당되는 철근은 본래 철근이 가지고 있는 성능 한도까지 발현되어야 하며, 이때까지 파괴에 도달되지 않도록 충분한 이음길이 및 정착길이가 확보되어야 합니다. 이음길이 및 정착길이는 부재종류, 철근과 콘크리트의 재료물성, 철근크기, 위치, 간격, 피복두께, 철근의 표면상태 등 다양한 변수에 따라 달라지고, 경우에 따라서는 매우 큰 이음 및 정착길이를 필요로 하기 때문에 비경제적일 수 있고, 다양한 이음길이 및 정착길이를 수용할 만큼 현장여건이 좋지 않은 것이 현실입니다. 구조물이 복잡 다양해지고, 재료의 성능은 향상되고, 또한 안전성 및 시공성이 확보된 신공법이 나날이 개발됨에 따라 철근 이음 및 정착과 관련된 시공법이 점점 중요해지고 있습니다.

현장여건 및 시공성을 고려했을 때, 직선형태의 겹침이음보다는 용접이음 또는 기계적이음이 많이 적용되고 있으며 특히, 용접이음과 달리 비숙련공 작업이 가능한 기계적이음을 선호합니다. 정착에서도 직선형태의 정착보다는 갈고리정착 및 확대머리철근정착이 그 대안으로 활용되고 있습니다. 향후에도 지속적으로 고전적인 직선 겹침이음과 직선 정착을 기본적인 비교대상으로 하여 보다 효율적이고 경제적인 방식으로 또 다른 형태의 이음 및 정착 방식이 개발될 것으로 판단됩니다. 부재력 산정을 위한 부재설계에서 철근의 정착 및 이음부의 배근상세는 고려하지 않으며, 이 부분에서의 성능은 정착 및 이음되지 않는 부분의 철근과 동등한 성능을 가지는 것으로 가정하기 때문에 구조설계에서는 이 부분에서의 정착 및 이음성능이 확보된 것으로 결정되며 파괴도 이 부분에서 발생되지 않는다고 가정합니다. 그러나 실제 현장에서는 정착 및 이음부에서의 구조적 문제점이 발생되기 때문에 설계조건과 실제조건이 다른 상황이 발생하며, 이럴 경우 대부분 성능 발현 이전에 파괴에 도달하므로 매우 취성적이며 바람직하지 않은 파괴 가능성이 있습니다. 구조설계 조건과 동일한 조건, 즉 이음부 및 정착부에서의 구조적 문제 및 파괴가 발생되지 않도록 하여야 하며, 인명보호 및 지속적이고 효율적인 유지관리 관점에서 설계자, 시공자, 관리자 등 모든 건설관계자는 정착 및 이음에 대한 중요성을 인식하여야 할 것으로 생각됩니다.

본 실무매뉴얼은 콘크리트구조 학회기준(KCI 2017) 08장 정착 및 이음에 관한 내용을 중심으로 정리하였으며, 이와 관련된 국내·외 기준과 비교하여 기술하였습니다. 실무매뉴얼 구성은 크게 철근이음과 철근정착으로 구분하여 기술하였으며, 철근이음 부분은 겹침이음과 기계적이음으로, 철근정착 부분은 갈고리정착과 확대머리철근정착으로 다시 나누어 국내·외 관련 기준과 비교·분석하여 기술하였습니다. 또한 실무적용을 위해 부분의 예제를 포함하고 있습니다.

철근의 정착이음에 관한 내용으로 금번에 처음 발간된 본 실무매뉴얼은「철근의 정착이음 상세 매뉴얼」로서 한국콘크리트학회 전문연구위원회 중 정착-이음위원회 주관으로 발간하였으며, 다변화하는 건설시장에서 요구되는 전문적 지식과 사회적 요구에 적극적으로 대응하고 정착 및 이음에 대한 실질적인 안전이 확보될 수 있도록 활용되기를 기대합니다.

2020년 2월

사단법인 한국콘크리트학회

콘크리트 실무지침편찬특별위원회 위원장　배수호

제16기 회장　이재훈

머리말

건설 구조물이 안전하게 설계되었더라도 실제 시공단계에서 설계와 다르게 시공하면 구조물의 안전성을 보장할 수 없으며, 구조물 안전과 연관된 구조부재의 철근배근 상세는 구조부재의 성능과 직결되기 때문에 시공시 주의하여야 합니다. 특히, 철근정착 및 이음에 대하여 정착길이 및 이음길이가 실제로 확보되지 못하거나 현장여건상 설계와 다른 방법으로 정착 및 이음을 할 수밖에 없는 상황이 발생됩니다. 이때 가장 효율적인 방법으로 문제를 해결해야 하지만 바로 해결방법을 찾지 못하고 시간을 허비하는 경우가 종종 발생하고 심지어 안전성을 확보하지 못한 채 경험적이고 임의적인 시공이 이루어지는 것이 현실입니다. 정착되거나 이음되는 위치가 상대적으로 응력이 작은 곳에서 행해지면 정착길이 및 이음길이가 확보되지 않더라도 파괴시점에서 정착부(또는 이음부)의 파괴가능성이 낮다는 막연한 생각은 버려야 하며, 생명과 직결되는 안전 확보를 위해 모든 건설인들이 책임감을 가지고 실무에 임해야 할 것으로 생각됩니다. 건설현장에서 발생하는 여러 문제점을 해결하고 조금이나마 도움이 되도록 철근의 정착이음 상세 매뉴얼을 제정하게 되었습니다.

제1장 서론

제2장 철근이음 기준 비교 분석(겹침이음, 기계적이음)

제3장 철근정착 기준 비교 분석(갈고리정착, 확대머리철근정착)

제4장 예제(겹침이음, 기계적이음, 갈고리정착, 확대머리철근정착)

제5장 맺음말

철근의 정착이음 상세 매뉴얼 구성은 철근이음과 철근정착으로 구분하여 기술하였으며, 철근이음 부분은 다시 겹침이음과 기계적이음으로 세분화하고, 철근정착 부분은 갈고리정착과 확대머리철근정착으로 세분화하여 국내·외 관련 기준과 비교하여 기술하였습니다. 또한 실무적용을 위해 각 부분별 예제를 포함하였습니다.

금번에 처음 발간되는 철근의 정착이음 상세 매뉴얼을 통해 다변화하는 건설시장에서 요구되는 전문적 지식과 사회적 요구에 적극 대응하고 철근의 정착 및 이음에 대해 안전하고 경제적인 구조물의 설계와 시공에 활용될 수 있기를 희망합니다. 또한, 본 실무매뉴얼은 향후 시대적 변화에 능동적으로 대응하기 위하여 지속적인 연구와 변화된 기준에 효율적으로 대처할 수 있도록 노력하겠습니다.

2020년 2월

정착이음위원회

위원장　하상수

집필진

집필책임자	하상수 (강남대학교)	
집 필 위 원	강현구 (서울대학교) 김길희 (공주대학교) 김민준 (한국토지주택공사) 김상구 ((주)부원BMS) 김승훈 (한밭대학교) 문도영 (경성대학교) 송근택 (힐티코리아㈜)	이득행 (충북대학교) 이재훈 (영남대학교) 정형석 (경남대학교) 천성철 (인천대학교) 최동욱 (한경대학교) 황도규 (영남대학교)

검토위원

검 토 위 원	정영수 (중앙대학교)	박홍근 (서울대학교)

발간물심의위원회

위 원 장	이정윤 (성균관대학교)
위 원	김한수 (건국대학교), 문도영 (경성대학교), 이기학 (세종대학교) 이종한 (인하대학교), 전종수 (한양대학교), 최형길 (경북대학교)

기획 | 실무지침편찬특별위원회

위 원 장	배수호 (안동대학교)
부 위 원 장	홍건호 (호서대학교))
간 사	이기학 (세종대학교)
위 원	강현구(서울대학교), 권승희(명지대학교), 김강수(서울시립대학교) 김대호(㈜한국구조물안전기술사사무소), 김상식(인하대학교), 김상철(한서대학교) 김순환((주)창민우컨설턴트), 김승훈(한밭대학교), 김영진(한국콘크리트학회) 김지상(서경대학교), 김진근(KAIST), 김태훈(삼성물산(주) 건설부문), 문도영(경성대학교) 신현목(성균관대학교), 연규석(강원대학교), 이건철(한국교통대학교) 이도형(배재대학교), 이재훈(㈜도화구조), 이창홍(㈜포스코건설), 정 란(단국대학교) 정영수(중앙대학교), 정하선(전우구조기술사무소), 조창근(조선대학교) 최병한(한국농어촌공사 농어촌연구원), 한천구(청주대학교)

차 례

04장 예제

05장 맺음말

1 장

서론

철근은 인장에, 콘크리트는 압축에 잘 저항하는 장점을 가지며, 두 재료가 조합되어 철근콘크리트구조를 형성한다. 그러므로 철근콘크리트구조는 두 재료 간의 힘 전달이 원활하다는 조건에서 성립되는 구조이다. 철근과 콘크리트 간의 힘 전달이 원활하기 위해서 철근은 콘크리트에 잘 정착되어야 한다.

공장에서 일정한 길이로 생산되는 철근은 구조물의 형상과 치수에 따라 연장되거나 절단하여야 한다. 연장이 필요하여 철근을 이음하는 경우에는 힘을 연속적으로 전달해야 하고 응력이 한 곳에 집중되지 않아야 한다.

철근의 이음에는 겹침이음과 기계적이음을 주로 사용한다. 철근콘크리트구조물에 대한 설계 및 시공기술이 고도화되고 재료가 고강도화되면서 철근의 정착과 이음에 대한 중요성은 더욱 증가되고 있다.

이 매뉴얼은 콘크리트구조와 재료에 대한 전공자, 건설현장 실무자를 대상으로 철근의 정착 및 이음에 대한 이해를 증진시키고, 특히 최근 빈번히 사용되고 있는 확대머리철근 정착과 커플러를 이용한 기계적 철근이음 방법의 설계에 있어 참고가 될 수 있도록 편찬하였다.

이 매뉴얼은 5개의 장으로 구성하였다. 2장은 철근의 이음(겹침이음과 기계적이음)에 대한 국내 및 국외의 설계기준을 비교하고, 3장은 철근의 정착(갈고리정착과 확대머리철근정착)에 대한 설계기준을 비교하였다. 국내기준은 2017년 발표된 콘크리트구조 학회기준(2017)의 내용에 근거하고 있으며, 일본, 미국 및 유럽의 관련기준을 비교하였다. 4장은 이음과 정착에 대한 예제를 다루었다. 이음에 대한 예제의 경우 기둥, 교량 바닥판 및 연속보에 대한 예제를 국내기준과 국외기준으로 풀어서 비교하였다. 정착에 대한 예제에서는 보-기둥 접합부에서 갈고리정착과 확대머리철근정착 예제를 풀이하고 비교하였다.

2장 철근이음 기준 비교 분석

2.1 겹침이음

2.1.1 겹침이음 국내 설계기준

1) 콘크리트구조 학회기준(2017)

콘크리트구조 학회기준(2017)은 철근의 겹침이음에 관해 ACI 318과 동일하게 규정하고 있다. 겹침이음은 인장을 받는 철근과 압축을 받는 철근으로 구분하여 규정하고 있으며, 기둥의 철근이음과 내진설계에 대해서는 추가 규정을 두고 있다.

콘크리트구조 학회기준(2017)의 철근 겹침이음 관련 규정을 요약하면 표 2.1과 같다.

표 2.1 콘크리트구조 학회기준(2017)의 겹침이음 규정 요약

구 분	규 정	내 용
인 장	8.6.1 이음 일반 8.6.2 인장 이형철근 및 이형철선의 이음	• 겹침이음길이 $l_d = \frac{0.90 d_b f_y}{\lambda \sqrt{f_{ck}}} \frac{\alpha\beta\gamma}{\left(\frac{c+K_{tr}}{d_b}\right)}$

			- A급 이음 : $1.0l_d$ - B급 이음 : $1.3l_d$ • D35를 초과하는 철근의 겹침이음 금지
압 축		8.6.1 이음 일반 8.6.3 압축 이형철근의 이음	• 겹침이음길이 $l_s = \left(\frac{1.4f_y}{\lambda\sqrt{f_{ck}}} - 52\right)d_b$ • D35를 초과하는 철근의 겹침이음 금지
내진	소성힌지 이외 영역	21.5 특수모멘트골조의 휨부재 21.6 휨모멘트와 축력을 받는 특수모멘트골조 부재	• 구속 철근 배치 필수 • D35를 초과하는 철근의 겹침이음 금지
	소성힌지 영역	21.5 특수모멘트골조의 휨부재 21.6 휨모멘트와 축력을 받는 특수모멘트골조 부재	• 사용 금지

D35를 초과하는 철근의 겹침이음에 대한 실험자료가 불충분하므로 이러한 철근의 겹침이음은 금지하고 있다. 콘크리트구조 학회기준(2017)의 철근 겹침이음 관련 규정 중 이음 일반에 대한 내용은 다음과 같다.

기준
8.6 철근의 이음 8.6.1 이음 일반 (2) 겹침이음은 다음 규정에 따라야 한다. ① D35를 초과하는 철근은 겹침이음을 할 수 없다. 다만, 8.6.3(2)와 12.4.2(4)는 이 규정을 적용하지 않는다. ② 다발철근의 겹침이음은 다발 내의 개개 철근에 대한 겹침이음길이를 기본으로 하여 결정하여야 하며, 각 철근은 8.2.4에 따라 겹침이음길이를 증가시켜야 한다. 그러나 한 다발 내에서 각 철근의 이음은 한 군데에서 중복하지 않아야 한다. 또한 두 다발철근을 개개 철근처럼 겹침이음을 할 수 없다. ③ 휨부재에서 서로 직접 접촉되지 않게 겹침이음된 철근은 횡방향으로 소요 겹침이음길이의 1/5 또는 150mm 중 작은 값 이상 떨어지지 않아야 한다.

해설

① D35를 초과하는 철근의 겹침이음에 대한 실험 자료가 불충분하므로 이러한 철근의 겹침이음은 금지되어 있다. 다만, D35 이하의 철근과 압축겹침이음을 하는 경우에는 8.6.3(2)와 12.4.2(4)에 따라 D35를 초과하는 철근의 겹침이음을 허용한다.

② 다발철근에 대해 겹침이음길이를 증가시키는 것은 콘크리트와 접하는 철근표면적이 감소하는 것을 고려한 것이다. 8.6.2(1) 또는 8.6.3(1)의 규정에 따라 계산된 겹침이음길이는 개개의 철근에 적용된다. 따라서 다발철근의 겹침이음은 두 개의 다발철근을 하나의 철근처럼 이루어져서는 안 되며, 다발의 길이에 따라 개개의 철근을 각각 겹침이음하는 것으로 보고 겹침이음길이를 구해야 하므로 다발 내 각 철근들의 겹침이음길이는 증가되어야 한다.

③ 철근이 겹침이음에서 서로 접촉되지 않고 그 간격이 너무 크게 되면 보강이 되지 않은 무근콘크리트 단면이 생겨나게 된다. 이러한 경우 갈지자형(1/5 경사)의 균열을 일으킬 가능성이 있으므로 이에 대한 주의가 필요하다. 최대 간격을 150mm로 규정한 것은 이형철근의 겹침이음에 대한 대부분의 연구가 이러한 간격 이내에서 이루어졌기 때문이다.

(1) 인장 이형철근 및 이형철선의 이음

Orangun 등(1977)은 횡구속되지 않은 보 실험(Chinn 등, 1955; Ferguson 등, 1965; Chamberlin, 1958; Ferguson, 1971)과 횡구속된 보 실험(Ferguson 등, 1969; Ferguson 등, 1971; Ferguson 등, 1965, Ferguson 등, 1962; Mathey 등, 1961)으로부터 얻는 결과의 비선형 회귀분석을 통해 식 (2.1)과 같은 부착강도에 대한 평가식을 제시하였다.

$$\frac{T_b}{\sqrt{f_c'}} = \frac{T_c + T_s}{\sqrt{f_c'}} = \frac{A_b f_s}{\sqrt{f_c'}} = 0.25\pi l_d (c_{\min} + 0.4 d_b) + 16.6 A_b + \frac{\pi l_d A_{tr}}{41.5 sn} f_{yt} \qquad (2.1)$$

여기서, 사용된 기호의 설명은 다음과 같다.

T_b : 정착되거나 이음된 철근의 총 부착력

T_c : 총 부착력 중 콘크리트 기여분

T_s : 총 부착력 중 횡방향 철근 기여분

A_b : 정착되거나 이음된 철근의 면적

f_s : 정착되거나 이음된 철근의 응력

l_d : 정착길이 또는 이음길이

$c_{\min}$: 철근의 표면부터 콘크리트 표면까지 최단거리 또는 정착되거나 이음된 철근의 표면간 거리의 1/2 중 작은 값

d_b : 정착되거나 이음된 철근의 지름

A_{tr} : 정착되거나 이음된 철근을 따라 쪼개질 가능성이 있는 면을 가로질러 배치된 횡방향 철근의 전체 단면적

f_{yt} : 횡방향 철근의 항복강도

f_c' : 콘크리트의 압축강도

ACI 318-95에서는 Orangun 등(1975, 1977)이 제안한 식 (2.1)을 정착길이에 대한 식으로 표현한 후 간략화는 방법을 통해 식 (2.2)와 같이 정착길이 설계식을 규정하였고, 현재까지도 유사한 정착길이 설계식으로 규정하고 있다.

$$\frac{l_s}{d_b} = 0.9 \frac{f_y}{\sqrt{f_c'}} \frac{\alpha\beta\gamma\lambda}{\left(\dfrac{c+K_{tr}}{d_b}\right)} \tag{2.2}$$

여기서, 사용된 기호의 설명은 다음과 같다.

l_s : 정착길이 또는 이음길이

d_b : 정착되거나 이음된 철근의 지름

f_y : 정착되거나 이음된 철근의 항복강도

f_c' : 콘크리트 압축강도

α : 철근 배치 위치계수(상부철근 1.3, 기타 철근 1.0)

β : 철근 도막계수(피복 두께가 $3d_b$ 미만 또는 순간격이 $6d_b$ 미만인 에폭시 도막철근 또는 철선 1.5, 기타 에폭시 도막철근 또는 철선 1.2, 도막되지 않은 철근 1.0)

γ : 철근 크기에 따른 계수(D19 이하의 철근과 이형철선 0.8, D22 이상의 철근 1.0)

λ : 경량콘크리트계수

c : 철근 또는 철선의 중심부터 콘크리트 표면까지 최단거리 또는 정착되는 철근 또는 철선의 중심간 거리의 1/2 중 작은 값

K_{tr} : 횡방향 철근지수($= (A_{tr}f_{yt})/(10.34sn)$)

A_{tr} : 정착되거나 이음된 철근을 따라 쪼개질 가능성이 있는 면을 가로질러 배치된 간격 s 이내에 있는 횡방향 철근의 전체 단면적

콘크리트구조 학회기준(2017)에서는 인장 이형철근 및 이형철선의 정착길이 설계식을 ACI 318과 동일하게 규정하고 있다. 콘크리트구조 학회기준(2017)의 인장 이형철근 및 이형철선의 정착 관련 규정은 다음과 같다.

기준

8.2.2 인장 이형철근 및 이형철선의 정착

(3) 인장 이형철근 및 이형철선의 정착길이 l_d는 다음 식 (8.2.2)에 따라 구할 수 있다.

$$l_d = \frac{0.90 d_b f_y}{\lambda \sqrt{f_{ck}}} \frac{\alpha\beta\gamma}{\left(\dfrac{c+K_{tr}}{d_b}\right)} \qquad (8.2.2)$$

식 (8.2.2)에서 $(c+K_{tr})/d_b$은 2.5 이하이어야 한다. 그리고 식 (8.2.2)의 계수 γ, c와 K_{tr}은 다음과 같다.

① 철근 또는 철선의 크기 계수

(가) D19 이하의 철근과 이형철선 : 0.8

(나) D22 이상의 철근 : 1.0

② c=철근 간격 또는 피복 두께에 관련된 치수

철근 또는 철선의 중심부터 콘크리트 표면까지 최단거리 또는 정착되는 철근 또는 철선의 중심간 거리의 1/2 중 작은 값을 사용하여 mm 단위로 나타낸다.

③ K_{tr} =횡방향 철근지수

$$= \frac{40 A_{tr}}{sn}$$

횡방향 철근이 배치되어 있더라도 설계를 간편하게 하기 위해 $K_{tr}=0$으로 사용할 수 있다.

해설

식 (8.2.2)에서 c는 철근이나 철선의 중심부터 가장 작은 피복 두께(측면 피복 두께도 포함) 또는 철근이나 철선의 중심간 거리의 절반을 나타내는 값이다. K_{tr}은 쪼개질 가능성이 있는 평면을 가로지르는 횡구속 철근의 영향을 나타낸 계수이다. 부착 파괴가 일어나는 동안 횡방향 철근이 항복하지 않는다는 것이 실험적 연구를 통해 밝혀졌기 때문에 K_{tr}의 식에서 횡방향 철근의 항복강도를 제외하였다. α는 상부철근의 위치에 따른 불리한 영향을 반영한 것으로 오래 전부터 사용되어온 철근배치 위치계수이며, β는 철근에 도막처리를 하는 경우 그 영향을 반영하는 표면처리계수이다. 이들 계수는 최근의 연구결과를 반영하여 일부 개정되었고, $\alpha\beta$의 곱에는 제한값을 두었다. λ는 경량콘크리트의 낮은 인장강도를 반영하는 경량콘크리트계수이다. 이 구조기준부터는 콘크리트의 역학적 특성을 반영하는 항을 묶어서 $\lambda\sqrt{f_{ck}}$로 사용한다. 따라서 λ는 기본적으로 이전에 사용하던 값의 역수이다. γ는 지름이 작은 철근이 정착에 유리하다는 영향을 반영하는 철근 크기 계수이며, 이형철근의 정착에 중요한 쪼갬저항의 감소를 나타낸다. 또한 $(c+K_{tr})/d_b$의 값을 2.5로 제한하는 것은 뽑힘파괴에 대한 안전을 고려한 것이다. 식 (8.2.2)는 설계자에게 정착길이에 미치는 모든 변수의 영향을 보여주고 있다. 어느 항을 생략했을 때 정착길이가 길어져서 보다 안전한 정착길이를 가지게 되면 설계자는 이 항을 무시할 수 있다. 주어진 설계조건, 주어진 콘크리트 강도 및 철근의 등급에 대해 식 (8.2.2)로 계산된 값은 철근 지름의 곱으로 정착길이가 주어진다. 이러한 형태의 식은 설계자나 철근 생산자에게 보다 더 실용적으로 활용할 수 있게 한다. 그러나 사용자 개개인이 각각의 경우에 대해 실제 $(c+K_{tr})/d_b$에 근거하여 l_d를 계산하거나 일반적인 경우에 대하여 $(c+K_{tr})/d_b$ 값의 범위를 먼저 선택하는 것이 실무에서는 필요하다. 철근 위치 계수 α는 콘크리트 내의 배치 위치에 관련된 계수로, 이전 기준에서는 1.4를 사용하였으나 1999년부터는 연구결과를 반영하여 1.3을 사용하여 왔다.

에폭시 도막철근의 정착에 관한 연구 결과 일반 철근에 비해 부착강도가 감소하였다. 이러한 감소는 표면처리가 철근과 콘크리트의 점착과 마찰을 저해하여 발생된 것이다. 여러 요인들은 정착파괴를 발생하기 쉽게 하며, 피복 두께나 철근 간격이 작은 경우 쪼갬파괴를 발생시킬 수 있고, 정착이나 부착강도는 상당히 감소하게 된다. 철근 사이의 피복이나 간격이 큰 경우 쪼갬파괴가 방지되고 정착강도에 대한 에폭시 도막의 영향은 그다지 크지 않다. 연구결과 피복이나 간격이 적더라도 쪼개진 면을 가로지르는 횡방향 철근을 배치하거나 쪼개지는 균열을 억제함으로써 정착강도를 증가시킬 수 있다.

표면처리된 횡방향 철근에 관한 연구가 현재까지는 보고되지 않았지만 횡방향 철근의 배치는 에폭시 도막철근의 정착강도를 증가시킬 것이다. 그리고 에폭시 도막철근의 부착능력 감소가 β에 의해 이미 고려되었으므로 에폭시 도막철근이 상부철근으로 배치된 경우 두 요인에 의한 보정계수 곱은 1.7을 넘지 못하도록 제한하고 있다.

인장을 받는 철근의 겹침이음길이는 인장 정착길이 l_d에 계수 1.0과 1.3을 곱하여 구할 수 있으며, 이를 각각 A급과 B급으로 분류하여 규정하고 있다. 인장 겹침이음의 등급 구분은 표 2.2에 나타내었다. 인장을 받는 철근의 겹침이음길이를 A급과 B급으로 분류하는 이유는 높은 인장응력을 받는 구역에서 떨어진, 즉 배근된 철근 단면적이 해석에 의해 요구된 단면적의 2배 이상이 되는 곳에 이음을 두는 것을 권장하기 위함이다.

표 2.2 인장 겹침이음 등급 구분

$\frac{\text{배근 } A_s}{\text{소요 } A_s}$	소요겹침이음길이 내의 이음된 철근 A_s의 최대(%)	
	50 이하	50 초과
2 이상	A급	B급
2 미만	B급	B급

콘크리트구조 학회기준(2017)의 철근 겹침이음 관련 규정 중 인장 이형철근 및 이형철선의 이음에 대한 내용은 다음과 같다.

기준

8.6 철근의 이음

8.6.2 인장 이형철근 및 이형철선의 이음

(1) 인장력을 받는 이형철근 및 이형철선의 겹침이음길이는 A급과 B급으로 분류하며 다음 값 이상, 또한 300mm 이상이어야 한다.

① A급 이음 : $1.0l_d$

② B급 이음 : $1.3l_d$

여기서, 인장 이형철근의 정착길이 l_d는 8.2.2에 따라 계산하며, 이때 8.2.2(1)에서 규정한 300mm 최소 값은 적용하지 않으며, 또한 8.2.2(4)의 보정계수도 적용하지 않는다.

(2) 겹침이음에서 A급 이음과 B급 이음은 다음과 같이 분류한다.

① A급 이음 : 배치된 철근량이 이음부 전체 구간에서 해석 결과 요구되는 소요철근량의 2배 이상이고 소요 겹침이음길이 내 겹침이음된 철근량이 전체 철근량의 1/2 이하인 경우

② B급 이음 : ①에 해당되지 않는 경우

(3) 서로 다른 크기의 철근을 인장 겹침이음하는 경우, 이음길이는 크기가 큰 철근의 정착길이와 크기가 작은 철근의 겹침이음길이 중 큰 값 이상이어야 한다.

해설

(1) 인장을 받는 겹침이음 길이는 인장 정착길이 l_d에 계수 1.0과 1.3을 곱하여 구할 수 있으며, 이를 각각 A급과 B급으로 분류한다. 겹침이음길이를 구하기 위해 사용되는 정착길이 l_d는 l_d×보정계수 (8.2.2 참조)이며, 설계기준 항복강도 f_y에 근거하여야 한다. 그 이유는 이음 등급의 분류에서 이음 위치의 초과철근을 이미 반영했기 때문이다. 따라서 초과 철근량에 대한 8.2.2(4)의 보정계수를 적용하지 않아야 한다. 상부철근, 경량콘크리트, 에폭시 도막철근에 대한 8.2.2(3)의 보정계수를 적용하여야 한다. 그리고 순간격, 피복 두께 및 횡철근의 효과를 고려하는 보정계수도 적용하여야 한다. 여러 개의 철근이 한 단면에서 겹침이음될 때, 순간격은 이음 구역을 벗어나서 잰 철근들 사이의 최소 순거리에서 한 개의 철근지름을 뺀 값으로 한다. 옵셋 굽힘철근을 갖는 기둥에서 이음의 순간격은 해설 그림 8.6.2.1(가)에 도시되어 있다. 또한 서로 엇갈리게 이은 경우, 순간격은 인접 이음철근들 사이의 간격(해설 그림 8.6.2.1(나)에서 거리 x)에서 중간에 이어지지 않은 철근의 지름을 뺀 값이다.

설계자는 가능한 한 최소 응력점에서 철근을 잇도록 하고, 이음으로 인해 나타날 수 있는 위험한 거동을 보완하기 위해 이음 위치가 서로 엇갈리도록 한다.

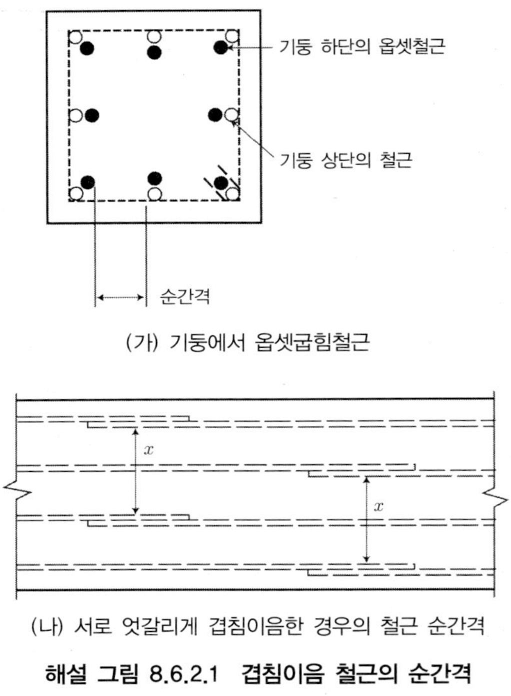

(가) 기둥에서 옵셋굽힘철근

(나) 서로 엇갈리게 겹침이음한 경우의 철근 순간격

해설 그림 8.6.2.1 겹침이음 철근의 순간격

(2) (1)의 인장 겹침이음에 대한 요구 조건은 높은 인장응력을 받는 구역에서 떨어진, 즉 배근된 철근면적이 해석에 의해 요구된 면적의 2배 이상이 되는 곳에 이음을 두도록 권장하고 있다. 해설 표 8.6.2.1은 인장 겹침이음의 등급을 수록한 것이다.

해설 표 8.6.2.1 인장 겹침이음

$\frac{배근\ A_s}{소요\ A_s}$	소요겹침이음길이 내의 이음된 철근 A_s의 최대(%)	
	50 이하	50 초과
2 이상	A급	B급
2 미만	B급	B급

(2) 압축 이형철근의 이음

일반적으로 압축이음길이는 철근 단부의 지압력으로 인해 인장이음길이보다 짧아도 설계기준 항복강도를 발현할 수 있다. 그러나 기존 콘크리트구조 학회기준에서는 압축이음길이 산정에서 콘크리트 강도의 영향을 고려하지 않기 때문에 고강도콘크리트를 사용할 경우 기준에서 요구하는 압축이음길이가 인장이음길이보다 길어진다. 따라서 콘크리트구조 학회기준(2017)에서는 최근 국내 연구결과(천성철 등, 2009; Chun, S. C. et al., 2010a; Chun, S. C. et al., 2010b)에 따라 콘크리트 압축강도를 고려한 압축이음길이 설계식이 도입되었다. 콘크리트구조 학회기준(2017)의 철근 겹침이음 관련 규정 중 압축 이형철근의 이음에 대한 내용은 다음과 같다.

기준

8.6 철근의 이음

8.6.3 압축 이형철근의 이음

(1) 압축철근의 겹침이음길이는 다음과 같이 구할 수 있다.

$$l_s = \left(\frac{1.4 f_y}{\lambda \sqrt{f_{ck}}} - 52 \right) d_b \qquad (8.6.1)$$

여기서, 식 (8.6.1)로 산정된 이음길이는 f_y가 400MPa 이하인 경우 $0.072 f_y d_b$보다 길 필요가 없고, f_y가 400MPa을 초과하는 경우에는 $(0.13 f_y - 24) d_b$보다 길 필요도 없다. 이때 겹침이음길이는 300mm 이상이어야 하며 콘크리트의 설계기준 압축강도가 21MPa 미만인 경우는 겹침이음길이를 1/3 증가시켜야 한다. 압축철근의 겹침이음길이는 8.6.2에서 구한 인장철근의 겹침이음길이보다 길 필요는 없다.

(2) 서로 다른 크기의 철근을 압축부에서 겹침이음하는 경우 이음길이는 크기가 큰 철근의 정착길이와 크기가 작은 철근의 겹침이음길이 중 큰 값 이상이어야 한다. 이때 D41과 D51 철근은 D35 이하 철근과의 겹침이음을 할 수 있다.

해설

부착에 관한 연구는 주로 인장철근에 한정되어 있다. 압축철근의 부착거동은 횡방향 인장균열에 의한 복잡한 문제가 발생되지 않으므로 압축이음은 인장철근의 이음과 같이 엄격한 규정이 필요하지 않다. 기둥 철근의 이음에 대해 최소 이음길이 규정은 보의 압축철근이음, 고강도철근이음까지 확장하여 적용할 수 있다. 콘크리트 강도의 영향을 고려한 새로운 압축이음길이 설계식이 2017년도에 도입되었다.

(1) 실험에 의하면 압축측의 이음강도는 단부 지압에 크게 영향을 받으므로 겹침이음길이를 2배로 증가시키더라도 이에 비례하여 이음강도가 증가하지 않는다. 따라서 설계기준항복강도가 400MPa을 초과하는 철근에서 압축겹침이음길이는 현저하게 증가하게 된다. 다만, 나선철근 기둥과 같이 폐쇄나선철근을 사용한 경우에는 항복강도 400MPa부터 500MPa까지 증가할 때 이음길이는 약 10%의 증가를 나타내고 있다. 최근의 실험에 의하면 높은 강도의 콘크리트를 사용하거나 횡보강철근이 있으면 압축이음길이를 줄여도 철근의 설계기준항복강도가 발현되었다. 실무 적용의 편리성을 위하여 콘크리트 강도만을 고려한 새로운 압축이음길이 산정식이 2017년에 도입되었으며, 횡보강철근의 영향은 8.8(2)에서 고려하였다.

(2) 겹침이음길이는 지름이 작은 철근의 압축이음길이 또는 지름이 큰 철근의 압축정착길이 중 큰 값으로 선택한다. 겹침이음은 D35보다 큰 철근에 대해 일반적으로 금지되지만 압축측에서만은 D35 이하의 철근과 이보다 큰 철근과 겹침이음하는 것을 허용한다.

(3) 기둥 철근이음에 관한 특별 규정

휨모멘트와 축력을 받는 기둥에서 인장응력은 어느 정도의 편심을 받는 기둥의 한쪽면에서 발생할 수 있다. 이러한 인장이 발생할 경우에는 인장이음을 하거나 충분한 인장저항을 할 수 있도록 요구하고 있다. 또한 해석에 의해 단지 압축만이 생기더라도 모든 기둥의 각 면에서 최소 인장저항능력이 요구된다. 콘크리트구조 학회기준(2017) 8.6절에서는 기둥에서 철근이음의 여러 형태에 대한 요구 조건을 보다 더 분명하게 규정하고 있다. 콘크리트구조 학회기준(2017)의 기둥 철근이음에 관한 특별 규정은 다음과 같다.

기준
8.8 기둥 철근이음에 관한 특별 규정 (1) 겹침이음, 맞댐용접이음, 기계적이음 또는 단부 지압이음은 다음 (2)에서 (6)까지 규정의 제한조건에 따라 사용하여야 한다. 이와 같은 철근의 이음은 기둥의 모든 하중 조합에 대한 요구 조건을 만족하여야 한다. (2) 계수하중에 의해 철근이 압축응력을 받는 경우 겹침이음은 8.6.3(1)과 8.6.3(2)에 따라야 하며, 해당되는 경우에는 다음 ①과 ②에도 따라야 한다. ① 띠철근 압축부재의 경우 겹침이음길이 전체에 걸쳐서 띠철근의 유효단면적이 각 방향 모두 $0.0015hs$ 이상이면 겹침이음길이에 계수 0.83을 곱할 수 있다. 그러나 겹침이음길이는 300mm 이상이어야 한다. 여기서, 유효단면적은 부재의 치수 h에 수직한 띠철근 가닥의 전체 단면적이다. ② 나선철근 압축부재의 경우 나선철근으로 둘러싸인 축방향 철근의 겹침이음길이에 계수 0.75를 곱할 수 있다. 그러나 겹침이음길이는 300mm 이상이어야 한다. (3) 계수하중이 작용할 때 철근이 $0.5f_y$ 이하의 인장응력을 받고 어느 한 단면에서 전체 철근의 1/2을 초과하는 철근이 겹침이음되면 B급 이음으로, 전체 철근의 1/2 이하가 겹침이음되고 그 겹침이음이 교대로 l_d 이상 서로 엇갈려 있으면 A급 이음으로 하여야 한다. (4) 계수하중이 작용할 때 철근이 $0.5f_y$보다 큰 인장응력을 받는 경우 겹침이음은 B급 이음으로 하여야 한다.
해설
휨모멘트와 축력을 받는 기둥에서 인장응력은 해설그림 8.8.1.1에 도시된 바와 같이 어느 정도의 편심을 받는 기둥의 한쪽 면에서 발생할 수 있다. 이러한 인장이 발생할 경우에는 인장이음을 하거나 충분한 인장저항을 할 수 있도록 요구하고 있다. 또한 해석에 의해 단지 압축만이 생기더라도 모든 기둥의 각 면에서 최소 인장저항능력이 요구된다. 이 절에서 압축겹침이음은 최소한 $f_y/4$의 인장저항능력을 갖도록 규정하고 있다. 기둥의 이음은 기둥에 대한 모든 하중조합의 요구조건을 만족시켜야 한다. 흔히, 기본적인 연직하중조합이 기둥을 설계할 때 지배하는 조건이지만 풍하중 또는 지진하중을 포함한 하중조합에서는 더 큰 인장응력을 일으킬 수 있다. 따라서 기둥철근의 겹침이음은 이러한

인장에 대해서도 설계되어야 한다. 이 절은 기둥에서 철근이음의 여러 형태에 대한 요구 조건을 보다 더 분명하게 하기 위해 규정된 것이다.

(2) 압축겹침이음은 특별한 요구 조건이 없어도 충분히 제 기능을 발휘한다는 데 근거하여 압축을 받는 기둥 철근의 압축겹침이음에 대한 규정은 단순화하였다.

① 최소량의 띠철근에 의해 이음길이 전체가 둘러싸인 경우에는 겹침이음길이를 감소시킬 수 있다. 각 방향에 수직인 띠철근의 가닥은 각각 별개로 계산되며, 감소계수 0.83을 적용하기 위해 각 방향 모두 요구 조건을 만족시켜야 한다. 예를 들어, 해설 그림 8.8.1.2는 한 방향으로 4개의 가닥이 유효하며, 다른 방향으로는 2개의 가닥이 유효한 경우이며, $4A_b \geq 0.0015h_1s$와 $2A_b \geq 0.0015h_2s$를 모두 만족시켜야 한다. 여기서, A_b는 띠철근의 단면적이다. 둘 중 어느 한 방향에 의해 결정된다는 것을 배근 모양만 보면 바로 알 수 있다.

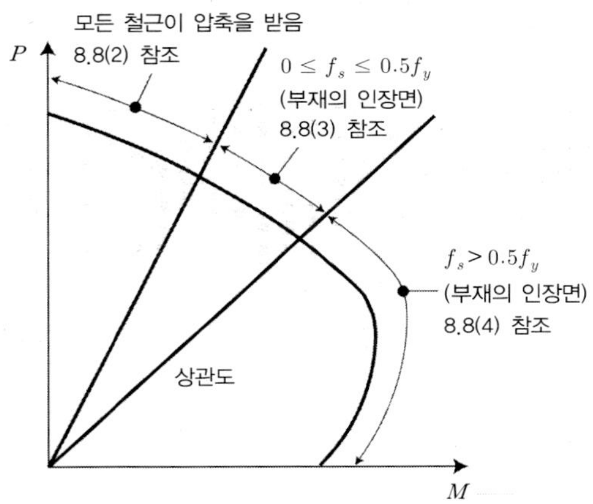

해설 그림 8.8.1.1 기둥 철근이음의 특별 규정

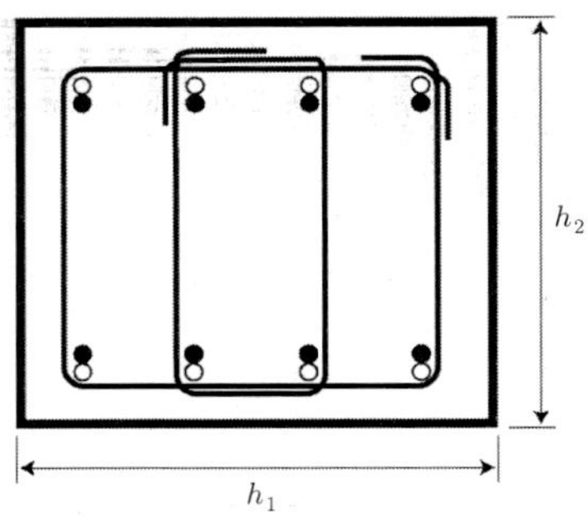

해설 그림 8.8.1.2 8.8(2)①의 적용 예

② 겹침이음의 전체 길이가 나선철근으로 둘러싸인 경우에는 쪼갬저항이 증가되므로 압축겹침이음길이를 감소시킬 수 있다. 또한 나선철근은 5.2.2(2), 6.4.2(3)의 규정을 만족시켜야 한다.

(4) 내진설계 특별 고려 사항

철근의 겹침이음은 소성힌지 영역에서 금지하고 있는데, 이는 비탄성영역의 경우 주기하중을 받는 상황에서는 겹침이음이 신뢰할 수 없는 것으로 보기 때문이다.

콘크리트구조 학회기준(2017)의 내진설계 특별 고려 사항에 관한 규정은 다음과 같다.

기준
21.5 특수모멘트골조의 휨부재 21.5.2 축방향 철근 (3) 휨철근의 겹침이음은 이음길이 부분에 후프철근이나 나선철근이 배치되어 있는 경우에만 사용할 수 있다. 겹침이음 철근을 둘러싸는 횡방향 철근의 간격은 $d/4$ 이하, 또한 100mm 이하이어야 한다. 겹침이음은 접합부의 내부, 접합면부터 부재 깊이의 배 이내의 거리 구간, 구조해석에서 골조의 비탄성횡변위에 의한 휨항복이 일어나는 곳에서 사용할 수 없다. 21.6 휨모멘트와 축력을 받는 특수모멘트골조 부재 21.6.3 축방향 철근 (2) 겹침이음은 부재의 중앙부에서 부재길이의 1/2 구역 내에서만 할 수 있고 인장이음으로 설계하여야 하며, 또한 21.6.4(2)와 21.6.4(3)의 규정을 따르는 횡방향 철근으로 둘러싸야 한다.
해설
21.5.2 축방향 철근 (3) 철근의 겹침이음은 휨항복이 예상되는 소성힌지 영역에서 금지되어 있는데, 이는 비탄성영역의 경우 주기하중을 받는 상황에서는 겹침이음이 신뢰할 수 없는 것으로 보기 때문이다. 어떠한 단면에서도 겹침이음에 대한 횡방향 철근의 구속은 필수적인데, 이는 콘크리트 피복이 쉽게 탈락될 수 있기 때문이다. 21.6.3 축방향 철근 외각 콘크리트의 박리는 전형적인 형태의 골조에서는 기둥의 단부 근처에서 일어날 가능성이 많으며, 따라서 이 위치에서 겹침이음은 피해야 한다. 만약 겹침이음이 꼭 필요하다면, 접합부 근처보다 응력반전이 보다 작은 응력범위에 국한되어 있는 기둥의 중간 부분으로 바꾸어야 한다. 기둥 높이에 따르는 휨모멘트 분포의 불확실성 및 응력 반전에 따른 겹침이음 구속에 대한 요구조건으로 인하여 특별한 횡방향 철근이 겹침이음길이에 걸쳐서 필요하다.

2) 도로교설계기준 한계상태설계법

도로교설계기준 한계상태설계법(2017)에서는 Eurocode 2를 근간으로 철근의 겹침이음에 관해 규정하고 있다. Eurocode 2에는 내진설계에 대한 추가 규정이 없는 반면, 도로교설계기준 한계상태설계법(2017)에서는 도로교설계기준(2010)과 동일하게 내진설계에 대한 추가 규정을 두고 있다.

도로교설계기준 한계상태설계법(2017)의 철근 겹침이음 관련 규정을 요약하면 표 2.3과 같다.

표 2.3 도로교설계기준 한계상태설계법(2017)의 철근이음 규정 요약

구 분		규 정	내 용
인장, 압축		5.9.5 철근의 이음 5.9.6 지름이 큰 철근에 대한 추가 규정	• 겹침이음길이 $l_0 = \alpha_1 \alpha_2 \alpha_3 \alpha_5 \alpha_6 l_b A_{s,req} / A_{s,prov}$ • 횡방향 철근 배치 필수 • 지름 32mm를 초과하는 철근 추가 규정
내진	소성힌지 이외 영역	5.9.5 철근의 이음 5.9.6 지름이 큰 철근에 대한 추가 규정 2.1.4.2 내진설계 특별 고려 사항	• 구속 철근 배치 필수적
	소성힌지 영역	2.1.4.2 내진설계 특별 고려 사항	• 사용 금지

(1) 인장철근 및 압축철근의 이음

도로교설계기준 한계상태설계법(2017)에서는 Eurocode 2와 동일하게 철근의 겹침이음에 관해 규정하고 있다. 도로교설계기준 한계상태설계법(2017)의 철근 겹침이음에 대한 내용은 다음과 같다.

기준

5.9.5 철근의 이음

5.9.5.2 겹침이음

(1) 철근 사이의 겹침이음 상세는 다음과 같아야 한다.

- 하나의 철근에서 다른 철근으로의 하중전달이 확실하여야 한다.
- 이음부 근처에서 콘크리트의 박리가 발생하지 않아야 한다.
- 구조물의 성능에 영향을 주는 커다란 균열은 발생하지 않아야 한다.

(2) 겹침이음

- 철근 사이에서 서로 엇갈리게 배치하고 응력이 큰 영역에서는 배치하지 않는다. 예외는 아래 (4)와 같다.
- 일반적으로 대칭으로 배치한다.

(3) 겹침이음 철근의 배치는 그림 5.9.10을 따른다.

- 겹침이음된 두 철근 사이의 횡방향 순거리는 $4d_b$ 또는 50mm보다 커서는 안 된다. 이를 만족시키지 못하는 경우 겹침이음길이는 $4d_b$ 또는 50mm를 넘는 순간격만큼 동등한 길이로 증가시켜야 한다.
- 인접한 두 겹침이음의 축방향 거리는 겹침이음길이(l_0)의 0.3배보다 작아서는 안 된다.
- 인접한 겹침이음의 경우 철근 사이의 순거리는 $2d_b$ 또는 20mm보다 작아서는 안 된다.

(4) 상기 (3)항에 부합되는 경우 인장측에서의 철근 겹침이음 허용 비율은 모든 철근이 한 층에 배치되어 있을 경우 100%로 할 수 있다. 만약, 철근이 여러 층에 배치되어 있는 경우에는 50%로 감소시켜야 한다. 압축측의 모든 철근과 배력 철근은 한 단면에서 겹침이음이 되어도 된다.

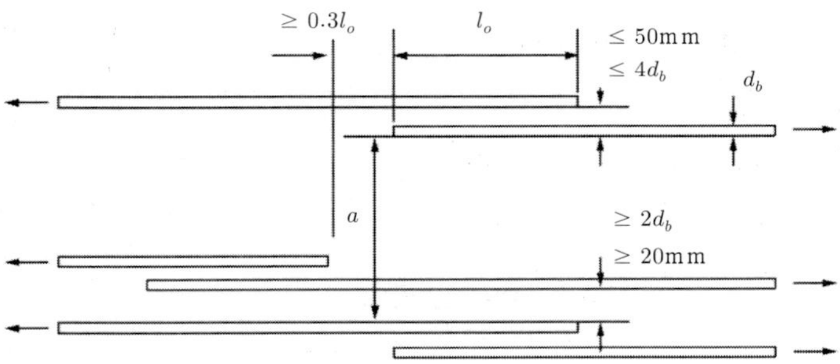

그림 5.9.10 인접 겹침이음

5.9.5.3 겹침이음길이

(1) 설계 겹침이음길이는 다음과 같이 계산한다.

$$l_0 = \alpha_1\alpha_2\alpha_3\alpha_5\alpha_6 l_b A_{s,req}/A_{s,prov} \geq l_{0,\min} \quad (5.9.7)$$

여기서,

$$l_{0,\min} > \max(0.3\alpha_6 l_b,\ 15d_b,\ 200\text{mm}) \quad (5.9.8)$$

α_1, α_2, α_3, α_5의 값들은 표 5.9.4와 같다. (그림 5.9.1, 그림 5.9.5, 그림 5.9.6, 그림 5.9.7 참조) 그러나 α_3의 계산에 있어서 $\Sigma A_{st,\min}$는 $1.0A_s$로 하여야 한다. A_s는 겹침이음철근 1개의 면적이다. $A_{s,req}$는 필요 철근 단면적이며, $A_{s,prov}$는 사용한 철근의 단면적이다.

$\alpha_6 = (\rho_1/25)^{0.5}$이지만 1.5를 넘어서는 안 된다. 여기서, ρ_1은 고려하는 겹침길이의 중앙으로부터 $0.65l_0$ 내에 겹침이음된 철근의 비이다. (그림 5.9.11 참조) α_6의 값은 표 5.9.5에 주어져 있다.

표 5.9.4 계수 α_1, α_2, α_3, α_4, α_5, α_6

영향 인자	정착부 형태	철근	
		인장측	압축측
철근의 형상	직선	$\alpha_1=1.0$	$\alpha_1=1.0$
	직선 외 형태 (그림 5.9.1(a), (b), (c))	$C_d > 3d_b$이면 $\alpha_1=0.7$ 아니면 $\alpha_1=1.0$ (C_d에 대한 크기는 그림 5.9.3 참조)	$\alpha_1=1.0$
콘크리트 피복	직선	$\alpha_2=1-0.15(C_d-d_b)/d_b$ ≥ 0.7 ≤ 1.0	$\alpha_2=1.0$
	직선 외 형태 (그림 5.9.1(a), (b), (c))	$\alpha_2=1-0.15(C_d-3d_b)/d_b$ ≥ 0.7 ≤ 1.0	$\alpha_2=1.0$
주철근에 용접되어 있지 않는 횡철근에 의한 구속	모든 형태	$\alpha_3=1-K\lambda$ ≥ 0.7 ≤ 1.0	$\alpha_3=1.0$
용접된 횡철근에 의한 구속*	모든 형태 그림 5.9.1(d)에 의한 위치와 크기	$\alpha_4=0.7$	$\alpha_4=0.7$
횡방향 압력에 의한 구속	모든 형태	$\alpha_5=1-0.04p$ ≥ 0.7 ≤ 1.0	–
표준갈고리	그림 5.9.5와 그림 5.9.7을 만족하는 경우	$\alpha_6=0.7/\alpha_1$	–
	그림 5.9.5와 그림 5.9.7을 만족하는 경우	$\alpha_6=0.5/\alpha_1$	–
	그림 5.9.5와 그림 5.9.6과 그림 5.9.7을 모두 만족하는 경우	$\alpha_6=0.4/\alpha_1$	–
	그 외의 형태	$\alpha_6=1.0$	–

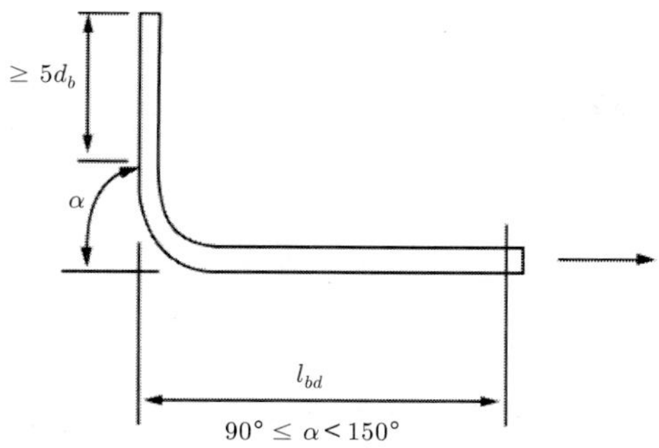

(a) 구부림 각도가 90° 에서 150° 사이인 갈고리

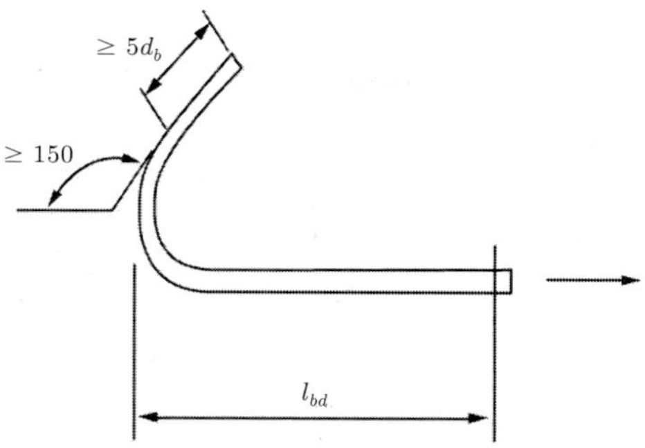

(b) 구부림 각도가 150° 이상인 갈고리

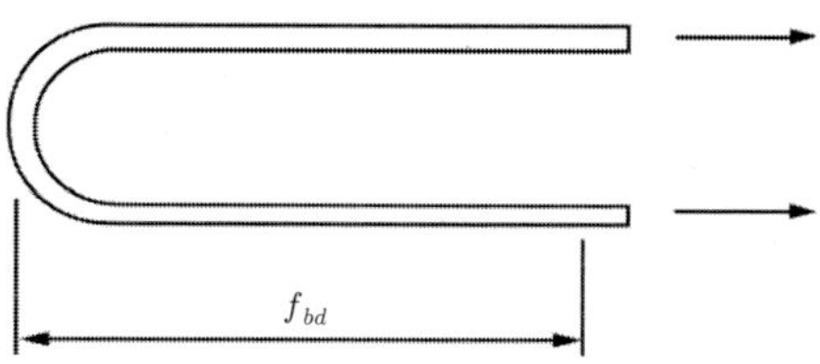

(c) 루프

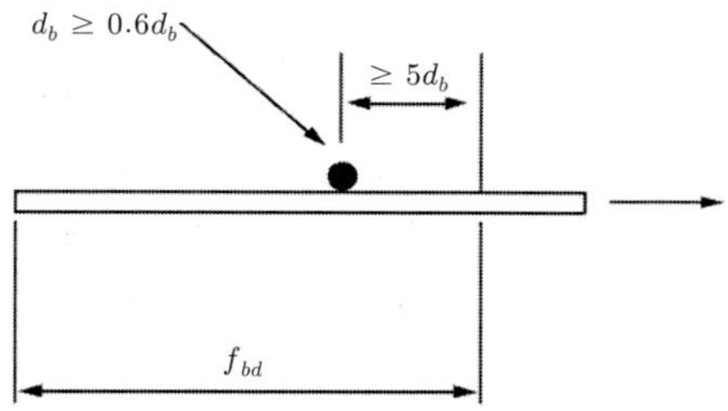

(d) 횡철근 용접 갈고리

그림 5.9.1 표준 갈고리

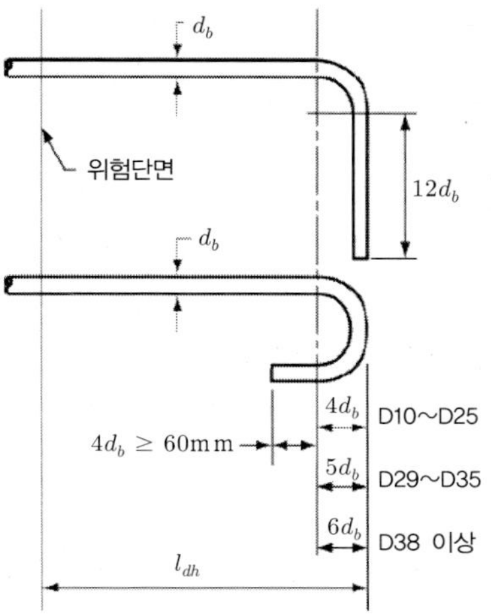

그림 5.9.5 표준갈고리의 정착을 위한 갈고리 철근 상세

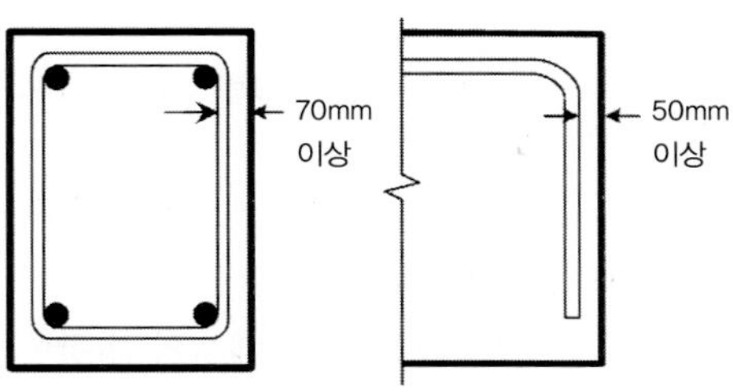

그림 5.9.6 표 5.9.4에 규정한 표준갈고리의 피복 두께

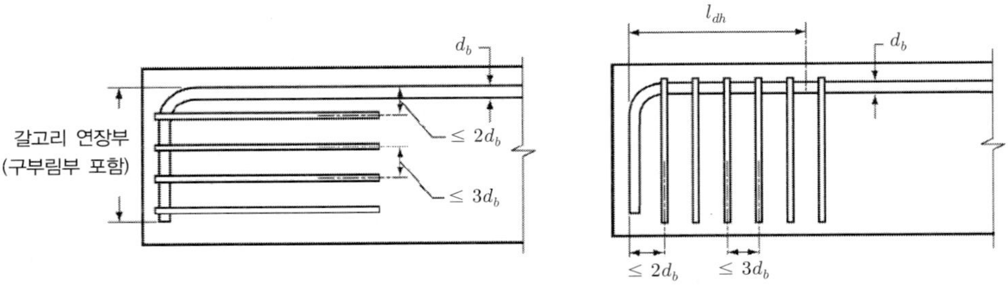

그림 5.9.7 표 5.9.4에 규정한 표준갈고리 연장부를 띠철근 또는 스터럽을 정착된 철근에 평행으로 둘러싼 경우

표 5.9.5 계수 α_6

총 단면적에 대한 겹침이음철근의 비율	<25%	33%	50%	>50%
α_6	1	1.15	1.4	1.5

주) 중간 값들은 보간법으로 결정할 수 있다.

주) 그림에서 Ⅱ번 철근과 Ⅲ번 철근은 고려하는 단면의 외측에 있다. 따라서 이 경우의 겹침이음 비율은 50%이고 $\alpha_6 = 1.4$이다.

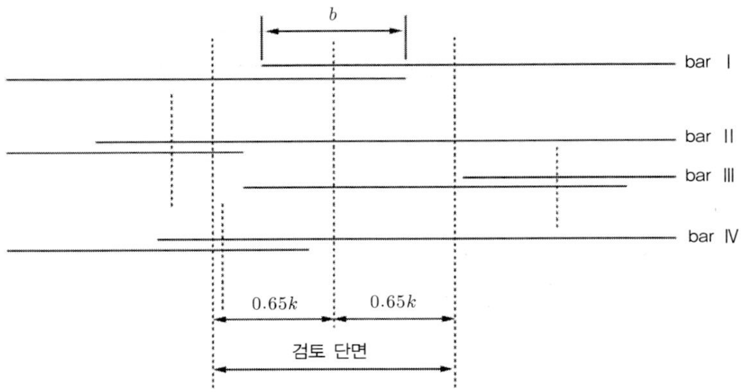

그림 5.9.11 하나의 단면에서 겹침이음된 철근의 비율

5.9.5.4 겹침이음 영역에서의 횡방향 철근

(1) 인장철근의 횡방향 철근

① 겹침이음 구역에서의 횡방향 인장력에 저항하도록 횡방향 철근을 배치하여야 한다.

② 겹침이음 철근의 지름이 20mm 보다 작은 경우 또는 겹침이음철근의 비율이 어느 한 부분에서 25%보다 작은 경우에는 전단철근이나 띠철근으로 배치된 횡방향 철근이 횡방향 인장력에 대해 충분하다고 가정할 수 있다.

③ 겹침이음철근의 지름이 20mm 이상인 경우 횡방향 철근의 전체면적 A_{st}(겹침이음된 철근에 평행한 모든 횡방향 철근 단면적의 합)은 겹침이음된 철근 하나의 면적(A_s)보다 작아서는 안 된다($\Sigma A_{st} \geq 1.0A_s$).

횡방향 철근은 겹침이음철근과 콘크리트 표면 사이에 겹침이음철근의 방향에 수직으로 배치하여야 한다. 만약에 50% 이상의 철근이 한 지점에서 겹침이음되고 또한, 단면 내에서 이웃하는 겹침이음 사이의 거리(a)가 $10d_b$ 이하라면(그림 5.9.10 참조) 횡방향 철근은 띠철근 또는 단면 내에 정착되는 U형 철근형태로 배치하여야 한다.

④ 전술한 ③항의 횡방향 철근은 그림 5.9.12(a)에서와 같이 겹침이음의 바깥쪽 단면에 배치되어야 한다.

(2) 지속하중으로 압축력을 받는 압축철근의 횡방향 철근

인장을 받는 철근에 관한 규정 외에 겹침이음길이 양단의 바깥부분 $4d_b$ 안에 하나의 횡방향 철근을 배치하여야 한다.(그림 5.9.12(b))

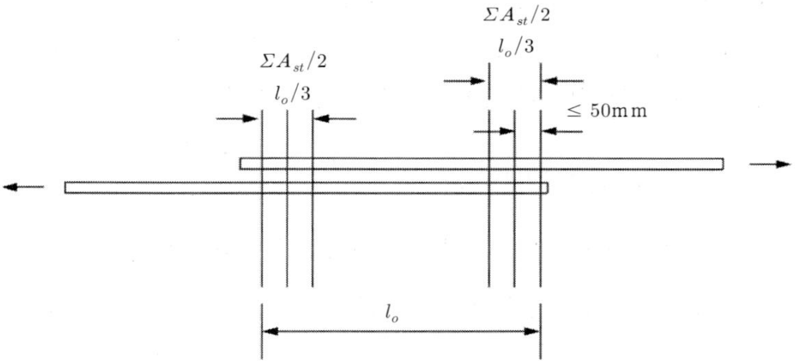

(a) 인장철근

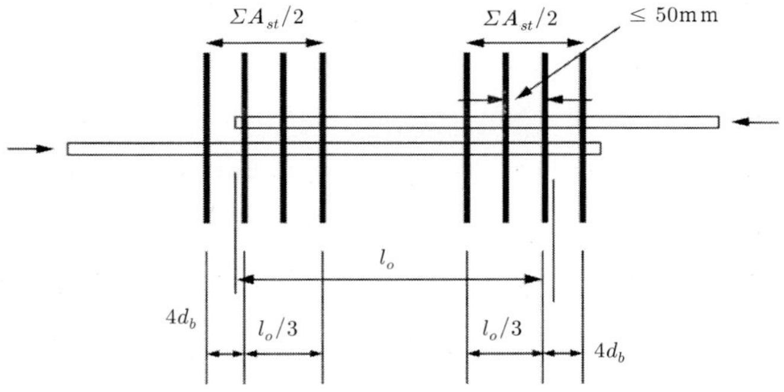

(b) 압축철근

그림 5.9.12 겹침이음부의 횡방향 철근

5.9.6 지름이 큰 철근에 대한 추가 규정

(1) 지름이 32mm를 초과하는 철근의 경우는 앞 절에서 주어진 규정 외에 다음 규정이 적용된다.

(4) 일반적으로 지름이 큰 철근은 겹침이음을 하지 않지만, 단면 치수가 1.0m 이상이거나 철근응력이 설계강도의 80%를 넘지 않는 단면에서는 예외로 한다.

5.9.7 다발철근에 대한 추가 규정

5.9.7.1 일반사항

(1) 여러 개의 철근을 묶어서 단일 철근의 기능을 발휘하게 하는 것을 다발철근이라 한다. 다발로 사용하는 경우 철근의 수는 4개를 초과할 수 없으며, 휨부재에서 D35를 초과하는 철근은 2개까지 다발로 사용할 수 있다.

(2) 다른 언급이 없다면 개별 철근에 대한 규정은 다발철근에도 적용된다. 다발철근에서 철근은 동일한 특성(형태 및 등급)을 지녀야 한다. 지름의 비가 1.7을 넘지 않는 경우에는 다른 크기의 철근으로 묶을 수 있다.

(3) 설계에서 다발철근은 동일한 면적과 동일한 무게 중심을 가지는 가상의 철근으로 대체한다. 이 가상 철근의 등가지름은 다음과 같다.

$$d_{b,n} = d_b \sqrt{n_b} \leq 55\text{mm} \tag{5.9.9}$$

여기서, n_b는 다발에서 철근의 수로 제한 값은 다음과 같다.

$n_b \leq 4$; 압축영역의 수직철근과 겹침이음 연결부의 철근

$n_b \leq 3$; 그 외의 경우

(4) 다발철근에서 철근의 간격은 5.9.3의 규정을 따른다. 이때 다발 사이의 순거리는 실제적인 철근 다발의 외곽선으로부터 측정값을 사용한다.

(5) 두 개의 철근이 아래 위로 접촉되는 경우와 부착조건이 양호한 경우에는 이들 철근을 다발철근으로 취급할 필요는 없다.

(6) 다발철근은 스터럽이나 띠철근으로 둘러싸여야 한다. 다발철근 내의 각 철근이 지간 내에서 끝날 때에는 적어도 철근 지름의 40배 이상 길이로 서로 엇갈리게 끝내야 한다. 철근 사이의 간격제한이 철근 크기를 기준으로 적용될 경우 다발의 지름은 등가단면적으로 환산되는 한 개의 철근 지름으로 계산하여야 한다.

5.9.7.3 다발철근의 겹침이음

(1) 겹침이음길이는 등가지름 $d_{b,n}$을 사용하여 5.9.5.3을 따라 계산하여야 한다.

(2) 등가지름이 32mm 이하인 2개의 철근으로 구성된 다발철근은 개별 철근을 엇갈리지 않고 겹쳐 이을 수 있다.

(3) 등가지름이 32mm보다 큰 2개의 철근으로 구성되거나 또는 3개의 철근으로 구성된 다발철근의 경우, 개별 철근은 그림 5.9.16에 나타낸 것과 같이 종방향으로 최소한 $1.3l_0$ 정도 엇갈리게 배치되어야 한다. 이런 경우 철근 1개의 지름을 l_0의 계산에 사용할 수 있다. 어떠한 겹침이음 단면에서도 4개 이상의 철근이 배치되지 않도록 주의하여야 한다.

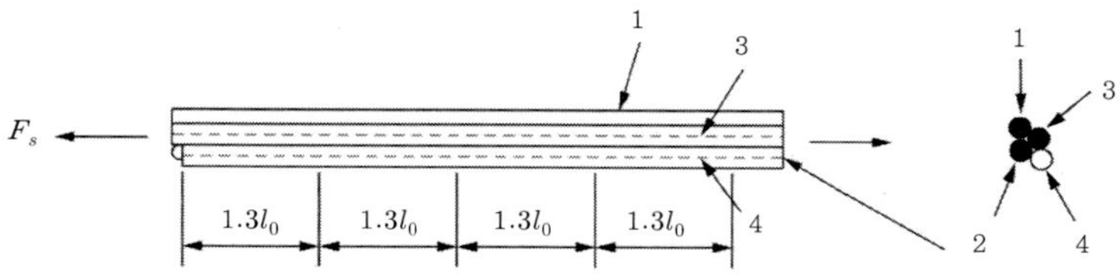

그림 5.9.16 4개의 철근을 포함하는 인장 영역의 겹침이음 연결부

해설
없음

(2) 내진설계 특별 고려 사항

도로교설계기준 한계상태설계법(2017)에서는 도로교설계기준(2010)과 동일하게 내진설계에 대한 추가 규정을 두고 있다. 도로교설계기준 한계상태설계법(2017)의 내진설계 특별 고려 사항에 관한 규정은 다음과 같다.

기준

제8장 내진설계

8.8 콘크리트교 설계

8.8.3 기둥

8.8.3.3 축방향 철근과 횡방향 철근

(3) 소성힌지구역에서는 축방향 철근을 겹침이음하지 않아야 한다.

(4) 소성힌지구역 이외의 구역에서 전체 축방향 철근 중 1/2을 초과하여 겹침이음하지 않아야 한다. 기둥의 종방향으로 측정한 이웃하는 겹침이음 사이의 거리는 600mm 이상이어야 한다. 이때 겹침이음 사이의 거리는 겹침이음의 끝 지점에서부터 기둥의 종방향으로 측정하여 이웃하는 새로운 겹침이음이 시작되는 지점까지로 한다.

(7) 소성거동이 예측되지 않는 단부구역은 모든 축방향 철근이 겹침이음 없이 연속될 필요는 없으나 횡방향 철근은 8.8.3.5의 철근상세를 만족시켜야 하며, 간격은 부재 최소 단면치수의 1/4 또는 축방향 철근지름의 6배 중 작은 값을 초과하지 않아야 한다. (8) 단부구역 이외의 위치에 배근되는 횡방향 철근은 8.8.3.5의 철근상세를 만족시킬 필요는 없으나 축방향 철근이 겹침이음된 구간은 횡방향 철근의 간격이 100mm 또는 부재 단면 최소 치수의 1/4을 초과하지 않아야 한다.
해설
없음

2.1.2 겹침이음 국외 설계기준

1) ACI 318-14 Building Code Requirements for Concrete Structures

ACI 318-14에서 겹침이음은 인장을 받는 철근과 압축을 받는 철근으로 구분하여 규정하고 있으며, 기둥 철근이음과 내진설계에 대해서는 추가 규정을 두고 있다.

ACI 318-14의 철근 겹침이음 관련 규정을 요약하면 표 2.4와 같다.

표 2.4 ACI 318-14의 철근 겹침이음 규정 요약

구 분		규 정	내 용
인 장		25.5-Splices 25.5.2-Lap splices lengths of deformed bars and deformed wire in tension	• 겹침이음길이 $l_d = \left(\frac{f_y}{1.1\lambda\sqrt{f_c'}} \frac{\Psi_t \Psi_e \Psi_s}{\left(\frac{c_b + K_{tr}}{d_b} \right)} \right) d_b$ - A급 이음 : $1.0l_d$ - B급 이음 : $1.3l_d$ • No. 36을 초과하는 철근의 겹침이음 금지
압 축		25.5-Splices 25.5.5-Lap splices lengths of deformed bars in compression	• 겹침이음길이 $f_y \leq 420\text{MPa} : 0.071f_y d_b$ 이상 $f_y > 420\text{MPa} : (0.13f_y - 24)d_b$ 이상 • No. 36을 초과하는 철근의 겹침이음 금지
내진	소성힌지 이외 영역	18.6-Beams of special moment frames 18.7-Columns of Special moment frames	• 구속 철근 배치 필수 • No. 36을 초과하는 철근의 겹침이음 금지
	소성힌지 영역	18.6-Beams of special moment frames 18.7-Columns of Special moment frames	• 사용 금지

No. 36을 초과하는 철근의 겹침이음에 대한 실험자료가 불충분하므로 이러한 철근의 겹침이음은 금지하고 있다. ACI 318-14의 철근 겹침이음 관련 규정 중 이음 일반에 대한 내용은 다음과 같다.

Code
25.2 Splices
25.5.1.1 Lap splices shall not be permitted for bars larger than No.36, except as provided in 25.5.5.3.
25.5.1.2 For contact lap splices, minimum clear spacing between the contact lap splice and adjacent splices or bars shall be in accordance with the requirements for individual bars in 25.2.1.
25.5.1.3 For noncontact splices in flexural members, the transverse center-to center spacing of spliced bars shall not exceed the lesser of one-fifth the required lap splice length and 150mm.
25.5.1.4 Reduction of development length in accordance with 25.4.10.1 is not permitted in calculating lap splice lengths.
25.5.1.5 Lap splices of bundled bars shall be in accordance with 25.6.1.7.
Commentary
25.2 Splices
R25.5.1.1 Because of lack of adequate experimental data on lap splices of No. 43 and No. 57 bars in compression and in tension, lap splicing of these bar sizes is prohibited except as permitted in 25.5.5.3 for compression lap splices of No. 43 and No. 57 bars with smaller bars.
R25.5.1.3 If individual bars in noncontact lap splices are too widely spaced, an unreinforced section is created. Forcing a potential crack to follow a zigzag line (5-to-1 slope) is considered a minimum precaution. The 150mm. maximum spacing is added because most research available on the lap splicing of deformed bars was conducted with reinforcement within this spacing.
R25.5.1.4 The development length l_d used to obtain lap length should be based on f_y because the splice classifications already reflect any excess reinforcement at the splice location; therefore, the factor from 25.4.10.1 for excess A_s should not be used.

(1) 인장 이형철근 및 이형철선의 이음

Orangun 등(1975, 1977)은 횡구속되지 않은 보 실험(Chinn 등, 1955; Ferguson 등, 1965; Chamberlin, 1958; Ferguson, 1971) 62개로부터 얻는 결과의 비선형 회귀분석을 통해 식 (2.3)과 같은 횡구속되지 않은 철근의 부착강도에 대한 경험식을 제시하였다.

$$\frac{u_c}{\sqrt{f_c'}} = 0.10 + 0.25\frac{c_{\min}}{d_b} + 4.15\frac{d_b}{l_d} \tag{2.3}$$

그리고 횡구속된 보 실험(Ferguson 등, 1969; Ferguson 등, 1971; Ferguson 등, 1965, Amerongen, 1964, Ferguson 등, 1962; Mathey 등, 1961)으로부터 얻는 결과의 비선형 회귀분석을 통해 식 (2.4)와 같은 횡구속된 철근의 부착강도에 대한 경험식을 제시하였다.

$$\frac{u_b}{\sqrt{f_c'}} = \frac{u_c + u_s}{\sqrt{f_c'}} = 0.10 + 0.25\frac{c_{\min}}{d_b} + \frac{4.15d_b}{l_d} + \frac{A_{tr}f_{yt}}{41.5snd_b} \tag{2.4}$$

식 (2.3)과 식 (2.4)는 철근 표면에서 발현되는 평균 부착응력에 관한 식이며, 이 식을 부착에 의해 발현된 철근의 강도로 표현하면 식 (2.5)와 같다.

$$\frac{T_b}{\sqrt{f_c'}} = \frac{T_c + T_s}{\sqrt{f_c'}} = \frac{A_b f_s}{\sqrt{f_c'}} = 0.25\pi l_d(c_{\min} + 0.4d_b) + 16.6A_b + \frac{\pi l_d A_{tr}}{41.5sn}f_{yt} \tag{2.5}$$

여기서, 사용된 기호의 설명은 다음과 같다.

T_b : 정착되거나 이음된 철근의 총 부착력

T_c : 총 부착력 중 콘크리트 기여분

T_s : 총 부착력 중 횡방향 철근 기여분

A_b : 정착되거나 이음된 철근의 면적

f_s : 정착되거나 이음된 철근의 응력

l_d : 정착길이 또는 이음길이

$c_{\min}$: 철근의 표면부터 콘크리트 표면까지 최단거리 또는 정착되거나 이음된 철근의 표면 거리의 1/2 중 작은 값

d_b : 정착되거나 이음된 철근의 지름

A_{tr} : 정착되거나 이음된 철근을 따라 쪼개질 가능성이 있는 면을 가로질러 배치된 횡방향 철근의 전체 단면적

f_{yt} : 횡방향 철근의 항복강도

f_c' : 콘크리트의 압축강도

식 (2.5)에서 $(c_{\min} + 0.4d_b)$를 c로 치환하고, l_s/d_b에 관한 식으로 나타내면 식 (2.6)과 같다.

$$\frac{l_d}{d_b} = \frac{\dfrac{f_s}{\sqrt{f_c'}} - 16.6}{\left(\dfrac{c + K_{tr}}{d_b}\right)} \tag{2.6}$$

여기서, $K_{tr} = \dfrac{A_{tr} f_{yt}}{10.34sn}$

식 (2.6)에서 $f_s = f_y$로 두고, 식을 간략화시키면 식 (2.7)과 같다.

$$\frac{l_d}{d_b} = 0.9 \frac{f_y}{\sqrt{f_c'}\left(\dfrac{c + K_{tr}}{d_b}\right)} \tag{2.7}$$

ACI 318-95에서는 Orangun 등(1975, 1977)이 제안한 식 (2.6)을 간략화시킨 식 (2.7)을 근간으로 정착길이 설계식을 식 (2.8)과 같이 제정했다.

$$\frac{l_s}{d_b} = 0.9 \frac{f_y}{\sqrt{f_c'}} \frac{\alpha\beta\gamma\lambda}{\left(\dfrac{c + K_{tr}}{d_b}\right)} \tag{2.8}$$

여기서, 사용된 기호의 설명은 다음과 같다.

l_s : 정착길이 또는 이음길이

d_b : 정착되거나 이음된 철근의 지름

f_y : 정착되거나 이음된 철근의 항복강도

f_c : 콘크리트 압축강도

α : 철근 배치 위치계수(상부철근 1.3, 기타 철근 1.0)

β : 철근 도막계수(피복 두께가 $3d_b$ 미만 또는 순간격이 $6d_b$ 미만인 에폭시 도막철근 또는 철선 1.5, 기타 에폭시 도막철근 또는 철선 1.2, 도막되지 않은 철근 1.0)

γ : 철근 크기에 따른 계수(D19 이하의 철근과 이형철선 0.8, D22 이상의 철근 1.0)

λ : 경량콘크리트계수

c : 철근 또는 철선의 중심부터 콘크리트 표면까지 최단거리 또는 정착되는 철근 또는 철선의 중심간 거리의 1/2 중 작은 값

K_{tr} : 횡방향 철근지수(= $(A_{tr}f_{yt})/(10.34sn)$)

A_{tr} : 정착되거나 이음된 철근을 따라 쪼개질 가능성이 있는 면을 가로질러 배치된 간격 s 이내에 있는 횡방향 철근의 전체 단면적

ACI 318-14의 정착길이 설계식은 ACI 318-95에서 제정한 정착길이 설계식을 큰 변화없이 적용하고 있다. ACI 318-14의 인장 이형철근 및 이형철선의 정착 관련 규정은 다음과 같다.

Code

25.4.2 Development of deformed bars and deformed wires in tension

25.4.2.3 For deformed bars or deformed wires, l_d shall be calculated by :

$$l_d = \left(\frac{f_y}{1.1\lambda\sqrt{f_c'}} \frac{\Psi_t \Psi_e \Psi_s}{\left(\frac{c_b + K_{tr}}{d_b}\right)} \right) d_b \qquad (25.4.2.3a)$$

in which the confinement term $(c_b + K_{tr})/d_b$ shall not exceed 2.5, and

$$K_{tr} = \frac{40A_{tr}}{sn} \qquad (25.4.2.3b)$$

where n is the number of bars or wires being developed or lap spliced along the plane of splitting. It shall be permitted to use K_{tr}=0 as a design simplification even if transverse reinforcement is present.

25.4.2.4 For the calculation of l_d, modification factors shall be in accordance with Table 25.4.2.4.

Table 25.4.2.4 Modification factors for development of deformed bars and deformed wires in tension

Modification factor	Condition	Value of factor
Lightweight λ	Lightweight concrete	0.75
	Lightweight concrete, where f_{ct} is specified	In accordance with 19.2.4.3
	Normalweight concrete	1.0
Epoxy[1] Ψ_e	Epoxy-coated or zinc and epoxy dual-coated reinforcement with clear cover less than $3d_b$ or clear spacing less than $6d_b$	1.5
	Epoxy-coated or zinc and epoxy dualcoated reinforcement for all other conditions	1.2
	Uncoated or zinc-coated (galvanized) reinforcement	1.0
Size Ψ_s	No. 22 and larger bars	1.0
	No. 19 and smaller bars and deformed wires	0.8
Casting position[1] Ψ_t	More than 300mm. of fresh concrete placed below horizontal reinforcement	1.3
	Other	1.0

[1]The product $\Psi_t\Psi_e$ need not exceed 1.7.

Commentary

R25.4.2.3 Equation (25.4.2.3a) includes the effects of all variables controlling the development length. In Eq. (25.4.2.3a), C_b is a factor that represents the least of the side cover, the concrete cover to the bar or wire (in both cases measured to the center of the bar or wire), or one-half the center-to-center spacing of the bars or wires. K_{tr} is a factor that represents the contribution of confining reinforcement across potential splitting planes. Ψ_t is the reinforcement location factor to reflect the effect of the casting position (that is, formerly denoted as "top bar effect"). Ψ_e is a coating factor reflecting the effects of epoxy coating. There is a limit on the product $\Psi_t\Psi_e$. The reinforcement size factor Ψ_s reflects the more favorable performance of smaller-diameter reinforcement. A limit of 2.5 is placed on the term $(c_b + K_{tr})/d_b$.

When $(c_b + K_{tr})/d_b$ is less than 2.5, splitting failures are likely to occur. For values above 2.5, a pullout failure is expected, and an increase in cover or transverse reinforcement is unlikely to increase the anchorage capacity. Many practical combinations of side cover, clear cover, and confining reinforcement can be used with 25.4.2.3 to produce significantly shorter development lengths than allowed by 25.4.2.2. For example, bars or wires with minimum clear cover not less than $2d_b$ and minimum clear spacing not less than $4d_b$ and without any confining reinforcement would have a $(c_b + K_{tr})/d_b$ value of 2.5 and would require a development length of only $28d_b$ for the example in R25.4.2.2. Before ACI 318-08, Eq. (25.4.2.3b) for K_{tr} included the yield strength of transverse reinforcement. The current expression includes only the area and spacing of the transverse reinforcement and the number of wires or bars being developed or lap spliced because tests demonstrate that transverse reinforcement rarely yields during a bond failure (Azizinamini et al. 1995). Terms in Eq. (25.4.2.3a) may be disregarded if such omission results in longer and, hence, more conservative, development lengths.

R25.4.2.4 The lightweight factor λ for calculating development length of deformed bars and deformed wire in tension is the same for all types of lightweight aggregate concrete. Research does not support the variations of this factor in Codes prior to 1989 for all-lightweight and sand-lightweight concrete. Section 25.4.2.4 allows a higher factor to be used when the splitting tensile strength of the light weight concrete is specified. Refer to 19.2.4.

The epoxy factor Ψ_e is based on studies (Treece and Jirsa 1989; Johnston and Zia 1982; Mathey and Clifton 1976) of the anchorage of epoxy-coated bars that show bond strength is reduced because the coating prevents adhesion and lowers the coefficient of friction between the bar and the concrete. The factors reflect the type of anchorage failure likely to occur. If the cover or spacing is small, a splitting failure can occur and the anchorage or bond strength is substantially reduced. If the cover and spacing between bars is large, a splitting failure is precluded and the effect of the epoxy coating on anchorage strength is not as large. Studies (Orangun et al. 1977) have shown that although the cover or spacing may be small, the anchorage strength may be increased by adding transverse reinforcement crossing the plane of splitting, and restraining the splitting crack. Because the bond of epoxy-coated bars or zinc and epoxy dual-coated bars is already reduced due to the loss of adhesion and lower coefficient of friction between the bar and the concrete, an upper limit of 1.7 is established for the product of the factors for top reinforcement casting position and epoxy-coated reinforcement or zinc and epoxy dual-coated reinforcement. The reinforcement size factor Ψ_s reflects the more favorable performance of smaller-diameter reinforcement. The reinforcement location or casting position factor Ψ_t accounts for the position of the reinforcement in freshly placed concrete. The factor 1.3 is based on research (Jirsa and Breen 1981; Jeanty et al. 1988). The application of the casting position factor should be considered in determination of development lengths for inclined reinforcement.

인장을 받는 철근의 겹침이음길이는 인장 정착길이 l_d에 계수 1.0과 1.3을 곱하여 구할 수 있으며, 이를 각각 A급과 B급으로 분류하여 규정하고 있다. 인장 겹침이음의 등급 구분은 표 2.5에 나타내었다. 인장을 받는 철근의 겹침이음길이를 A급과 B급으로 분류하는 이유는 높은 인장응력을 받는 구역에서 떨어진, 즉 배근된 철근 단면적이 해석에 의해 요구된 단면적의 2배 이상이 되는 곳에 이음을 두는 것을 권장하기 위함이다.

표 2.5 인장 겹침이음 등급 구분

$\frac{\text{배근 } A_s}{\text{소요 } A_s}$	소요겹침이음길이 내의 이음된 철근 A_s의 최대(%)	
	50 이하	50 초과
2 이상	A급	B급
2 미만	B급	B급

ACI 318-14의 철근 겹침이음 관련 규정 중 인장 이형철근 및 이형철선의 이음에 대한 내용은 다음과 같다.

Code

25.5.2 Lap splice lengths of deformed bars and deformed wires in tension

25.5.2.1 Tension lap splice length l_{st} for deformed bars and deformed wires in tension shall be in accordance with Table 25.5.2.1, where l_d shall be in accordance with 25.4.2.1(a).

Table 25.5.2.1 Lap splice lengths of deformed bars and deformed wires in tension

$A_{s,provided}/A_{s,required}$[1] over length of splice	Maximum percent of A_s spliced within required lap length	Splice type	l_{st}	
≥2.0	50	Class A	Greater of :	$1.0l_d$ and 300mm.
	100	Class B	Greater of :	$1.3l_d$ and 300mm.
<2.0	All cases	Class B		

[1]Ratio of area of reinforcement provided to area of reinforcement required by analysis at splice location.

25.5.2.2 If bars of different size are lap spliced in tension, l_{st} shall be the greater of l_d of the larger bar and l_{st} of the smaller bar.

Commentary

R25.5.2.1 Lap splices in tension are classified as Class A or B, with length of lap a multiple of the tensile development length l_d calculated in accordance with 25.4.2.2 or 25.4.2.3. The two-level lap splice requirements encourage splicing bars at points of minimum stress and staggering splices to improve behavior of critical details. For the purpose of calculating l_d for staggered splices, the clear spacing is taken as the minimum distance between adjacent splices, as illustrated in Fig. R25.5.2.1. The tension lap splice requirements encourage the location of splices away from regions of high tensile stress to locations where the area of steel provided is at least twice that required by analysis.

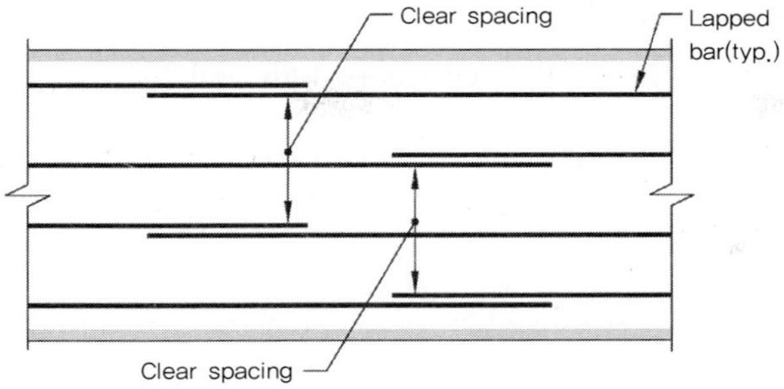

Fig. R25.5.2.1 Clear spacing of lap-spliced bars for determination of l_d for staggered splices.

(2) 압축 이형철근의 이음

압축을 받는 철근의 이음길이 설계법은 1963년 PCA에 발표된 연구(Pfister, J. F. and Mattock, A. H., 1963)를 바탕으로 제정된 이후 추가적인 개정없이 현재까지 사용되고 있다(ACI Committee 318, 2014). 시험에 의하면 압축측의 이음강도는 단부 지압에 크게 영향을 미치므로 겹침이음길이를 2배로 증가시키더라도 이에 비례하여 이음강도가 증가하지 않는다. 따라서 설계기준 항복강도가 400MPa을 초과하는 철근에서 압축 겹침이음길이를 현저하게 증가시키도록 규정하고 있다.

ACI 318-14의 철근 겹침이음 관련 규정 중 압축 이형철근의 이음에 대한 내용은 다음과 같다.

Code
25.5.5 Lap splice lengths of deformed bars in compression 25.5.5.1 Compression lap splice length l_{sc} of No. 36 or smaller deformed bars in compression shall be calculated in accordance with (a) or (b) : (a) For $f_y \leq$420MPa : l_{sc} is the greater of $0.071 f_y d_b$ and 300mm. (b) For $f_y >$420MPa : l_{sc} is the greater of $(0.31 f_y - 24) d_b$ and 300mm. For $f_c' <$21MPa, the length of lap shall be increased by one-third. 25.5.5.2 Compression lap splices shall not be used for bars larger than No. 36, except as permitted in 25.5.5.3.

25.5.5.3 Compression lap splices of No. 43 or No. 57 bars to No. 36 or smaller bars shall be permitted and shall be in accordance with 25.5.5.4.

25.5.5.4 Where bars of different size are lap spliced in compression, l_{sc} shall be the greater of l_{dc} of lager bar calculated in accordance with 25.4.9.1 and l_{sc} of smaller bar calculated in accordance with 25.5.5.1 as appropriate.

Commentary

R25.5.5.1 Tests (ACI Committee 408 1966; Pfister and Mattock 1963) have shown that splice strengths in compression depend considerably on end bearing and do not increase proportionally in strength when the splice length is doubled. Accordingly, for specified yield strengths above 420MPa, compression lap lengths are significantly increased.

R25.5.5.3 Lap splices are generally prohibited for No. 43 or No. 57 bars. For compression only, however, lap splices are permitted between No. 43 or No. 57 bars and No. 36 or smaller bars.

(3) 기둥 철근이음에 관한 특별 규정

휨모멘트와 축력을 받는 기둥에서 인장응력은 어느 정도의 편심을 받는 기둥의 한쪽 면에서 발생할 수 있다. 이러한 인장이 발생할 경우에는 인장이음을 하거나 충분한 인장저항을 할 수 있도록 요구하고 있다. 또한 해석에 의해 단지 압축만 생기더라도 모든 기둥의 각 면에서 최소 인장저항능력이 요구된다. ACI 318-14 10.7.5~6 절에서는 기둥에서 철근이음의 여러 형태들에 대한 요구 조건을 보다 더 분명하게 규정하고 있다.

ACI 318-14의 기둥 철근이음에 관한 특별 규정은 다음과 같다.

Code

10.7.5 Splices of longitudinal reinforcement

10.7.5.1 General

10.7.5.1.1 Lap splices, mechanical splices, butt-welded splices, and end-bearing splices shall be permitted.

10.7.5.1.2 Splices shall satisfy requirements for all factored load combinations.

10.7.5.1.3 Splices of deformed reinforcement shall be in accordance with 25.5 and shall satisfy the requirements of 10.7.5.2 for lap splices or 10.7.5.3 for end-bearing splices.

10.7.5.2 Lap splices

10.7.5.2.1 If the bar force due to factored loads is compressive, compression lap splices shall be permitted. It shall be permitted to decrease the compression lap splice length in accordance with (a) or (b), but the lap splice length shall be at least 300mm.

(a) For tied columns, where ties throughout the lap splice length have an effective area not less than 0.0015hs in both directions, lap splice length shall be permitted to be multiplied by 0.83. Tie legs perpendicular to dimension h shall be considered in calculating effective area.

(b) For spiral columns, where spirals throughout the lap splice length satisfy 25.7.3, lap splice length shall be permitted to be multiplied by 0.75.

10.7.5.2.2 If the bar force due to factored loads is tensile, tension lap splices shall be in accordance with Table 10.7.5.2.2.

Table 10.7.5.2.2 Tension lap splice class

Tensile bar stress	Splice details	Splice type
$\leq 0.5f_y$	≤50% bars spliced at any section and lap splices on adjacent bars staggered by at least l_d	Class A
	Other	Class B
$> 0.5f_y$	All cases	Class B

Commentary

R10.7.5 Splices of longitudinal reinforcement

R10.7.5.1 General

R10.7.5.1.2 Frequently, the basic gravity load combination will govern the design of the column itself, but a load combination including wind or earthquake effects may induce greater tension in some column bars. Each bar splice should be designed for the maximum calculated bar tensile force.

R10.7.5.1.3 For the purpose of calculating l_d for tension lap splices in columns with offset bars, Fig. R10.7.5.1.3 illustrates the clear spacing to be used.

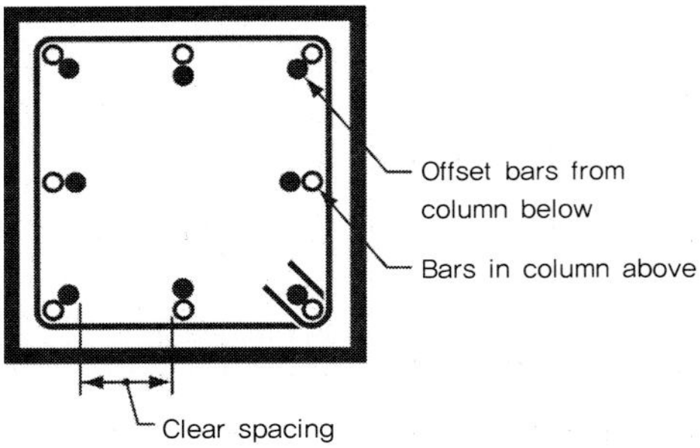

Fig. R10.7.5.1.3 Offset column bars

R10.7.5.2 Lap splices—In columns subject to moment and axial force, tensile stresses may occur on one face of the column for moderate and large eccentricities as shown in Fig. R10.7.5.2. If such stresses occur, 10.7.5.2.2 requires tension splices to be used. The splice requirements have been formulated on the basis that a compression lap splice has a tensile strength of at least $0.25f_y$. Therefore, even if columns bars are designed for compression according to 10.7.5.2.1, some tensile strength is inherently provided.

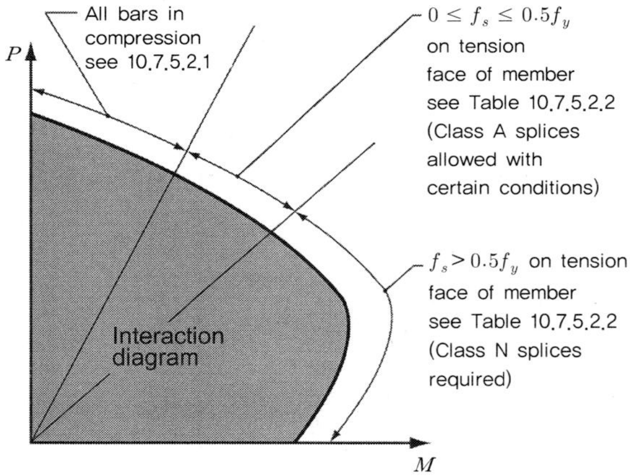

Fig. R10.7.5.2 Lap splice requirements for columns.

R10.7.5.2.1 Reduced lap lengths are permitted if the splice is enclosed throughout its length by sufficient ties. The tie leg areas perpendicular to each direction are calculated separately. An example is provided in Fig. R10.7.5.2.1, where four legs are effective in one direction and two legs in the other direction. Compression lap lengths may also be reduced if the lap splice is enclosed throughout its length by spirals due to increased splitting resistance.

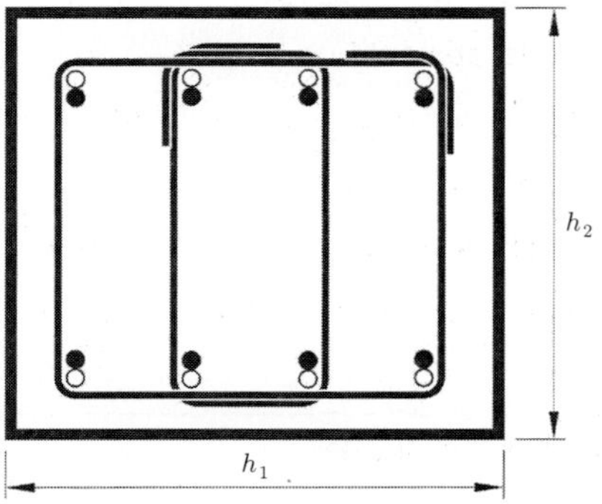

Fig. R10.7.5.2.1 Example of application of 10.7.5.2.1(a)

(4) 내진설계 특별 고려 사항

철근의 겹침이음은 소성힌지 영역에서 금지하고 있는데, 이는 비탄성영역의 경우 주기하중을 받는 상황에서 겹침이음이 신뢰할 수 없는 것으로 보기 때문이다.

ACI 318-14의 내진설계 특별 고려 사항에 관한 규정은 다음과 같다.

Code

18.6 Beams of special moment frames

18.6.3 Longitudinal reinforcement

18.6.3.3 Lap splices of deformed longitudinal reinforcement shall be permitted if hoop or spiral reinforcement is provided over the lap length. Spacing of the transverse reinforcement enclosing the lap-spliced bars shall not exceed the lesser of d/4 and 100mm. Lap splices shall not be used in locations

(a) through (c) :

(a) Within the joints

(b) Within a distance of twice the beam depth from the face of the joint

(c) Within a distance of twice the beam depth from critical sections where flexural yielding is likely to occur as a result of lateral displacements beyond the elastic range of behavior

18.7 Columns of special moment frames

18.7.4 Longitudinal reinforcement

18.7.4.3 Mechanical splices shall conform to 18.2.7 and welded splices shall conform to 18.2.8. Lap splices shall be permitted only within the center half of the member length, shall be designed as tension lap splices, and shall be enclosed within transverse reinforcement in accordance with 18.7.5.2 and 18.7.5.3.

Commentary

18.6 Beams of special moment frames

18.6.3 Longitudinal reinforcement

R18.6.3.3 Lap splices of reinforcement are prohibited along lengths where flexural yielding is anticipated because such splices are not reliable under conditions of cyclic loading into the inelastic range. Transverse reinforcement for lap splices at any location is mandatory because of the potential of concrete cover spalling and the need to confine the splice.

18.7 Columns of special moment frames

18.7.4 Longitudinal reinforcement

R18.7.4 Longitudinal reinforcement—The lower limit of the area of longitudinal reinforcement is to control time dependent deformations and to have the yield moment exceed the cracking moment. The upper limit of the area reflects concern for reinforcement congestion, load transfer from floor elements to column (especially in low-riseconstruction) and the development of high shear stresses. Spalling of the shell concrete, which is likely to occur near the ends of the column in frames of typical configuration, makes lap splices in these locations vulnerable. If lap splices are to be used at all, they should be located near the mid height where stress reversal is likely to be limited to a smaller stress range than at locations near the joints. Transverse reinforcement is required along the lap-splice length because of the uncertainty in moment distributions along the height and the need for confinement of lap splices subjected to stress reversals (Sivakumar et al. 1983).

2) Eurocode 2 : Design of concrete structures Part 1-1 : General rules and rules for buildings BS EN 1992-1-1 : 2004

Eurocode 2(2004)에서는 ACI 318을 근간으로 하고 있는 설계기준과 달리 인장을 받는 철근과 압축을 받는 철근의 구분 없이 하나의 식으로 겹침이음길이 식을 규정하고 있다. 겹침이음길이 식과는 별도로 횡방향 철근 배치에 대해 추가 규정을 두고 있는데, 여기서는 인장을 받는 철근과 지속하중으로 압축을 받는 철근의 거동 특성을 고려하여 횡방향 철근 배치 규정을 구분하고 있다. ACI 318과 ACI 318을 근간으로 하고 있는 설계기준에서는 D35(No 36)을 초과하는 철근의 겹침이음을 금지하고 있는데, Eurocode 2(2004)에서는 대구경 철근에 관한 추가 규정을 통해 대구경 철근의 겹침이음을 허용하고 있다.

Eurocode 2(2004)의 철근 겹침이음 관련 규정을 요약하면 표 2.6과 같다.

표 2.6 Eurocode 2(2004)의 철근 이음 규정 요약

구 분	규 정	내 용
인장, 압축	8.7 Laps and mechanical couplers 8.8 Additional rules for large diameter bars	• 겹침이음길이 $l_0 = \alpha_1 \alpha_2 \alpha_3 \alpha_5 \alpha_6 l_{b,rqd}$ • 횡방향 철근 배치 필수 • 지름 32mm를 초과하는 철근 추가 규정

겹침이음길이는 기본정착길이(basic anchorage length)에 보정계수를 곱하는 방법으로 계산하도록 규정하고 있다. 기본정착길이는 극한부착응력(ultimate bond stress)이 겹침이음구간의 철근 표면에서 일정하게 작용하는 것으로 가정하여 목표로 하는 철근 응력이 발현되는데 필요한 길이를 의미한다. 여기서 극한부착응력은 콘크리트의 인장강도, 부착조건(콘크리트 품질), 철근지름을 고려하여 계산하도록 규정하고 있다. 이처럼 기본정착길이는 철근과 콘크리트 경계면의 국부적인 요소에만 초점을 맞추고 있는 반면, 구조적 요소에 의한 거동 특성은 보정계수를 통해 고려하고 있다. 보정계수에서는 철근 형상(직선철근, 굽힘철

근), 콘크리트 피복, 횡방향 철근에 의한 구속, 횡방향 압력에 의한 구속, 그리고 한 단면에서의 겹침이음 비율을 고려할 수 있도록 규정하고 있다.

Eurocode 2(2004)의 겹침이음길이 관련 규정은 다음과 같다.

Code
8.4.2 Ultimate bond stress (1) P The ultimate bond strength shall be sufficient to prevent bond failure. (2) The design value of the ultimate bond stress, f_{bd}, for ribbed bars may be taken as : $f_{bd} = 2.25\eta_1\eta_2 f_{ctd}$ (8.2) where : f_{ctd} is the design value of concrete tensile strength according to 3.1.6 (2)P. Due to the increasing brittleness of higher strength concrete, $f_{ctk,0,05}$ should be limited here to the value for C60/75, unless it can be verified that the average bond strength increases above this limit η_1 is a coefficient related to the quality of the bond condition and the position of the bar during concreting (see Figure 8.2) : $\eta_1 = 1.0$ when 'good' conditions are obtained and $\eta_1 = 0.7$ for all other cases and for bars in structural elements built with slip-forms, unless it can be shown that 'good' bond conditions exist η_2 is related to the bar diameter : $\eta_2 = 1.0$ for $\phi \le 32$mm $\eta_2 = (132 - \phi)/100$ for $\phi > 32$mm

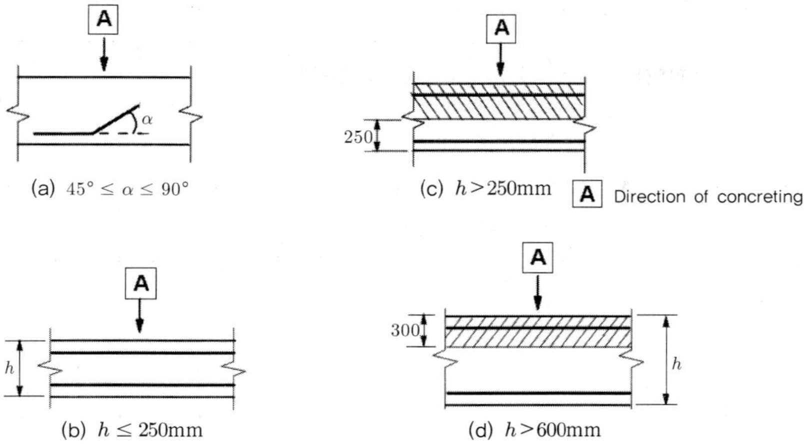

(a) & (b) 'good' bond conditions for all bars

(c) & (d) unhatched zone– 'good' bond conditions
hatched zone– 'good' bond conditions

Figure 8.2 Description of bond conditions

8.4.3 Basic anchorage length

(1) P The calculation of the required anchorage length shall take into consideration the type of steel and bond properties of the bars.

(2) The basic required anchorage length, $l_{b,rqd}$, for anchoring the force $A_s\sigma_{sd}$ in a straight bar assuming constant bond stress equal to f_{bd} follows from :

$$l_{b,rqd} = (\phi/4)(\sigma_{sd}/f_{bd}) \quad (8.3)$$

Where σ_{sd} is the design stress of the bar at the position from where the anchorage is measured from.

Values for f_{bd} are given in 8.4.2.

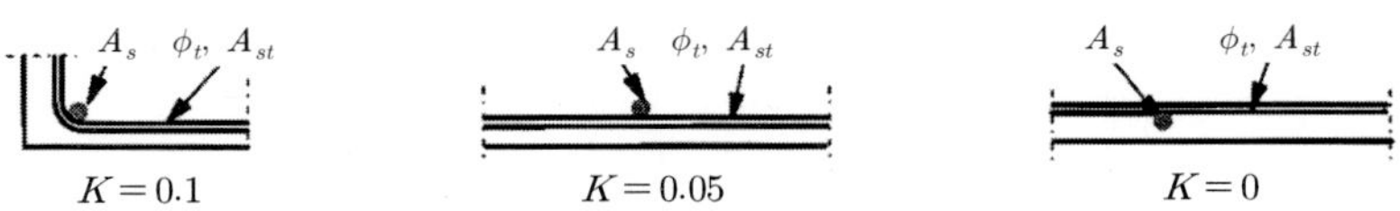

Figure 8.4 Values of *K* for beams and slabs

Table 8.2 Values of α_1, α_2, α_3, α_4 and α_5 coefficients

Influencing factor	Type of anchorage	Reinforcement bar	
		In tension	In compression
Shape of bars	Straight	$\alpha_1=1.0$	$\alpha_1=1.0$
	Other than straight [see Figure 8.1(b), (c) and (d)]	$\alpha_1=0.7$ if $c_d>3\phi$ otherwise $\alpha_1=1.0$ (see Figure 8.3 for values of c_d)	$\alpha_1=1.0$
Concrete cover	Straight	$\alpha_1=1-0.15(c_d-\phi)/\phi$ ≥ 0.7 ≤ 1.0	$\alpha_2=1.0$
	Other than straight [see Figure 8.1(b), (c) and (d)]	$\alpha_1=1-0.15(c_d-3\phi)/\phi$ ≥ 0.7 ≤ 1.0 (see Figure 8.3 for values of c_d)	$\alpha_2=1.0$
Confinement by transverse reinforcement not welded to main reinforcement	All types	$\alpha_3=1.0-K\lambda$ ≥ 0.7 ≤ 1.0	$\alpha_3=1.0$
Confinement by welded transverse reinforcement*	All types, position and sizes as specified in Figure 8.1(e)	$\alpha_4=0.7$	$\alpha_4=0.7$
Confinement by transverse pressure	All types	$\alpha_5=1-0.04\rho$ ≥ 0.7 ≤ 1.0	-

where :

$\lambda=(\Sigma A_{st}-\Sigma A_{st,\min})/A_s$

ΣA_{st} : cross-section area of the transverse reinforcement along the design anchorage length l_{bd}

$\Sigma A_{st,\min}$: cross-section area of the minium transverse reinforcement $=0.25A_s$ for beams and 0 for slabs

A_s : area of a single anchored bar with maximum bar diameter

K : values shown in Figure 8.4

ρ : transverse pressure [MPa] at ultimate limit state alion l_{bd}

* See also 8.6 : For direct supports l_{bd} may be taken less than l_b provided that there is at least one transverse wire welded withed within the support. This should be at least 15mm from the face of the support.

8.7 Laps and mechanical couplers

8.7.2 Laps

(1) P The detailing of laps between bars shall be such that :

- the transmission of the forces from one bar to the next is assured ;
- spalling of the concrete in the neighbourhood of the joints does not occur ;
- large cracks which affect the performance of the structure do not occur.

(2) Laps :

- between bars should normally be staggered and not located in areas of high moments/forces (e.g. plastic hinges). Exceptions are given in (4) below ;
- at any section should normally be arranged symmetrically.

(3) The arrangement of lapped bars should comply with Figure B.7 :

- the clear distance between lapped bars should not be greater than 4ϕ or 50mm, otherwise the lap length should be increased by a length equal to the clear space where it exceeds 4ϕ or 50mm ;
- the longitudinal distance between two adjacent laps should not be less than 0,3 times the lap length, 10 ;
- In case of adjacent laps, the clear distance between adjacent bars should not be less than 2ϕ or 20mm.

(4) When the provisions comply with (3) above, the permissible percentage of lapped bars in tension may be 100% where the bars are all in one layer. Where the bars are in several layers the percentage should be reduced to 50%.

All bars in compression and secondary (distribution) reinforcement may be lapped in one section

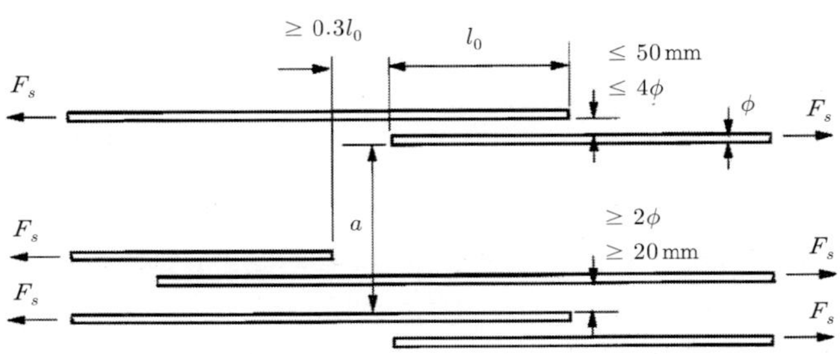

Figure 8.7 Adjacent laps

8.7.3 Lap length

(1) The design lap length is :

$$l_0 = \alpha_1 \alpha_2 \alpha_3 \alpha_5 \alpha_6 l_{b,rqd} \geq l_{0,\min} \quad (8.10)$$

where :

$l_{b,rqd}$ is calculated from Expression (8.3)

$$l_{0,\min} \geq \max 0.3\alpha_6 l_{b,rqd};\ 15\phi\ ;\ 200\text{mm} \quad (8.11)$$

Values of α_1, α_2, α_3 and α_5 may be taken from Table 8.2; however, for the calculation of α_3, $\Sigma A_{st,\min}$ should be taken as $1.0A_s(\sigma_{sd}/f_{yd})$, with A_s=area of one lapped bar.

$\alpha_6 = (\rho_1/25)^{0.5}$ but not exceeding 1.5 nor less than 1.0, where ρ_1 is the percentage of reinforcement lapped within $0.65l_0$ from the centre of the lap length considered (see Figure 8.8). Values of α_6 are given in Table 8.3.

Table 8.3 Values of the coefficient α_6

Percentage of lapped bars relative to the total cross-section area	<25%	33%	50%	>50%
α_6	1	1.15	1.4	1.5

Note : Intermediate values may be determined by interpolation.

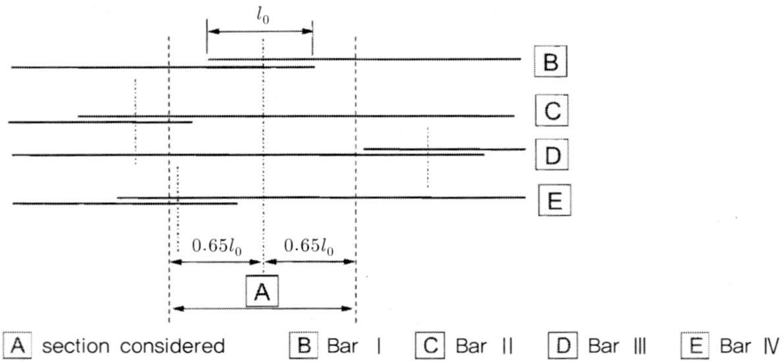

Example : Bar Ⅱ and Ⅲ are outside the section being considered : %=50 and α_6 =1

Figure 8.8 Percentage of lapped bars in one lapped section

Commentary

None

철근의 부착에 의해 콘크리트에는 인장응력이 발생하게 되고, 이렇게 발생된 인장응력은 콘크리트 피복의 쪼개짐을 유발한다. 횡방향 철근이 배치되지 않은 부재의 부착파괴는 취성적인 특성을 나타내는데, 이러한 취성적인 부착파괴 특성은 횡방향 철근을 배치함으로써 완화시킬 수 있다. 이처럼 취성적인 부착파괴 특성을 완화시키기 위해 Eurocode 2(2004)에서는 겹침이음 구역에 횡방향 철근을 배치하도록 규정하고 있다. Eurocode 2(2004)의 겹침이음 구역 횡방향 철근 배치 규정은 다음과 같다.

Code

8.7.4 Transverse reinforcement in the lap zone

8.7.4.1 Transverse reinforcement for bars in tension

(1) Transverse reinforcement is required in the lap zone to resist transverse tension forces.

(2) Where the diameter, ϕ, of the lapped bars is less than 20mm, or the percentage of lapped bars in any section is less than 25%), then any transverse reinforcement or links necessary for other reasons may be assumed sufficient for the transverse tensile forces without further justification.

(3) Where the diameter, ϕ, of the lapped bars is greater than or equal to 20mm, the transverse reinforcement should have a total area, ΣA_{st} (sum of all legs parallel to the layer of the spliced reinforcement) of not less than the area A_s of one lapped bar ($\Sigma A_{st} \geq 1.0 A_s$). The transverse bar should be placed perpendicular to the direction of the lapped reinforcement.

If more than 50% of the reinforcement is lapped at one point and the distance, a, between adjacent laps at a section is $\leq 10\phi$(see Figure 8.7) transverse reinforcement should be formed by links or U bars anchored into the body of the section.

(4) The transverse reinforcement provided for (3) above should be positioned at the outer sections of the lap as shown in Figure 8.9(a).

8.7.4.2 Transverse reinforcement for bars permanently in compression

(1) In addition to the rules for bars in tension one bar of the transverse reinforcement should be placed outside each end of the lap length and within 4ϕ of the ends of the lap length (Figure 8.9b).

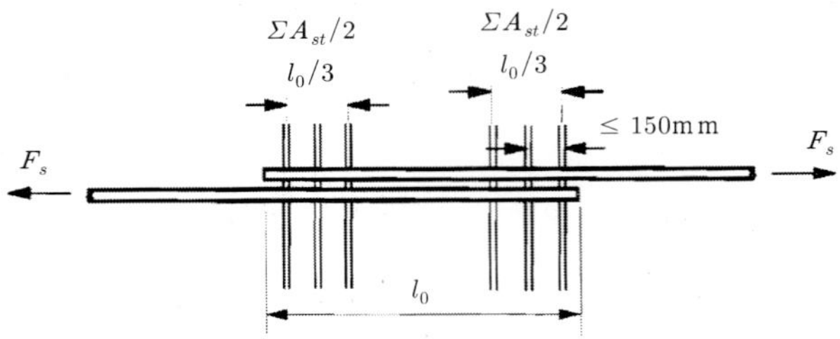

a) bar in tension

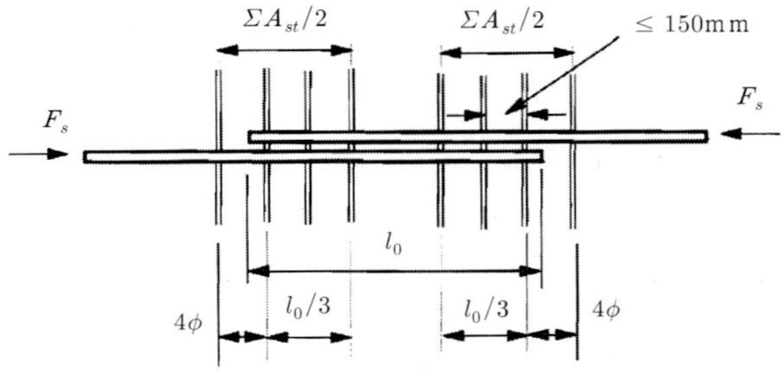

b) bars in compression

Figure 8.9 Transverse reinforcement for lapped splices

Commentary
None

실험 결과 대구경 철근은 일반구경 철근보다 쪼갬하중(splitting force)과 장부작용(dowel action)이 크게 증가하는 것으로 나타났다. 이런 이유로 Eurocode 2(2004)에서는 대구경 철근의 겹침이음에 관해 추가로 규정하고 있다. Eurocode 2(2004)의 대구경 철근의 겹침이음에 관한 추가 규정은 다음과 같다.

Code
8.8 Additional rules for large diameter bars (1) For bars with a diameter larger than the following rules supplement those given in 8.4 and 8.7. Note : The value of ϕ_{large} for use in a Country may be found in its National Annex. The recommended value is 32mm. (4) Generally large diameter bars should not be lapped. Exceptions include sections with a minimum dimension 1,0m or where the reinforcement stress is not greater than 80% of the design ultimate strength.
Commentary
None

Eurocode 2(2004)에서는 다발철근의 겹침이음에 관해 추가로 규정하고 있다. Eurocode 2(2004)의 다발철근 겹침이음에 관한 추가 규정은 다음과 같다.

Code
8.9 Bundled bars 8.9.1 General (1) Unless otherwise stated, the rules for individual bars also apply for bundles of bars. In a bundle, all the bars should be of the same characteristics (type and grade). Bars of different sizes may be bundled provided that the ratio of diameters does not exceed 1.7. (2) In design, the bundle is replaced by a notional bar having the same sectional area and the same centre of gravity as the bundle. The equivalent diameter, ϕ_n of this notional bar is such that : $\phi_n = \phi\sqrt{n_b} \leq 55\text{mm}$ (8.14) where n_b is the number of bars in the bundle, which is limited to : $n_b \leq 4$ for vertical bars in compression and for bars in a lapped joint, $n_b \leq 3$ for all other cases. (3) For a bundle, the rules given in 8.2 for spacing of bars apply. The equivalent diameter, ϕ_n should be used but the clear distance between bundles should be measured from the actual external contour of the bundle of bars. The concrete cover should be measured from the actual external contour of the bundles and should not be less than ϕ_n. (4) Where two touching bars are positioned one above the other, and where the bond conditions are good, such bars need not be treated as a bundle. 8.9.3 Lapping bundles of bars (1) The lap length should be calculated in accordance with 8.7.3 using ϕ_n (from 8.9.1 (2)) as the equivalent diameter of bar.

(2) For bundles which consist of two bars with an equivalent diameter <32mm the bars may be lapped without staggering individual bars. In this case the equivalent bar size should be used to calculate l_o.

(3) For bundles which consist of two bars with an equivalent diameter ~32mm or of three bars, individual bars should be staggered in the longitudinal direction by at least $1.3l_0$ as shown in Figure 8.13, where l_0 is based on a single bar. For this case bar NO. 4 is used as the lapping bar. Care should be taken to ensure that there are not more than four bars in any lap cross section. Bundles of more than three bars should not be lapped.

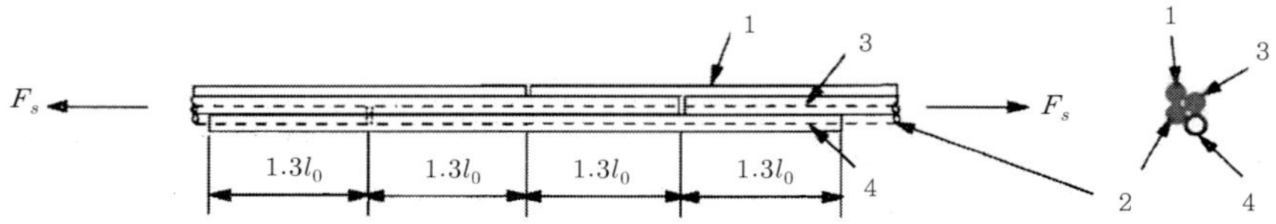

Figure 8.13 Lap joint in tension including a fourth bar

Commentary
None

3) 일본 건축학회 기준(日本建築學會 鐵筋コンクリート構造計算規準 · 同解說(2010))

일본 건축학회 기준(2010)에서는 허용부착응력을 이용하여 철근에 요구되는 강도를 발현하기 위한 겹침이음길이를 검토하도록 규정하고 있다. 장기하중에 대한 사용성 확보나 단기하중에 대한 손상 제어를 위한 검토는 인장철근과 압축철근으로 구분하여 규정하고 있으며, 압축 겹침이음에 대해서는 1991년 판의 규정을 참조하여 허용부착응력을 1.5배 증가시키도록 규정하고 있다. 지진에 대한 안전성 확보를 위한 검토는 철근 간격, 피복 두께, 횡방향 철근의 효과를 고려하도록 규정하고 있다. 부착할렬강도는 일반적으로 철근 지름이 클수록 감소하는 것으로 나타나고 있으므로 D35 이상의 이형철근에 대해서는 겹침이음을 금지하고 있다.

일본 건축학회 기준(2010)의 철근 겹침이음 관련 규정을 요약하면 표 2.7과 같다.

표 2.7 일본 건축학회 기준(2010)의 철근 겹침이음 규정 요약

구 분		규 정	내 용
인 장		16조 부착 및 이음	• 부착응력 검토 $\frac{\sigma_t d_b}{4l} \le f_a$ • D35를 초과하는 철근의 겹침이음 금지
압 축		16조 부착 및 이음	• 부착응력 검토 $\frac{\sigma_c d_b}{4l} \le 1.5f_a$ • D35를 초과하는 철근의 겹침이음 금지
내진	소성힌지 이외 영역	16조 부착 및 이음	• 부착응력 검토 $\frac{\sigma_y d_b}{4l} \le Kf_b$ • D35를 초과하는 철근의 겹침이음 금지
	소성힌지 영역	16조 부착 및 이음	• 사용 금지

일본 건축학회 기준(2010)의 철근 겹침이음 관련 규정은 다음과 같다.

Code

16条 付着および継手

2. 継手

(1) 鉄筋の継手には, 重ね継手, ガス圧接継手, 溶接継手, または機械式継手を用いる. ただし本条では. 以下に重ね継手について規定する.

(2) D35以上の鉄筋には原則として重ね継手を用いない.

(3) 鉄筋の重ね継手は, 部材応力ならびに鉄筋存在応力度の小さい箇所に設けることとし同一断面で全 引張鉄筋の継手(全数継手)としないことを原則とする.

(4) 曲げ補強鉄筋の重ね継手長さは, 以下の各項を満足するように設定する. ただし200mmおよび鉄 筋径の20倍を下回る継手長さとしてはならない.

1) 重ね継手の長期荷重に対する使用性確保や短期荷重に対する損傷制御のための検討は, 引張鉄筋に対しては(16.8)式により.圧縮鉄筋に対しては(16.9)式により行う.

$$\frac{\sigma_t d_b}{4l} \le f_a \qquad (16.8)$$

$$\frac{\sigma_c d_b}{4l} \le 1.5f_a \qquad (16.9)$$

2) 重ね継手の大地震動に対する安全性確保のための検討は.(16.10)式による.ただし補正係数Kの算定では, 鉄筋間のあきの最小値は相互の鉄筋が密着しない場合でも密着した継手と考えて係数Cを求め.鉄筋本数Nは想定される付着割裂面における全鉄筋本数から継手組数を減じた値とする.なお.付着割裂強度に基づく計算によって重ね継手長さを定める場合，ならびに曲げ降伏を生じるおそれのない曲げ補強鉄筋(D25以下に限る)の重ね継手を存在応力度の小さい箇所に設ける場合は，下式によらなくてもよい.

$$\frac{\sigma_y d_b}{4l} \leq K f_b \tag{16.10}$$

記号

l：継手の重ね長さ.鉄筋端に標準フック(17条に規定)を設ける場合には，フックを除いた長さとする.

σ_t：引張鉄筋の継手部分の最大存在応力度で.鉄筋端に標準フックを設ける場合には，その値の2/3倍とすることができる.

σ_c：圧縮鉄筋の継手部分の最大存在応力度

σ_y：引張鉄筋の継手部分の降伏強度で，鉄筋端に標準フックを設ける場合にはその値の2/3倍とすることができる.

d_b：曲げ補強鉄筋径で.異形鉄筋では呼び名の数値とする.

f_a：許容付着応力度で，鉄筋の位置にかかわらず6条の表6.3の上端筋に対する値を用いる.

K：鉄筋配置と横補強筋による修正係数で.(16.6)式による.

f_b：付着割裂の基準となる強度で.表16.1による.

他の記号は前出のとおりである.

表 6.3　鉄筋のコンクリートに対する許容付着応力度(N/mm²)

	長　期		短　期
	上 端 筋	その他の鉄筋	
異形鉄筋	$\frac{1}{15}F_c$かつ $\left(0.9+\frac{2}{75}F_c\right)$以下	$\frac{1}{10}F_c$かつ $\left(1.35+\frac{1}{25}F_c\right)$以下	長期に対する値の1.5倍
丸　　筋	$\frac{4}{100}F_c$かつ0.9以下	$\frac{6}{100}F_c$かつ1.35以下	

(5) 重ね継手は，曲げひび割れが継手筋に沿って生じるような部位に設けてはならない.

$$※\ K = 0.3\left(\frac{C+W}{d_b}\right) + 0.4 \leq 2.5 \tag{16.6}$$

C：付着検定断面位置における鉄筋間のあき.または最小かぶり厚さの3倍のうちの小さいほうの数値で，$5d_b$以下とする.

W：付着割裂面を横切る横補強筋効果を表\す換算長さで，$2.5d_b$以下とする.

表 16.1 付着割裂の基準となる強度, f_b

	安全性確保のための検討	
	上端筋	その他の鉄筋
普通コンクリート	$0.8\times\left(\frac{F_c}{40}+0.9\right)$	$\frac{F_c}{40}+0.9$
軽量コンクリート	普通コンクリートに対する値の0.8倍	

Code

16조 부착 및 이음

2. 이음

(1) 철근의 이음에는 겹침이음, 가스 압접이음, 용접이음 또는 기계적이음을 쓴다. 다만, 본 조에서는 다음과 같이 겹침이음에 대해 규정한다.

(2) D35 이상의 철근에는 원칙적으로 겹침이음을 이용하지 않는다.

(3) 철근의 겹침이음은 부재응력 및 철근응력도의 작은 부분에 마련하는 것으로 동일 단면에서 전체 인장철근의 이음(전수 이음)은 하지 않는 것을 원칙으로 한다.

(4) 휨철근의 겹침이음길이는 다음의 각 항을 만족시키도록 설정한다. 단, 200mm 및 철근 지름의 20배 미만의 이음길이로 해서는 안 된다.

1) 겹침이음의 장기하중에 대한 사용성 확보나 단기하중에 대한 손상 제어를 위한 검토는 인장철근에 대해서는 식 (16.8)로, 압축철근에 대해서는 식 (16.9)로 한다.

$$\frac{\sigma_t d_b}{4l} \le f_a \quad (16.8)$$

$$\frac{\sigma_c d_b}{4l} \le 1.5 f_a \quad (16.9)$$

2) 겹침이음의 지진에 대한 안전성 확보를 위한 검토는 식 (16.10)으로 한다. 단 보정계수 K의 산정에서 철근 사이의 간격 최소값은 상호의 철근이 밀착하지 않은 경우에도 밀착된 이음으로 생각해 계수 C를 구한다. 여기서, 철근의 수 N은 예상되는 부착할렬면의 전체 철근 개수에서 이음 철근 수를 뺀 값으로 한다. 게다가 부착할렬강도에 기초한 계산에 따라 겹침이음길이를 정하는 경우 및 휨 항복 발생 우려가 없는 휨철근(D25 이하)의 겹침이음을 실제 응력도의 작은 부분에 설치하는 경우는 다음 식에 의하지 않아도 된다.

$$\frac{\sigma_y d_b}{4l} \le K f_b \quad (16.10)$$

기호

l : 겹침이음길이. 철근 끝에 표준갈고리(17조에 규정)을 설치하는 경우에는 갈고리를 제외한 길이로 한다.

σ_t : 인장철근 이음 부분의 최대 응력. 철근 끝에 표준갈고리를 설치한 경우에는 그 값의 2/3배로 할 수 있다.

σ_c : 압축철근 이음 부분의 최대 응력.

σ_y : 인장철근 이음 부분의 항복강도. 철근 끝에 표준갈고리를 설치한 경우에는 그 값의 2/3배로 할 수 있다.

d_b : 휨철근의 지름. 이형철근에서는 호칭의 수치로 한다.

f_a : 허용부착응력. 철근의 위치에 관계없이 6조의 표 6.3의 상단근의 값을 사용한다.

K : 철근 배치와 횡방향 철근에 의한 수정계수. 식 (16.6)으로 한다.

f_b : 부착할렬의 기준이 되는 강도. 표 16.1에 따른다.

표 6.3 철근콘크리트에 대한 허용부착응력도(N/mm²)

	장 기		단 기
	상단근	기타 철근	
이형철근	$\frac{1}{15}f_c$ 또는 $\left(0.9+\frac{2}{75}f_c\right)$ 이하	$\frac{1}{10}f_c$ 또는 $\left(1.35+\frac{1}{25}f_c\right)$ 이하	장기에 대한 값의 1.5배
원형철근	$\frac{4}{100}f_c$ 또는 0.9 이하	$\frac{6}{100}f_c$ 또는 1.35 이하	

(5) 겹침이음은 휨균열이 이음 철근을 따라 발생하는 부위에 두어서는 안 된다.

※ $$K=0.3\left(\frac{C+W}{d_b}\right)+0.4\le 2.5 \qquad (16.6)$$

C : 부착 검정 단면 위치에서 철근 간격 또는 최소 피복두께의 3배 중에서 작은 값의 수치로 $5d_b$ 이하로 한다.

W : 부착할렬면을 가로지르는 횡방향 철근 효과를 드러내는 환산길이로 $2.5d_b$ 이하로 한다.

표 16.1 부착할렬의 기준이 되는 강도 f_b

	안전성 확보를 위한 검토	
	상부철근	기타철근
보통 콘크리트	$0.8\times\left(\frac{F_c}{40}+0.9\right)$	$\frac{F_c}{40}+0.9$
경량 콘크리트	보통 콘크리트에 대한 값의 0.8배	

Commentary
None

4) JSCE Standard Specifications for Concrete Structures (2007)

JSCE(2007)에서는 ACI 318과 ACI 318을 근간으로 하고 있는 설계기준과 달리 인장을 받는 철근과 압축을 받는 철근의 구분 없이 하나의 식으로 겹침이음길이 식을 규정하고 있다. 그리고 ACI 318과 ACI 318을 근간으로 하고 있는 설계기준에서는 D35(No 36)을 초과하는 철근의 겹침이음을 금지하고 있는데, JSCE(2007)에서는 대구경 철근에 관한 추가 규정 없이 모든 지름의 철근에 대해 겹침이음을 허용하고 있다.

JSCE(2007)의 철근 겹침이음 관련 규정을 요약하면 표 2.8과 같다.

표 2.8 JSCE(2007)의 철근 이음 규정 요약

구 분	규 정	내 용
인장, 압축	13.7 Splices in Reinforcement	• 겹침이음길이 $l_d = \alpha \frac{f_{yd}}{4f_{bod}} \phi$

겹침이음길이는 기본정착길이(basic development length)를 적용하도록 규정하고 있다. 기본정착길이는 설계부착강도(design bond strength)가 겹침이음 구간의 철근 표면에서 일정하게 작용하는 것으로 가정하여 목표로 하는 철근응력이 발현되는데 필요한 길이를 의미한다. 그리고 α 보정계수를 추가로 정의하여 철근 지름, 피복 두께, 횡방향 철근 지름과 간격 영향을 고려하도록 규정하고 있다. 압축철근의 경우 기본정착길이를 80%로 감소시키도록 규정하고 있다. JSCE(2007)의 기본정착길이 관련 규정은 다음과 같다.

Code

13.6.3 Basic development length

(1) Basic development length (l_d) shall be calculated using Eq. (13.6.1) and modified by Items (i) to (iii) below. However, modified l_d shall not be less than 20ϕ.

$$l_d = \alpha \frac{f_{yd}}{4f_{bod}} \phi \quad (13.6.1)$$

where, ϕ : diameter of reinforcing bar

f_{yd} : design tensile yield strength of reinforcement

f_{bod} : design bond strength of concrete, which may be obtained using Eq. (5.2.2), assuming γ_c to be 1.3, and with the condition that $f_{bod} \le 3.2\text{N/mm}^2$.

$\alpha = 1.0$ (in case of $k_c \leq 1.0$)

$= 0.9$ (in case of $1.0 < k_c \leq 1.5$)

$= 0.8$ (in case of $1.5 < k_c \leq 2.0$)

$= 0.7$ (in case of $2.0 < k_c \leq 2.5$)

$= 0.6$ (in case of $2.5 < k_c$)

where, $k_c = \dfrac{c}{\phi} + \dfrac{15A_t}{s\phi}$

c : concrete cover of reinforcing bar or half of the clear distance between reinforcement, whichever is smaller.

A_t : area of transverse reinforcement arranged perpendicular to the assumed splitting failure surface

s : distance between the centers of transverse reinforcement

(ii) The basic development length in compression reinforcement may be taken as 0.8 of that obtained as shown in accordance with Eq. (13.6.1).

(iii) In cases the anchored reinforcing bar is located at a depth less than 300mm from the concrete surface, and at an angle less than 45 degrees from the horizontal, the basic development length shall be give by Item (i) or (ii).

(2) In cases when the provided area of steel (A_s) is larger than the amount required from computations (A_{sc}), the development length, l_0, may be estimated using Eq. (13.6.2).

$$l_0 \geq l_d(A_{sc}/A_s) \qquad (13.6.2)$$

where, $l_0 \geq l_d/3$, $l_0 \geq 10\phi$, ϕ : diameter of reinforcement

※ Bond strength (For deformed bars satisfying the requirements given in JIS G3112),

$$f_{bok} = 0.28 f_{ck}'^{2/3} \qquad (5.2.2)$$

where, $f_{bok} \leq 4.2\text{N/mm}^2$

Commentary

(1) The required development length for reinforcing bars depends on the type of the bar, strength of concrete, cover thickness, and condition of transverse reinforcement. These factors shall be appropriately considered when calculating the required basic development length.

The required development length, l_0, in cases when transverse reinforcement is provided may be given using Eq. (C13.6.1).

$$l_0 = \frac{\left(\dfrac{f_{yd}}{1.25\sqrt{f_{cd}'}} - 13.3\right)\phi}{0.318 + 0.795\left(\dfrac{c}{\phi} + \dfrac{15A_t}{s\phi}\right)} \qquad \text{(C13.6.1)}$$

where, f_{yd} : design yield strength of reinforcement (N/mm^2)

f_{cd} : design compressive strength of concrete (N/mm^2), which may be obtained using Eq. (C13.6.2), with γ_c of 1.3.

$$f_{cd}' = \frac{f_{ck}'}{\gamma_c} \qquad \text{(C13.6.2)}$$

where, $c/\phi \leq 2.5$.

It is very difficult to take into account of the effect of all the factors such as type of the bar, strength of concrete, cover thickness, and condition of transverse reinforcement. The factor α has been introduced to take into account these effects.

(2) The development length should be calculated using the basic development length l_d determined on the basis of the size of the bars and their arrangement, and the strength of the concrete, and modified in taking into consideration the actual condition of use.

In cases that the amount of reinforcement exceeds that required by computation, the basic development length may be reduced. However a certain minimum basic development length, l_0, should be determined to ensure the safety for additional forces.

JSCE(2007)의 겹침이음 관련 규정은 다음과 같다.

Code
13.7 Splices in Reinforcement (1) Appropriate splices shall be provided in the reinforcement taking into account factors such as the type and diameter of the bars, state of stress, and location of splices, and so on. (2) To the extent possible, splices shall not be located at cross-sections of members subject to high stresses. (3) Splices shall not be clustered at the same cross-section of a member, and the maximum number of joints permitted in the same cross section shall be one in every two bars. To ensure that splices do bot cluster at the same section, in general, the standard distance between two staggered splices in the longitudinal direction shall bot be less than the sum of the splice length and 25 times the bar diameter. (4) Clear distance between two adjacent splices or between two adjacent splices or between a splice and a bar shall not be less than the maximum size of coarse aggregate. (5) When splicing is provided after distributing reinforcing bars, adequate allowance shall be made for operation of jointing machines. (6) Concrete cover of splices shall be provided in accordance with requirements of Section 13.2. (7) If lap jointing is used, in general, the lap length is determined by the basic development length indicated in Section 13.6.3, and joints shall be provided taking into consideration such factors as the type of structure of member, the state of loading, arrangement of reinforcement, the stress state at the joint location, etc.
Commentary
(1) Strength and reliability of splices depend on such factors as kind of splices, construction methods, the type of bars, state of stress, and location of splices. Therefore, appropriate splices shall be provided so that their performance can be well exhibited in response to the above-mentioned factors. (2) Splices in reinforcement could become weak points, and become the cause for reduction in strength of the structural members that contain splices, when the splices are provided in regions subject to high stresses. Thus, splices at cross sections subject to high tensile stresses, such as the mid-spans, are preferably avoided.

(3) In cases when splices with weak points are concentrated in a single cross-section, the structural performance of the member may be seriously decreased. In addition, certain types of splices provided in a certain area also hamper proper compaction of concrete, and therefore, the location of splices should be staggered. The recommendation for the splices to be staggered by a distance equal to the sum of the splice length plus 25 times the bar diameter, has been made considering this requirement may ensure adequate strength of the joint through bond action, even if some of the splices are poor. The adverse effects of splices on compaction of concrete may also be considered to be minor provided the provisions for staggering the splices are followed.

If splices cluster at the same cross-section in a less favorable condition, an appropriate joint strength must be determined. The performance of joints and verification methods are as described in the Japan Society of Civil Engineers' Recommendations for Design, Fabrication and Evaluation of Anchorages and Joints in Reinforcing Bars (2007).

(4) Requirements have been waived from the practical consideration that the amount of reinforcing steel increases at joints in comparison with normal cross sections and that a requirement of too much clear distance may cause difficulty in proportioning of members because of increase in spacing of reinforcement. However, in the case of splices, the maximum possible spacing has been recommended, as concrete tends to spread unevenly in the neighborhood of splices.

(5) When splices are fabricated after arranging the reinforcing bars, the required clear distances may be considerably greater than the maximum size of coarse aggregate to allow for the operation of a jointing machine. Therefore, it is important to consider the method and procedure of fabrication of splices at the design stage itself, in order to avoid problems in the construction stage.

(6) This requirement has been included from the consideration that splices using sleeves, couplers, gas pressure welding joints and others should have adequate concrete cover, at the same level as reinforcing bars.

It is noted that concrete cover to stirrups or ties at joints shall conform to provisions of Section 13.2.

(7) If lap joints are used and no special examination is conducted, joints may be provided in accordance with the Design : Standards, Part 5, of this Specification.

2.2 기계적이음

2.2.1 기계적이음 국내 설계기준

1) 콘크리트구조 학회기준(2017)

콘크리트구조 학회기준(2017)에서는 ACI 318-14와 동일하게 철근의 기계적이음에 관해 규정하고 있다. 콘크리트구조 학회기준(2017)의 기계적이음 관련 규정을 요약하면 표 2.9과 같다.

표 2.9 콘크리트구조 학회기준(2017)의 기계적이음 규정 요약

<table>
<tr><th colspan="2">구 분</th><th>규 정</th><th>내 용</th></tr>
<tr><td colspan="2">인 장</td><td>8.6.1 이음 일반
8.6.2 인장 이형철근 및 이형철선의 이음</td><td>• 완전 기계적이음
– f_y의 125% 이상
[기준 8.6.1(3)]</td></tr>
<tr><td colspan="2">압 축</td><td>8.6.1 이음 일반
8.6.3 압축 이형철근의 이음</td><td>• 완전 기계적이음
– f_y의 125% 이상
[기준 8.6.1(3)]</td></tr>
<tr><td rowspan="2">내진</td><td>소성힌지 이외 영역</td><td>21.5.2(4) 특수모멘트골조의 휨부재
21.6.3(2) 휨모멘트와 축력을 받는 특수모멘트골조 부재</td><td>• 유형 1 기계적이음
– f_y의 125% 이상
[기준 21.2.6(1) 및 (2)]</td></tr>
<tr><td>소성힌지 영역</td><td>21.5.2(4) 특수모멘트골조의 휨부재
21.6.3(2) 휨모멘트와 축력을 받는 특수모멘트골조 부재</td><td>• 유형 2 기계적이음
– f_y의 125% 이상
– 인장강도 이상
[기준 21.2.6(1) 및 (2)]</td></tr>
</table>

콘크리트구조 학회기준(2017)의 철근 기계적이음 관련 규정 중 이음 일반에 대한 내용은 다음과 같다.

기준

8.6 철근의 이음

8.6.1 이음 일반

(3) 용접이음과 기계적이음은 다음 규정에 따라야 한다.

② 기계적이음은 철근의 설계기준 항복강도 f_y의 125% 이상을 발휘할 수 있는 완전 기계적이음이어야 한다.

해설
(3) ① 완전용접이음은 주로 주부재에서 D19 이상 지름이 큰 철근에 적용한다. 완전용접을 보장하기 위해 용접강도는 철근의 설계기준 항복강도 125%의 인장강도를 발휘할 수 있어야 하며, 이는 압축에 대해서도 적용된다. 구조기준에 따라 설계할 때에 사용되는 철근의 최대 응력은 항복강도이다. 따라서 부재에서 철근이 항복하여 취성적 파괴를 피할 수 있도록 이음부에 충분한 강도가 필요하므로 설계기준 항복강도보다 25% 증가시킨 것이 채택된 것이며, 이는 안전율에 대한 최소 값이고, 경제적인 면에서 실용적 최대 값이다. 용접이음에는 KS D 3504에서 규정하는 용접용 철근을 사용하여야 한다. KS D 3504를 만족시키는 철근의 실제 인장강도가 설계기준 항복강도 f_y의 125% 이하인 경우 용접이음한 철근의 인장시험에서 설계기준 항복강도 f_y의 125%를 발현하기 전에 철근에서 파단될 수 있다. 이러한 경우 이 용접이음은 8.6.1(3)①을 만족한 것으로 본다. ② 해설 (3)①에서 완전용접이음에 대해 설명한 바와 같은 이유로 완전 기계적 연결에서도 인장 또는 압축에서 설계기준 항복강도의 125%를 발휘할 수 있도록 규정하였다. 용접이음과 동일하게 KS D 3504를 만족시키는 철근의 실제 인장강도가 설계기준 항복강도 f_y의 125% 이하이고 기계적이음한 철근의 인장시험에서 철근이 파단되는 경우 이 기계적이음은 8.6.1(3)②를 만족한 것으로 본다.

(1) 인장 이형철근 및 이형철선의 이음

콘크리트구조 학회기준(2017)에서는 ACI 318-14와 동일하게 인장 이형철근 및 이형철선의 기계적이음을 규정하고 있다. 콘크리트구조 학회기준(2017)의 인장 이형철근 및 이형철선의 기계적이음 관련 규정은 다음과 같다.

기준
8.6 철근의 이음 8.6.2 인장 이형철근 및 이형철선의 이음 (4) 이음부에 배치된 철근량이 해석결과 요구되는 소요철근량의 2배 미만인 경우에 용접이음 또는 기계적이음은 8.6.1(3)① 또는 8.6.1(3)②의 요구 조건을 만족시켜야 한다.

(5) 8.6.1(3)① 또는 8.6.1(3)②를 만족하지 않더라도 이음부에 배치된 철근량이 해석결과 요구되는 소요철근량의 2배 이상이고, 다음의 ①과 ②의 요구 조건을 따르는 경우 D16 이하의 철근에 대해서 용접이음 또는 기계적이음을 할 수 있다.

① 각 철근의 이음부는 서로 600mm 이상 엇갈려야 하고, 이음부에서 계산된 인장응력의 2배 이상을 발휘할 수 있도록 이어야 한다. 또한 배치된 전체 철근이 140MPa 이상의 응력을 발휘할 수 있어야 한다.

② 각 단면에서 발휘하는 인장력을 계산할 때 이어진 철근은 규정된 이음강도를 발휘하는 것으로 보아야 하나 f_y보다 크지 않아야 한다. 이어지지 않은 연속철근의 인장응력은 설계기준항복강도 f_y를 발휘할 수 있도록 계산된 정착길이 l_d에 대해 짧게 배치된 정착길이의 비에 f_y를 곱하여 사용하여야 하나 f_y보다 크지 않아야 한다.

(6) 인장연결재의 철근이음은 8.6.1(3)① 또는 8.6.1(3)②에 따라 완전용접이나 기계적이음으로 이루어져야 한다. 이때 인접철근의 이음은 750mm 이상 떨어져서 서로 엇갈리게 하여야 한다.

해설

(4) 철근이 큰 인장응력을 받는 구역에 용접이음 또는 기계적 연결에 의한 이음을 두는 경우에는 이음 위치에서 설계기준 항복강도의 125% 이상을 발휘하여야 한다. 배근된 철근량이 해석에 의해 요구되는 철근량의 2배 미만인 경우에 엇갈리게 이음하는 것이 바람직하지만 이러한 용접이음이나 기계적 연결에 의한 이음일 경우에는 반드시 엇갈리게 이음할 필요는 없다.

(5) 해설 8.6.1(3)③을 참조한다. 이 절은 철근의 설계기준 항복강도의 125%보다 작은 강도로 용접이음이나 기계적 연결이 된 경우에 적용하는 규정이다. 이음이나 연결이 엇갈리고 철근 단면적이 초과하여 배근된 곳에서는 이음에 대한 요구 조건은 조금 완화된다. 계산된 인장력의 2배에 대한 기준은 연속되는 전체 철근의 배근 상태가 다양할 때 부분 인장이음을 갖는 단면을 고려하기 위하여 적용한다. 대부분 부분 인장이음은 철근들 사이나 철근과 구조강재 사이를 홈용접으로 한다.

8.6.1(1)① 또는 ②에 따른 완전용접이음 또는 기계적 연결이음에서는 보다 더 낮은 강도의 용접이나 연결의 우려를 고려하여 엇갈림 이음의 요구 조건을 따르지 않고 사용할 수 있다.

(6) 인장연결부재는 다음과 같은 특징을 갖는 부재, 즉 단면 전체가 인장력을 발휘하기에 충분한 축인장력을 받는 부재, 모든 철근이 전부 유효할 정도의 응력을 받는 부재,

모든 면에서 규정된 콘크리트 피복 두께를 갖는 부재로 되어 있다. 인장연결 부재로 분류되는 부재로는 아치, 타이, 위에 있는 지지구조물에 하중을 전달하는 행거, 트러스의 주인장 부재 등이다. 부재가 인장연결 부재인지의 여부를 결정할 때에는 부재의 중요성, 기능, 크기 및 위의 특성과 연관된 응력상태 등을 고려하여야 한다. 예로서 철근량이 많으며, 그 이음부가 잘 엇갈려 있으므로 이음부가 넓은 간격으로 배치된 큰 원형 탱크는 인장연결 부재로 분류되지 않아 철근을 겹침이음할 때 B급 이음을 적용할 수 있다.

(2) 압축 이형철근의 이음

콘크리트구조 학회기준(2017)에서는 ACI 318-14와 동일하게 압축 이형철근의 기계적이음을 규정하고 있다. 콘크리트구조 학회기준(2017)의 압축 이형철근의 기계적이음 관련 규정은 다음과 같다.

기준
8.6 철근의 이음 8.6.3 압축 이형철근의 이음 (3) 압축부에서 사용하는 용접이음 또는 기계적이음은 8.6.1(3)① 또는 8.6.1(3)②의 요구조건을 만족시켜야 한다.
해설
없음

(3) 내진설계 특별 고려 사항

콘크리트구조 학회기준(2017)에서는 ACI 318-14와 동일하게 내진설계 특별 고려 사항을 규정하고 있다. 콘크리트구조 학회기준(2017)의 내진설계 특별 고려 사항 관련 규정은 다음과 같다.

기준

제21장 내진설계 특별 고려 사항

21.2 특기 사항

21.2.6 특수모멘트골조와 특수철근콘크리트 구조벽체의 기계적이음

(1) 기계적이음은 유형 1 또는 유형 2 기계적이음으로 분류할 수 있다.

① 유형 1 기계적이음은 8.6.1의 규정에 따라야 한다.

② 유형 2 기계적이음은 8.6.1의 규정에 따르고, 이음철근은 규정한 인장강도를 달성할 수 있어야 한다.

(2) 유형 1의 기계적이음은 기둥이나 보의 단부로부터 또는 비선형 횡변위의 결과로 철근의 항복이 일어날 수 있는 단면부터 부재 깊이의 두 배만큼 떨어진 거리 안에서 사용할 수 없으며, 유형 2의 기계적이음은 어떤 위치에서든 사용할 수 있다.

21.3 특수모멘트골조의 휨부재

21.3.2 축방향 철근

(4) 기계적이음은 21.2.6의 규정을 따라야 하며, 용접이음은 21.2.7의 규정을 따라야 한다.

21.6 휨모멘트와 축력을 받는 특수모멘트골조 부재

21.6.3 축방향 철근

(2) 기계적이음은 21.2.6에 따라야 하며, 용접이음은 21.2.7에 따라야 한다. 겹침이음은 부재의 중앙부에서 부재 길이의 1/2 구역 내에서만 할 수 있고 인장이음으로 설계하여야 하며, 또한 21.6.4(2)와 21.6.4(3)의 규정을 따르는 횡방향 철근으로 둘러싸야 한다.

해설

21.2.6 특수모멘트골조와 특수철근콘크리트 구조벽체의 기계적이음

(1) 지진이 발생할 때 비탄성변형까지 경험하는 구조물에서 철근의 인장력은 인장강도까지 접근할 수 있다. 유형 2 기계적이음의 규정은 철근이 항복영역에서 예상하는 응력수준을 경험할 때, 이음파괴가 일어나지 않도록 하기 위한 것이다. 유형 1 이음은 유형 2 이음의 엄격한 규정보다 완화되어 있다. 따라서 항복영역에서 철근 인장응력이 공칭항복강도의 125%를 초과할 때는 유형 1 이음을 사용할 수 없다.

(2) 일반적인 상세 관행은 지진하중을 저항하는 부재 내의 항복이 예상되는 영역에서는 이음을 사용하지 않는 것이다. 예상 항복영역에서 기계적이음이 필요한 경우 설계자는 이음 철근의 실제 강도 특성, 이음 철근의 힘-변위 특성, 그리고 요구 성능 규정을 만족시키기 위해 사용될 유형 2 이음의 성능에 관한 상세한 기록을 보고할 필요가 있다.

2) 건축구조기준(KBC 2016)

건축구조기준(KBC 2016)은 콘크리트구조 학회기준(2017)과 동일하게 철근의 기계적이음에 관해 규정하고 있다. 건축구조기준(KBC 2016)의 기계적이음 관련 규정을 요약하면 표 2.10과 같다.

표 2.10 건축구조기준(KBC 2016)의 기계적이음 규정 요약

<table>
<tr><th colspan="2">구 분</th><th>규정</th><th>내용</th></tr>
<tr><td colspan="2">인 장</td><td>0508.6.1 이음 일반
0508.6.2 인장 이형철근 및 이형철선의 이음</td><td>• 완전 기계적이음
−f_y의 125% 이상</td></tr>
<tr><td colspan="2">압 축</td><td>0508.6.1 이음일반
0508.6.3 압축 이형철근의 이음</td><td>• 완전 기계적이음
−f_y의 125% 이상</td></tr>
<tr><td rowspan="2">내진</td><td>소성힌지
이외 영역</td><td>0520.3 특수모멘트골조의 휨부재
0520.4 휨과 축력을 받는 특수모멘트골조의 부재</td><td>• 유형 1 기계적이음
−f_y의 125% 이상</td></tr>
<tr><td>소성힌지
영역</td><td>0520.3 특수모멘트골조의 휨부재
0520.4 휨과 축력을 받는 특수모멘트골조의 부재</td><td>• 유형 2 기계적이음
−f_y의 125% 이상
−f_t 이상</td></tr>
</table>

건축구조기준(KBC 2016)의 철근 기계적이음 관련 규정 중 이음 일반에 대한 내용은 다음과 같다.

기준
0508.6 철근의 이음 0508.6.1 이음일반 (3) 용접이음과 기계적이음은 다음 규정에 따라야 한다. ② 기계적이음은 철근의 설계기준 항복강도 f_y의 125% 이상을 발휘할 수 있는 완전 기계적이음이어야 한다. ③ ① 또는 ②의 요구조건을 만족하지 않는 용접이음이나 기계적이음은 0508.6.2(5)를 만족하여야 하며, D16 이하의 철근에만 허용된다.
해설
없음

(1) 인장 이형철근 및 이형철선의 이음

건축구조기준(KBC 2016)의 인장 이형철근 및 이형철선의 기계적이음에 관한 규정은 콘크리트구조 학회기준(2017)과 동일하게 규정하고 있다. 건축구조기준(KBC 2016)의 인장 이형철근 및 이형철선의 기계적이음에 대한 내용은 다음과 같다.

기준
0508.6 철근의 이음 0508.6.2 인장이형철근 및 이형철선의 이음 (4) 이음부에 배치된 철근량이 해석결과 요구되는 소요철근량의 2배 미만인 경우에 용접이음 또는 기계적이음은 0508.6.1(3)① 또는 0508.6.1(3)②의 요구조건을 만족시켜야 한다. (5) 0508.6.1(3)① 또는 0508.6.1(3)②를 만족하지 않더라도 이음부에 배치된 철근량이 해석결과 요구되는 소요철근량의 2배 이상이고 다음의 ①과 ② 의 요구조건을 따르는 경우 D16 이하의 철근에 대해 용접이음 또는 기계적이음을 허용한다. ① 각 철근의 이음부는 서로 600mm 이상 엇갈려야 하고, 이음부에서 계산된 인장응력의 2배 이상을 발휘할 수 있도록 이어야 한다. 또한 배치된 전체 철근이 140MPa 이상의 응력을 발휘할 수 있어야 한다. ② 각 단면에서 발휘하는 인장력을 계산할 때 이어진 철근은 규정된 이음강도를 발휘하는 것으로 보아야 하나 f_y 보다 크지 않아야 한다. 이어지지 않은 연속철근의 인장응력은 설계기준 항복강도 f_y 를 발휘할 수 있도록 계산된 정착길이 l_d 에 대해 짧게 배치된 정착길이와의 비에 f_y 를 곱하여 사용하여야 하나 f_y 보다 크지 않아야 한다. (6) 인장연결재의 철근이음은 0508.6.1(3)① 또는 ②에 따라 완전용접이나 기계적이음으로 이루어져야 한다. 이때 인접철근의 이음은 750mm 이상 떨어져서 서로 엇갈려야 한다.
해설
없음

(2) 압축 이형철근의 이음

건축구조기준(KBC 2016)의 압축 이형철근의 기계적이음에 관한 규정은 콘크리트구조 학회기준(2017)과 동일하게 규정하고 있다. 건축구조기준(KBC 2016)의 압축 이형철근의 기계적이음에 대한 내용은 다음과 같다.

기준
0508.6 철근의 이음 0508.6.3 압축이형철근의 이음 (3) 압축부에서 사용하는 용접이음과 또는 기계적이음은 0508.6. 1(3)①과 0508. 6.1(3)②의 요구조건을 만족시켜야 한다.
해설
없음

(3) 내진설계 특별 고려 사항

건축구조기준(KBC 2016)의 내진설계 특별 고려 사항에 관한 규정은 콘크리트구조 학회기준(2017)과 동일하게 규정하고 있다. 건축구조기준(KBC 2016)의 내진설계 특별 고려 사항에 관한 규정은 다음과 같다.

기준
0520 내진설계시 특별 고려사항 0520.1 일반사항 0520.1.5.4 기계적이음 (1) 기계적이음은 유형 1 또는 유형 2 기계적이음으로 분류할 수 있다. ① 유형 1 기계적이음은 0508.6.1의 규정에 따라야 한다. ② 유형 2 기계적이음은 0508.6.1의 규정에 따르고, 이음철근은 규정한 인장강도를 달성할 수 있어야 한다. (2) 유형 1의 기계적이음은 기둥이나 보의 단부로부터 또는 비선형 횡변위의 결과로 철근의 항복이 일어날 수 있는 단면부터 부재깊이의 2배 만큼 떨어진 거리 안에서는 사용할 수 없으며, 유형 2의 기계적이음은 어떤 위치에서든 사용할 수 있다. 0520.4 특수모멘트골조의 휨부재 0520.4.2. 축방향철근 0520.4.2.4 기계적이음과 용접이음 기계적이음은 0520.1.5.4의 규정을 따라야 하며, 용접이음은 0520.1.5.5의 규정을 따라야 한다.

0520.5 휨모멘트와 축력을 받는 특수모멘트골조의 부재 0520.5.3 축방향 철근 0520.5.3.2 철근이음 기계적이음은 0520.1.5.4에 따라야 하며, 용접이음은 0520.1.5.5에 따라야 한다. 겹침이음은 부재의 중앙부에서 부재길이 1/2구역 내에서만 할 수 있고 인장이음으로 설계하여야 하며, 또한 0520.5.4.2와 0520.5.4.3의 규정을 따르는 횡방향철근으로 둘러싸야 한다.
해설
없음.

3) 도로교설계기준(2010)

도로교설계기준(2010)은 콘크리트구조 학회기준(2017)과 동일하게 철근의 기계적이음에 관해 규정하고 있다. 도로교설계기준(2010)의 기계적이음 관련 규정을 요약하면 표 2.11과 같다.

표 2.11 도로교설계기준(2010)의 기계적이음 규정 요약

구 분		규 정	내 용
인장		4.3.18.2 용접이음과 기계적 연결 4.3.18.3 인장이형철근 및 이형철선의 이음	• 완전 기계적이음 $-f_y$의 125% 이상
압축		4.3.18.2 용접이음과 기계적 연결 4.3.18.4 압축 이형철근의 이음	• 완전 기계적이음 $-f_y$의 125% 이상
내진	소성힌지 이외 영역	제6장 내진설계 6.8 콘크리트교 설계 6.8.3 기둥 6.8.3.3 축방향철근과 횡방향철근	• 완전 기계적이음 $-f_y$의 125% 이상
	소성힌지 영역	제6장 내진설계 6.8 콘크리트교 설계 6.8.3 기둥 6.8.3.3 축방향철근과 횡방향철근	• 완전 기계적이음 $-f_y$의 125% 이상

도로교설계기준(2010)의 철근이음 관련 규정 중 이음 일반에 대한 내용은 다음과 같다.

<table>
<tr><td rowspan="2">내진</td><td>소성힌지
이외 영역</td><td>8.10.3.3 축방향 철근과 횡방향 철근
(KDS 24 17 11 : 2018－교량내진 설계기준 한계상태설계법)</td><td>• 사용 가능
(자세한 규정 없음)</td></tr>
<tr><td>소성힌지
영역</td><td>제8장 내진설계
8.10 콘크리트교 설계
8.10.3 기둥
8.10.3.3 축방향 철근과 횡방향 철근
(KDS 24 17 11 : 2018－교량내진 설계기준 한계상태설계법)</td><td>• 완전 기계적이음
(자세한 규정 없음)</td></tr>
</table>

(1) 인장철근 및 압축철근의 이음

콘크리트교 설계기준 한계상태설계법(2016)에서는 Eurocode 2와 유사한 철근의 기계적 이음을 규정하고 있으며, 상세한 관련 규정은 다음과 같다.

기준

4.3 피로한계상태

4.3.4 철근의 용접 이음부 혹은 기계적이음 장치

(1) 반복하중을 받는 용접 이음부 혹은 기계적이음 장치의 피로응력범위 f_{fat} 가 표 4.3-1에 주어진 공칭피로강도를 초과해서는 안 된다.

표 4.3-1 이음부의 공칭피로강도

이음부 종류	1백만 회를 초과하는 경우의 f_{fat}
에폭시 코팅 처리되거나 되지 않은 그라우트 채움 연결부	126MPa
냉간-압연 무나선 연결 슬리브, 일체식 단조 연결 장치 쐐기식 강재 슬리브, 일체식 경사-나선 연결 장치 V-홈 직접 용접 이음부	84MPa
그 외 모든 이음	28MPa

4.5.5 철근의 이음

4.5.5.1 일반사항

(1) 철근에 작용하는 힘은 다음의 방법으로 다른 철근에 전달된다.

– 겹침이음

– 용접

– 기계적 장치

해설

없음.

(2) 내진설계 특별 고려 사항

교량내진 설계기준 한계상태설계법(2018)에서는 내진설계 특별 고려 사항에 관한 규정을 다음과 같이 규정하고 있다.

기준
4.6 콘크리트교 설계 4.6.3 기둥 4.6.3.3 축방향 철근과 횡방향 철근 (3) 소성힌지구역에서는 축방향 철근을 겹침이음하지 않아야 한다. 소성힌지구역에서 축방향 철근의 연결은 완전 기계적이음을 사용할 수 있다.
해설
없음.

5) 전력산업기술기준 격납구조(KEPIC SNB, 2012 추록)

전력산업기술기준 격납구조(KEPIC SNB, 2012 추록)의 기계적이음은 ASME Sec.Ⅲ Div.Ⅱ (2019)과 동일하다. ACI 318-14 및 콘크리트구조 학회기준(2017)에서 내진상세가 아닌 일반 구조물에 대해서는 철근 항복강도만을 기준으로 규정되어 있지만, KEPIC SNB에서는 철근 인장강도에 대한 조건도 추가되어 있다. 다른 설계기준과 달리 KEPIC SNB에서는 허용되는 기계적이음 형식을 명시하고 있다. 전력산업기술기준 격납구조(KEPIC SNB, 2012 추록)의 기계적이음 관련 규정을 요약하면 표 2.13과 같다.

표 2.13 전력산업기술기준 격납구조(KEPIC SNB, 2012 추록)의 기계적이음 규정 요약

구 분	규 정	내 용
인장, 압축	SNB 4333 기계적이음	• 정적 인장시험 $-f_{t,a}$의 90% 이상 $-f_t$의 100% 이상 $-f_y$의 125% 이상 • 반복 인장시험 −100주기 동안 견디어야 함

전력산업기술기준 격납구조(KEPIC SNB, 2012 추록)의 기계적이음 관련 규정에 대한 내용은 다음과 같다.

기준
SNB 4330 철근의 이음 SNB 4331 개요 SNB 4331.1 일반사항 SNB 4331.2 허용된 이음 형식 다음의 (1), (2), (3)에 나열된 이음 형식은 다음의 SNB 4332에서 SNB 4334까지에 설명되어 있는 제한 사항 이내에서 허용된다. (1) 겹침이음 (2) 기계적이음 (가) 철성분의 채움금속이음을 갖는 슬리브이음 (나) 변단면 나사형 이음 (다) 압착이음 (라) 나선 이형철근의 나사형 이음 (마) 시멘트 그라우트 슬리브 이음 (바) 냉간 전조(轉造) 평행나사 이음 (3) 아크 용접이음 SNB 4333 기계적이음 SNB 4333.2 이음 계통의 자격인정 요건 SNB 4333.2.3 성능시험의 형식과 빈도 (1) 정적 인장시험 시공할 때 사용할 철근 크기와 이음형식마다 각각 6개의 이음 시편들을 KEPIC-MDF A 370에서의 재하율에 따라 파괴에 이르기까지 인장시험을 행하여야 한다. 변단면 나사형 이음과 냉간 전조 평행나사 이음에 대해서는 6개의 시편 중 하나는 20°F(−7℃) 이하의 온도에서 시험하여야 한다. 변단면 나사형 이음과 냉간 전조 평행나사 이음은 SNB 4333.5.4에서 요구되는 20°F(−7℃) 이하의 온도에서의 기계적이음 표본에 대한 인장시험 요건을 면제받기 위해 추가로 2개의 시편을 20°F(−7℃) 이하의 온도에서 시험할 수 있다. 철근의 실제 인장강도를 정하기 위해 이음 시편의 철근과 같은 철근을 사용한 이음 없는 시편에 대한 인장시험을 시행하여야 한다. 이음의 평균 인장강도는 철근의 실제 인장강도의 90%보다 작아서는 안 되며, 최소 인장강도의 100%보다 작아서도 안 된다. 개개의 이음부 인장강도는

이음 철근의 최소 항복응력의 125%보다 작아서는 안 된다. 이음매가 있는 시편과 없는 시편 모두에 대한 각각의 시험보고서에는 다음과 같은 자료를 포함해야 한다.

(가) 인장강도

(나) 전체 연신율

(다) 2% 변형률과 철근의 최소 항복강도의 125%에 대한 변형률 중 작은 값에 도달할 때까지의 하중-신장량 곡선

이음이 있는 시편과 없는 시편의 한쌍에 대한 게이지 길이는 똑 같아야 하고, 슬리브 이음 길이에 철근의 양단에서 철근지름보다는 크고 철근지름의 3배 보다는 작게 연장길이를 더한 길이와 같아야 한다. 변단면 나사형 이음과 냉간 전조 평행나사 이음에서는 20°F(−7℃) 이하의 온도에서 시험할 이음 시편을 이 시험에서 요구하는 온도 또는 그보다 낮은 온도로 시험하기 전 약 24시간 동안 냉각시켜 두어야 한다. 위험나사단면에서의 시험온도는 20°F(−7℃) 이하이어야 하며 시편이 항복수준의 하중에 도달할 때까지 이러한 시험온도가 유지되어야 한다.

(2) 반복 인장시험

철근의 각 치수마다(변단면 나사형 이음, 냉간 전조 평행나사 이음과 나성 이형철근의 나사형 이음은 추가로 각 철근의 등급마다), 그리고 시공에 사용하는 이음 형식마다 3개의 시험시편에 대하여 주기적인 인장시험을 실시해야 한다. 각각의 시편은 철근의 규정된 최소 항복응력의 5%에서 90% 범위로 변하는 응력을 100주기 동안 견디어야 한다. 한 주기란 하중이 최저 값에서 최고 값으로 증가한 다음 되돌아오는 것으로 정의한다.

표 SNB 4333-1 기계적 철근이음과 용접이음에 대한 인장조건

규격	철근 특성			이음강도 조건	
	철근 등급	최소 항복강도 psi(MPa)	최소 인장강도 psi(MPa)	최소 평균 이음인장강도 psi(MPa)〈1〉	최소 단일이음 인장강도 psi (MPa)〈2〉
ASTM A615	40	40,000 (280)	70,000 (480)	70,000 (480)	50,000 (480)
ASTM A615	60	60,000 (420)	90,000 (620)	90,000 (620)	75,000 (520)
ASTM A706		60,000 (420)	80,000 (550)	80,000 (550)	75,000 (520)

주 〈1〉 SNB 4333과 부록 Ⅷ 참조

〈2〉 항복강도의 125%에 해당하는 값

해설

없음.

6) 전력산업기술기준 철근콘크리트구조(KEPIC SNC, 2010)

전력산업기술기준 철근콘크리트구조(KEPIC SNC, 2010)는 ACI 349-06과 동일하게 철근의 기계적이음에 관해 규정하고 있다. 전력산업기술기준 철근콘크리트구조(KEPIC SNC, 2010)의 기계적이음 관련 규정을 요약하면 표 2.14와 같다.

표 2.14 전력산업기술기준 철근콘크리트구조(KEPIC SNC, 2010)의 기계적이음 규정 요약

구 분		규 정	내 용
인 장		SNC 12.14 철근의 이음 : 일반사항 SNC 12.15 인장을 받는 이형철근 및 이형철선의 이음	• 완전 기계적이음 $-f_y$의 125% 이상 • 정역학적 인장강도 시험 $-f_y$의 125% 이상 • 주기시험 −100주기 동안 견디어야 함
압 축		SNC 12.14 철근의 이음 : 일반사항 SNC 12.16 압축을 받는 이형철근의 이음	• 완전 기계적이음 $-f_y$의 125% 이상 • 정역학적 인장강도 시험 $-f_y$의 125% 이상 • 주기시험 −100주기 동안 견디어야 함
내진	소성힌지 이외 영역	SNC 21.3 골조의 휨부재 SNC 21.4 휨과 축방향 하중을 받는 골조부재	• 완전 기계적이음 $-f_y$의 125% 이상 • 정역학적 인장강도 시험 $-f_y$의 125% 이상 • 주기시험 −100주기 동안 견디어야 함 • 한 단면에서 번갈아 이음
	소성힌지 영역	SNC 21.3 골조의 휨부재 SNC 21.4 휨과 축방향 하중을 받는 골조부재	• 완전 기계적이음 $-f_y$의 125% 이상 • 정역학적 인장강도 시험 $-f_y$의 125% 이상 • 주기시험 −100주기 동안 견디어야 함 • 한 단면에서 번갈아 이음

전력산업기술기준 철근콘크리트구조(KEPIC SNC, 2010)의 철근 기계적이음 관련 규정 중 이음 일반에 대한 내용은 다음과 같다.

기준
SNC 12.14 철근의 이음 : 일반사항 SNC 12.14.1 철근은 설계도에 표시되어 있거나 시방서에 기재되어 있거나, 또는 담당기술자의 승인이 있을 때에만 이음할 수 있다. SNC 12.14.3 용접이음 및 기계적 연결 SNC 12.14.3.1 용접이음 및 그 외의 기계적 연결방식도 사용할 수 있다. SNC 12.14.3.4 완전한 기계적 연결 강도는 철근의 설계기준 항복강도 f_y의 125% 이상이어야 한다. SNC 12.14.3.4.1 기계적 연결은 다음의 성능시험을 근거로 품질이 인증되어야 한다. (가) 정역학적 인장강도 시험－이음재료, 철근의 재료 및 예상되는 주변 환경조건의 변동범위를 고려하여 최소한 6회의 정역학적 인장강도 시험을 수행해야 한다. 모든 시험시료는 SNC 12.14.3.4의 요건에 부합해야 한다. (나) 주기시험- 각각의 철근 크기 및 등급에 대해 철근과 철근을 이음한 3개의 공시체를 철근의 최소 항복강도의 5%부터 90%까지 인장응력 변동을 100회 가하여 시험해야 한다. 공시체는 (가)에서와 같은 공시체로 비교하고 계속되는 주기시험 후 파단에 이르도록 정역학적으로 시험하였을 경우, 정역학적 인장강도 성능의 감소 없이 주기시험을 견뎌야 한다. SNC 12.14.3.5 SNC 12.14.3.3 또는 SNC 12.14.3.4의 요건에 부합하지 않는 용접이음과 기계적 연결은 No. 5 이하의 철근 및 SNC 12.15.4에 따라 허용된다. SNC 12.14.3.6 모든 용접이음 및 기계적 연결은 적당하게 설치되어 있는지 확인하기 위하여 공인되고 경험이 많은 검사자가 시공 장소에서 육안으로 검사해야 한다. 담당기술자는 해당 부분이 SNC 12.14.3.3 및 SNC 12.14.3.4의 규정을 따르고 있는지 검증하기 위하여 실제 이음부의 파괴시험을 요구할 수 있다. SNC 12.14.3.7 기계적 연결은 만약 이음장치의 전체길이에 걸쳐 측정된 변형률이 (0.9×설계기준 항복강도에서) 기계적 연결부가 없는 철근 변형률의 50%를 초과하고, 계산된 최대 설계하중응력이 $0.5f_y$ 이상인 경우에는 엇갈리게 설치해야 한다. 엇갈림 연결이 요구되는 경우에는 철근의 반 이하를 철근에 직각인 한 평면에서 연결해야 하고 연결은 최소 36in(90cm) 이상 엇갈리게 해야 한다.
해설
없음.

(1) 인장 이형철근 및 이형철선의 이음

전력산업기술기준 철근콘크리트구조(KEPIC SNC, 2010)의 인장 이형철근 및 이형철선의 기계적이음에 관한 규정은 ACI 349-06과 동일하게 규정하고 있다. 전력산업기술기준 철근콘크리트구조(KEPIC SNC, 2010)의 인장 이형철근 및 이형철선의 기계적이음에 대한 내용은 다음과 같다.

기준
SNC 12.15 인장을 받는 이형철근 및 이형철선의 이음 SNC 12.15.3 배근된 철근량이 해석상 요구되는 소요량의 2배 미만인 곳에 사용된 용접이음 또는 기계적 연결은 SNC 12.14.3.3 또는 SNC 12.14.3.4의 요건을 만족해야 한다. SNC 12.15.4 SNC 12.14.3.3 또는 SNC 12.14.3.4의 요건에 부합하지 않는 용접이음 또는 기계적 연결은 배근된 철근량이 해석상 요구되는 소요량의 2배 이상일 경우 다음 규정을 만족하면 No. 5 이하의 철근에는 적용할 수 있다. SNC 12.15.4.1 이음을 위한 절단점을 최소한 24in(60cm) 엇갈리게 배치하고 각 단면이 그 단면에 작용하는 인장력의 2배 이상을 확보할 수 있어야 하며, 계산된 인장응력의 2배는 사용된 전체 철근에 20,000psi(1,400kgf/cm^2) 이상의 응력을 유발해야 한다. SNC 12.15.4.2 각 단면에서 정착될 인장력 산정시, 규정된 이음강도에서 이음되는 철근의 강도를 산정한다. 이음이 없는 철근 부분에 대해서는 설계기준 항복강도 f_y를 확보하는데 필요한 정착길이 l_d에 대한 실제의 짧은 정착길이의 비를 인장력 산정에 적용해야 한다. SNC 12.15.5 "인장 결속부재"의 이음은 반드시 완전용접이음 또는 SNC 12.14.3.3 또는 SNC 12.14.3.4의 규정에 따른 완전한 기계적 연결이어야 한다. 또한, 인접한 철근의 이음은 30in(75cm) 이상 엇갈리게 해야 한다. SNC 12.15.6 이음과 직각인 막인장이 발생하는 구역 내에 위치한 균열 제어용이 아닌 하중전달용 철근의 이음에는 용접이음 또는 확실한 이음방법을 사용해야 한다. 이러한 이음의 평균강도는 철근의 최소 극한강도와 같아야 한다.
해설
없음.

(2) 압축 이형철근의 이음

전력산업기술기준 철근콘크리트구조(KEPIC SNC, 2010)의 압축 이형철근의 기계적이음에 관한 규정은 ACI 349-06과 동일하게 규정하고 있다. 전력산업기술기준 철근콘크리트구조(KEPIC SNC, 2010)의 압축 이형철근의 기계적이음에 대한 내용은 다음과 같다.

기준
SNC 12.16 압축을 받는 이형철근의 이음 SNC 12.16.3 압축철근에 사용되는 용접이음 또는 기계적 연결은 SNC 12.14.3.3 또는 SNC 12.14.3.4의 규정을 만족해야 한다.
해설
없음.

(3) 내진설계 특별 고려 사항

전력산업기술기준 철근콘크리트구조(KEPIC SNC, 2010)의 내진설계 특별규정에서는 철근이 한 단면에서 번갈아 이음되고 부재의 종방향 축을 따라 측정된 이웃한 철근들의 이음 간의 중심간 거리가 24in(60cm) 이상인 경우 철근의 기계적 연결을 허용하고 있다. 전력산업기술기준 철근콘크리트구조(KEPIC SNC, 2010)의 내진설계 특별 고려 사항에 관한 규정은 다음과 같다.

기준
SNC 21장 내진설계를 위한 특별규정 SNC 21.2 일반요건 SNC 21.2.6 철근의 용접이음 및 기계적 연결 SNC 21.2.6.1 골조부재 또는 벽의 경계요소에서 지진에 의한 휨 또는 축방향력에 저항하는 철근은 종방향의 각 층 철근이 한 단면에서 번갈아 이음되고 부재의 종방향 축을 따라 측정된 이웃한 철근들의 이음 간의 중심간 거리가 24in(60cm) 이상이면 SNC 12.14.3.3 및 SNC 12.14.3.4에 따라 용접이음방법 또는 기계적 연결방법으로 이음할 수 있다. SNC 21.3 골조의 휨 부재 SNC 21.3.2 주철근 SNC 21.3.2.4 용접이음이나 기계적 연결은 SNC 21.2.6에 따라야 한다.

SNC 21.4 휨과 축방향하중을 받는 골조부재 SNC 21.4.3 주철근 용접이음이나 기계적 연결은 SNC 21.2.6.1에 따라야 한다.
해설
없음.

2.2.2 기계적이음 국외 설계기준

1) ACI 318-14 Building Code Requirements for Structural Concrete(ACI 318-14)

ACI 318-14에서 기계적이음은 설계기준 항복강도의 125%의 인장강도를 발휘할 수 있는 완전 기계적이음을 사용하도록 규정하고 있다. 내진설계에서 기계적이음은 유형 1과 유형 2 기계적이음으로 분류하고 있는데, 소성힌지 영역에서는 철근 설계기준 항복강도의 125%와 철근 인장강도 이상의 인장강도를 발휘할 수 있는 유형 2 기계적이음을 사용하도록 규정하고 있다.

ACI 318-14의 기계적이음 규정을 요약하면 표 2.15와 같다.

표 2.15 ACI 318-14의 기계적이음 규정 요약

구 분		규 정	내 용
인장, 압축		25.5.7 Mechanical and welded splices of deformed bars in tension or compression	• (완전) 기계적이음 $-f_y$의 125% 이상
내진	소성힌지 이외 영역	18.2.7.1(a) Mechanical splices in special moment frames and special structural walls	• 유형 1 기계적이음 $-f_y$의 125% 이상
	소성힌지 영역	18.2.7.1(b) Mechanical splices in special moment frames and special structural walls	• 유형 2 기계적이음 $-f_y$의 125% 이상 –공칭인장강도 이상

ACI 318-14에서 기계적이음은 완전 기계적이음을 보장하기 위해 설계기준 항복강도의 125%의 인장강도를 발휘할 수 있어야 한다고 규정하고 있다. 설계시 사용되는 철근의 최대 응력은 항복강도이므로 부재에서 철근이 항복하여도 취성적 파괴를 피할 수 있도록 이음부에 충분한 강도가 필요하다. 따라서 설계기준 항복강도보다 25% 증가시킨 강도를 요구하고 있으며, ACI 318-14의 철근 기계적이음 관련 규정은 다음과 같다.

Code
25.5 Splices 25.5.7 Mechanical and welded splices of deformed bars in tension or compression 25.5.7.1 A mechanical or welded splice shall develop in tension or compression, as required, at least $1.25f_y$ of the bar.
Commentary
R25.5.7 Mechanical and welded splices of deformed bars in tension or compression-The 2014 Code eliminated mechanical and welded splices with strengths less than $1.25f_y$. With the elimination of these mechanical and welded splices, the term "full" was deleted in reference to mechanical and welded splices that develop at least $1.25f_y$. R25.5.7.1 The maximum reinforcement stress used in design under the Code is the specified yiled strength. To ensure sufficient strength in splices so that yielding can be achieved in a member and thus brittle failure avoided, the 25 percent increase above the specified yield strength was selected as both an adequate minimum for safety and a practicable maximum for economy.

ACI 318-14에서 기계적이음은 유형 1과 유형 2로 분류하고 있는데, 유형 2 기계적이음의 규정은 지진이 발생할 때 소성힌지 영역에서 철근이 비탄성변형을 경험하더라도 이음파괴가 일어나지 않도록 하기 위한 것이다. 유형 1 이음은 유형 2 이음의 엄격한 규정보다 완화되어 소성힌지 이외 영역에서 사용할 수 있도록 규정하고 있다. ACI 318-14의 내진설계 특별 고려 사항 관련 규정은 다음과 같다.

Code
18.2.7 Mechanical splices in special moment frames and special structural walls 18.2.7.1 Mechanical splices shall be classified as (a) or (b) : (a) Type 1－Mechanical splice conforming to 25.5.7 (b) Type 2－Mechanical splice conforming to 25.5.7 and capable of developing the specified tensile strength of the spliced bars 18.2.7.2 Type 1 mechanical splices shall not be located within a distance equal to twice the member depth from the column or beam face for special moment frames

or from critical sections where yielding of the reinforcement is likely to occur as a result of lateral displacements beyond the linear range of behavior. Type 2 mechanical splices shall be permitted at any location, except as noted in 18.9.2.1(c).

18.9 Special moment frames constructed using precast concrete

18.9.2 General

18.9.2.1 (c) Mechanical splices of beam reinforcement shall be located not closer than h/2 from the joint face and shall satisfy 18.2.7

Commentary

R18.2.7 Mechanical splices in special moment frames and special structural walls-In a structure undergoing inelastic deformations during an earthquake, the tensile stresses in reinforcement may approach the tensile strength of the reinforcement. The requirements for Type 2 mechanical splices are intended to avoid a splice failure when the reinforcement is subjected to expected stress levels in yielding regions. Type 1 splices are not required to satisfy the more stringent requirements for Type 2 splices, and may not be capable of resisting the stress levels expected in yielding regions. The locations of Type 1 splices are restricted because tensile stresses in reinforcement in yielding regions can exceed the strength requirements of 12.14.3.2. The restriction on Type 1 splices applies to all reinforcement resisting earthquake effects, including transverse reinforcement.

Recommended detailing practice would preclude the use of splices in regions of potential yield in members resisting earthquake effects. If use of mechanical splices in regions of potential yielding cannot be avoided, there should be documentation on the actual strength characteristics of the bars to be spliced, on the force-deformation characteristics of the spliced bar, and on the ability of the Type 2 splice to be used to meet the specified performance requirements.

Although mechanical splices as defined by 18.2.7 need not be staggered, staggering is encouraged and may be necessary for constructibility or provide encouraged space around the splice for installation or to meet the clear spacing requirements.

R18.2.7.1 The additional requirement for a Type 2 mechanical splice is intended to result in a mechanical splice capable of sustaining inelastic strains through multiple cycles.

2) AASHTO LRFD Bridge Design Specifications (2012)

AASHTO LRFD Bridge Design Specifications(2012)에서 기계적이음은 설계기준 항복강도의 125%의 인장강도를 발휘할 수 있고 슬립(slip)량이 허용치 이하인 완전 기계적이음을 사용하도록 규정하고 있다. 허용 슬립량은 43mm(#14) 철근까지는 0.254mm이며, 57mm(#18) 철근은 0.762mm이다.

AASHTO LRFD Bridge Design Specifications(2012)의 기계적이음 규정을 요약하면 표 2.16과 같다.

표 2.16 AASHTO LRFD Bridge Design Specifications(2012)의 기계적이음 규정 요약

구 분		규 정	내 용
인 장		5.11.5.2.2 Mechanical Connections 5.11.5.3 Splices of Reinforcement in Tension	• 완전 기계적이음 − f_y의 125% 이상 − 허용슬립 이하
압 축		5.11.5.2.2 Mechanical Connections 5.11.5.5 Splices of Bars in Compression	• 완전 기계적이음 − f_y의 125% 이상 − 허용슬립 이하
내진	소성힌지 이외 영역	5.10.11.4.1f − Splices	• 완전 기계적이음 − f_y의 125% 이상 − 허용슬립 이하
	소성힌지 영역	5.10.11.4.1f − Splices	• 완전 기계적이음 − f_y의 125% 이상 − 허용슬립 이하

AASHTO LRFD Bridge Design Specifications(2012)에서 기계적이음은 완전 기계적이음을 보장하기 위해 설계기준 항복강도의 125%의 인장강도를 발휘할 수 있어야 하고, 30.0ksi의 하중을 가한 후 3.0ksi로 하중을 감소시켰을 때 총 슬립(slip)량이 허용치 이하이어야 한다고 규정하고 있다. 기계적이음 장치와 철근 사이에 슬립이 발생하게 되면 기계적이음 장치와 철근 경계부의 콘크리트에 균열이 집중될 수 있다. 다른 설계기준과 달리 AASHTO LRFD Bridge Design Specifications(2012)에서는 기계적이음 장치와 철근의 경계부에 집중되는 균열을 제어하기 위한 목적으로 허용 슬립량을 추가로 규정하고 있다. AASHTO LRFD Bridge Design Specifications(2012)의 철근 이음 관련 규정 중 이음 일반에 대한 내용은 다음과 같다.

Code
5.11 DEVELOPMENT AND SPLICES OF REINFORCEMENT 5.11.5 Splices of Bar Reinforcement 5.11.5.2 General Requirements 5.11.5.2.2 Mechanical Connections The resistance of a full-mechanical connection shall not be less than 125 percent of the specified yield strength of the bar in tension or compression, as required. The total slip of the bar within the splice sleeve of the connector after loading in tension to 30.0ksi and relaxing to 3.0ksi shall not exceed the following measured displacements between gage points clear of the splice sleeve : • For bar sizes up to No. 14 ········ 0.01 in. • For No. 18 bars ········ 0.03 in.
Commentary
C5.11.5.2.2 The stress versus slip criteria has been developed by the California Department of Transportation. Types of mechanical connectors in use include the sleeve-threaded type, the sleeve-filler metal type and the sleeve-swaged type, of which many are proprietary, commercially available devices. The contract documents should include a testing and approval procedure wherever a proprietary type of connector is used. Basic information about the various types of proprietary mechanical connection devices is given in ACI 439.3R (1991).

(1) 인장 이형철근의 이음

AASHTO LRFD Bridge Design Specifications(2012)에서 철근이 인장력을 받는 경우 기계적이음은 완전 기계적이음이어야 한다고 규정하고 있다. AASHTO LRFD Bridge Design Specifications(2012)의 인장 이형철근의 기계적이음 관련 규정은 다음과 같다.

Code
5.11 DEVELOPMENT AND SPLICES OF REINFORCEMENT 5.11.5 Splices of Bar Reinforcement 5.11.5.3 Splices of Reinforcement in Tension

5.11.5.3.2 Mechanical Connections or Welded Splices in Tension Mechanical connections or welded tension splices, used where the area of reinforcement provided is less than twice that required, shall meet the requirements for full-mechanical connections or full-welded splices. Mechanical connections or welded splices, used where the area of reinforcement provided is at least twice that required by analysis and where the splices are staggered at least 24.0 in., may be designed to develop not less than either twice the tensile force effect in the bar at the section or half the minimum specified yield strength of the reinforcement.
Commentary
C5.11.5.3.2 In determining the tensile force effect developed at each section, spliced reinforcement may be considered to resist the specified splice strength. Unspliced reinforcement may be considered to resist the fraction of f_y defined by the ratio of the shorter actual development length to the development length, l_d, required to develop the specified yield strength f_y.

(2) 압축 이형철근의 이음

AASHTO LRFD Bridge Design Specifications(2012)에서 이형철근이 압축력을 받는 경우 기계적이음은 완전 기계적이음이어야 한다고 규정하고 있다. AASHTO LRFD Bridge Design Specifications(2012)의 압축 이형철근의 기계적이음 관련 규정은 다음과 같다.

Code
5.11 DEVELOPMENT AND SPLICES OF REINFORCEMENT 5.11.5 Splices of Bar Reinforcement 5.11.5.5 Splices of Bars in Compression 5.11.5.5.2 Mechanical Connections or Welded Splices in Compression Mechanical connections or welded splices used in compression shall satisfy the requirements for full-mechanical connections or full-welded splices as specified in Articles 5.11.5.2.2 and 5.11.5.2.3, respectively.
Commentary
None

(3) 내진설계 특별 고려 사항

AASHTO LRFD Bridge Design Specifications(2012)에서 내진설계를 하는 경우 기계적이음은 완전 기계적이음이어야 한다고 규정하고 있다. AASHTO LRFD Bridge Design Specifications (2012)의 내진설계 특별 고려 사항 관련 규정은 다음과 같다.

Code
5.10 DETAILS OF REINFORCEMENT 5.10.11 Provisions for Seismic Design 5.10.11.4 Seismic Zones 3 and 4 5.10.11.4.1f−Splices The provisions of Article 5.11.5 shall apply for the design of splices. The spacing of the transverse reinforcement over the length of the splice shall not exceed 4.0 in. or one-quarter of the minimum member dimension. Full-welded or full-mechanical connection splices conforming to Article 5.11.5 may be used, provided that not more than alternate bars in each layer of longitudinal reinforcement are spliced at a section, and the distance between splices of adjacent bars is greater than 24.0 in. measured along the longitudinal axis of the column.
Commentary
It is often desirable to lap longitudinal reinforcement with dowels at the column base. This is undesirable for seismic performance because: • The splice occurs in a potential plastic hinge region where requirements for bond is critical, and • Lapping the main reinforcement will tend to concentrate plastic deformation close to the base and reduce the effective plastic hinge length as a result of stiffening of the column over the lapping region. This may result in a severe local curvature demand. Splices in seismic-critical elements should be designed for ultimate behavior under seismic deformation demands. Recommendations for acceptable strains are provided in Table C5.10.11.4.1f-1. The strain demand at a cross-section is obtained from the deformation demand at that cross-section and the corresponding moment-curvature relationship. Traditional service level splices are only appropriate in components such as bent caps, girders, and footings, when not subjected to or protected from seismic damage by careful location and detailing of plastic hinge regions.

Table C5.10.11.4.1f-1 Recommended Strain Limits in A706/A706M Bars, and Bars with Splices for Seismic Zones 3 and 4

	Minimum Required Resusting Strain, ε Bar only	Minimum Required Resisting Strain, ε Bar with Splice	Maximum Allowable Load Strain, ε	Resulting Factor of Safety
Ultimate	6% for #11 and larger 9% for #11 and Smaller	6% for #11 and larger 9% for #10 and Smaller	<2%	3 to 4.5
Service	(same as above)	>2%	<0.2%	>10
Lap(or welded/ mechanical lap in lieu of lap splice)	(same as above)	>0.2%	<0.15% (unfactored loads) <0.2% (factored loads)	1.33

Limits are based on tests done by the California Department of Transportation and University of California-Berkeley, the latter of which is described in ACI (2001). The demonstrated strain at ultimate resistance of butt-welded details was divided by the typical demand strain in order to document the factor of safety. Although current experimental limitations of other splice details performing at the service level preclude strain measurements, known values are shown in Table C5.10.11.4.1f-1 for comparison. The variability of strain along the potential plastic hinge justifies the much higher factor of safety. Use of traditional splice details to resist extreme loading conditions where nonlinear behavior is desired and analyzed as such, are shown to be inefficient. ASTM A615/A615M steel is generally not permitted by Caltrans because of weldability and ductility concerns, and was not investigated.

3) ASME Sec.Ⅲ Div.Ⅱ (2019) Code for Concrete Containments : Rules for Construction of Nuclear Facility Components

ACI 318-14에서 내진상세가 아닌 일반구조물에 대해서는 철근 항복강도만을 기준으로 규정된 반면, ASME에서는 철근 인장강도에 대한 조건도 추가되어 있다. ASME Sec.Ⅲ Div.Ⅱ(2013)의 기계적이음 관련 규정을 요약하면 표 2.17과 같다.

표 2.17 ASME Sec.Ⅲ Div.Ⅱ(2019)의 기계적이음 규정 요약

구 분	규 정	내 용
인장, 압축	CC-4333 Mechanical Splices and Mechanically Headed Deformed Bar Systems CC-4333.2.3. Type and Number of Performance Tests	• 정적 인장시험 －실험을 통해 얻어진 인장강도의 90% 이상 －공칭인장강도의 100% 이상 －f_y의 125% 이상 • 반복 인장시험 －100주기 동안 견디어야 함

ASME Sec.Ⅲ Div.Ⅱ(2019)에서는 철근의 이음으로 겹침이음, 기계적이음, 그리고 아크 용접이음을 허용하고 있다. 다른 설계기준과 달리 ASME Sec.Ⅲ Div.Ⅱ(2019)에서는 기계적 이음의 경우 허용하는 이음 형식을 분명하게 명시하고 있다. ASME Sec.Ⅲ Div.Ⅱ(2019)의 기계적이음 관련 일반 규정에 대한 내용은 다음과 같다.

Code
CC-4330 SPLICING OF REINFORCING BARS AND ANCHORING OF MECHANICALLY HEADED DEFORMED BARS CC-4331 Introduction CC-4331.2 Permitted Types of Splices and Joints. The types of splices and joints listed in (a), (b), and (c) below are permitted within the limitations described in the following: (a) lap splices (b) mechanical splices of the following types: (1) sleeve with ferrous filler metal splices (2) taper threaded splices (3) swaged splices (4) threaded splices in thread deformed reinforcing bars (5) sleeve with cementitious grout (6) cold roll formed parallel threaded splices (c) arc welded joints
Commentary
None

ASME Sec.Ⅲ Div.Ⅱ(2019)에서는 기계적이음의 강도 성능과 반복하중에 대한 성능을 보장하기 위해 정적 인장시험과 반복 인장시험을 통해 사용하는 기계적이음의 성능을 검증하도록 규정하고 있다.

정적 인장시험은 6개 이음 시편에 대해 수행한다. 이음의 평균 인장강도는 철근의 실제 인장강도의 90%보다 작아서는 안 되며, 최소 인장강도의 100%보다 작아서도 안 된다. 그리고 개개 이음부의 인장강도는 이음 철근의 최소 항복응력의 125%보다 작아서는 안 된다. 변단면 나사형 이음과 냉간 전조 평행나사 이음에 대해서는 6개의 시편 중 하나는 20°F(−7℃) 이하의 온도에서 시험하도록 규정하고 있다.

반복 인장시험은 3개 이음 시편에 대해 수행한다. 각각의 시편은 철근의 규정된 최소 항복응력의 5%에서 90% 범위로 변하는 응력을 100주기 동안 견디어야 한다.

ASME Sec.Ⅲ Div.Ⅱ(2019)의 기계적이음 관련 규정은 다음과 같다.

Code
CC-4330 SPLICING OF REINFORCING BARS CC-4333 Mechanical Splices and Mechanically Headed Deformed Bar Systems CC-4333.2 Splice and Mechanically Headed Deformed Bar System Qualification Requirements. CC-4333.2.3 Type and Number of Performance Tests. (a) Static Tensile Tests. Six splice specimens for each bar size and splice type to be used in construction shall be tensile tested to failure using the loading rate set forth in SA-370. For taper threaded splices and cold roll formed parallel threaded splices, one of the six specimens shall be tested at 20°F(−7℃) or less. Two additional specimens may be tested at 20°F(−7℃) or less for taper threaded splices and cold roll formed parallel threaded splices to waive the tensile test requirements of production splice samples at 20°F(−7℃) or less required by CC-4333.5.4. A tensile test on an unspliced specimen from the same bar used for the spliced specimens shall be performed to establish actual tensile strength. The average tensile strength of the splices shall not be less than 90% of the actual tensile strength of the reinforcing bar being tested, nor less than 100% of the specified minimum tensile strength. The tensile strength of an individual splice system shall not be less than 125% of the specified minimum yield strength of the spliced bar.

Each individual test report on both the spliced and unspliced specimens shall include at least the following information:

(1) tensile strength

(2) total elongation

(3) load-extension curve to the smaller of 2% strain or the strain of 125% of the specified minimum yield strength of the reinforcing bar

The gage length for each pair of spliced and un-spliced specimens shall be the same, and equal to the length of splice sleeve, plus not less than 1 bar diameter nor more than 3 bar diameters at each end. For taper threaded splices and cold roll formed parallel threaded splices, the splice specimens being tested at 20°F(−7℃) or less shall be cold soaked for a minimum of 24 hr prior to testing at a temperature equal to or less than the temperature required for this test. The test temperature at the root of the critical thread shall be 20°F(−7℃) or less and maintained until the specimen reaches yield level load.

(b) Cyclic Tensile Tests. Three specimens of the bar-to-bar splice for each reinforcing bar size (and grade for taper threaded splices, cold roll formed parallel threaded splices, and threaded splices in thread deformed reinforcing bar) and splice type to be used in construction shall be subjected to a low cycle tensile test. Each specimen shall withstand 100 cycles of stress variation from 5% to 90% of the specified minimum yield strength of the reinforcing bar. One cycle is defined as an increase from the lower load to the higher load and return.

Table CC-4333.2.3.-1

Total Slip Acceptance Criteria for Mechanical Reinforcing Bar Splices

Reinforcing Bar Size	Total Slip, in.(mm)
No. 4 to No. 6	0.020(0.51)
No. 7 to No. 9	0.028(0.71)
No. 10 to No. 11	0.036(0.91)
No. 14	0.048(1.22)
No. 18	0.060(1.52)

Commentary

None

4) ACI 349-13 Code Requirements for Nuclear Safety-Related Concrete Structures

ACI 349-13에서는 ACI 318-11 및 콘크리트구조기준(2012)과 달리 철근 설계기준 항복강도의 125%와 철근 인장강도 이상의 인장강도를 발휘할 수 있는 기계적이음을 완전 기계적이음으로 정의하고 있다. 완전 기계적이음은 비내진설계와 내진설계에서 동일하게 적용하도록 규정하고 있다. 이는 비내진설계된 구조물의 경우에도 철근이 항복한 이후에 이음부가 파괴되는 것을 방지하기 위함이다. ACI 349-13의 기계적이음 규정을 요약하면 표 2.18과 같다.

표 2.18 ACI 349-13의 기계적이음 규정 요약

<table>
<tr><th colspan="2">구 분</th><th>규 정</th><th>내 용</th></tr>
<tr><td colspan="2">인 장</td><td>12.14.3 Mechanical and welded splices
12.15 Splices of deformed bars and deformed wire in tension</td><td>• 완전 기계적이음
−f_y의 125% 이상
−공칭인장강도 이상</td></tr>
<tr><td colspan="2">압 축</td><td>12.14.3 Mechanical and welded splices
12.16 Splices of deformed bars in compression</td><td>• 완전 기계적이음
−f_y의 125% 이상
−공칭인장강도 이상</td></tr>
<tr><td rowspan="2">내진</td><td>소성힌지 이외 영역</td><td>21.5 Flexural members of special moment frames
21.6 Special moment frame members subjected to bending and axial load</td><td>• 완전 기계적이음
−f_y의 125% 이상
−공칭인장강도 이상</td></tr>
<tr><td>소성힌지 영역</td><td>21.5 Flexural members of special moment frames
21.6 Special moment frame members subjected to bending and axial load</td><td>• 완전 기계적이음
−f_y의 125% 이상
−공칭인장강도 이상</td></tr>
</table>

ACI 349-13의 완전 기계적이음은 ACI 318-14의 유형 2 기계적이음에 해당한다.

ACI 349-13의 철근 기계적이음 관련 규정 중 이음 일반에 대한 내용은 다음과 같다.

Code

12.14 Splices of reinforcement — General

12.14.3 Mechanical and welded splices

12.14.3.1 Mechanical and welded splices shall be permitted.

12.14.3.2 A full mechanical splice shall develop in tension the specified tensile strength of the bar and 125 percent of the specified yield strength f_y of the spliced bar in compression.

12.14.3.5 Mechanical or welded splices not meeting requirements of 12.14.3.2 or 12.14.3.4 are not permitted.

12.14.3.6 All mechanical and welded splices shall be visually examined by a qualified and experienced inspector to assure that they are properly installed at the locations in structural members indicated in the contract documents. Where it is deemed necessary, the licensed design production splices to require the destructive tests of production splices to assure compliance with 12.14.3.2 and 12.14.3.4.

12.14.3.7 Mechanical splices shall be staggered if the strain measured over the full length of the splice (at 0.9 yield) exceeds, by more than 50 percent, that of a bar that is not mechanically spliced. If staggered mechanical splices are required, no more than 1/2 of the bars shall be spliced in one plane perpendicular to the bars, and the mechanical splices shall be staggered at least 30 in.

Commentary

R12.14.3.2 The strength requirement for mechanical splices has been revised to that for Type 2 splice in 21.1.6.1 of ACI 318-08. Such splices are intended to avoid a splice failure when the reinforcement is subjected to expected stress levels in the yielding region. ACI 349-13 structures are detailed for ductile response in the event of an earthquake larger than the safe shutdown earthquake (SSE). Consistent with this philosophy, welded splices are also required to develop the full specified tensile strength of the bar.

R12.14.3.5 All splices are required to be qualified to 12.14.3.2 and 12.14.3.4 to assure ductile behavior. Seel also R12.14.3.2.

R12.14.3.7 Splices of lower modulus than that of the steel reinforcement may reduce the nominal moment strength of the member at the splice location and will contribute significantly to wider-than-normal cracks at the splice location. For members subject to tensile forces, this increase in crack width may result in loss of shear strength.

(1) 인장 이형철근 및 이형철선의 이음

ACI 349-13에서 철근이 인장력을 받는 경우 기계적이음은 완전 기계적이음이어야 한다고 규정하고 있다. ACI 349-13의 인장 이형철근 및 이형철선의 기계적이음 관련 규정은 다음과 같다.

Code
12.15 Splices of deformed bars and deformed wire in tension 12.15.4 Mechanical or welded splices used where area of reinforcement provided is less than twice that required by analysis shall meet requirements of 12.14.3.2 or 12.14.3.4. 12.15.5 Mechanical or welded splices shall meet the requirements of 12.14.3.2 or 12.14.3.4. 12.15.5.1 Splices shall be staggered at least 600mm. 12.15.5.2 In computing the tensile forces that can be developed at each section, the spliced reinforcement stress shall be taken as the specified splice strength, but not greater than f_y. The stress in the unspliced reinforcement shall be taken as f_y times the ratio of the shortest length embedded beyond the section to l_d, but not greater than f_y. 12.15.5.3 The total tensile force that can be developed at each section must be at least twice that required by analysis, and at least 140MPa times the total area of reinforcement provided. 12.15.6 Splices in tension tie members shall be made with a full mechanical or full welded splice in accordance with 12.14.3.2 or 12.14.3.4 and splices in adjacent bars shall be staggered at least 750mm.
Commentary
None

(2) 압축 이형철근의 이음

ACI 349-13에서 이형철근이 압축력을 받는 경우 기계적이음은 완전 기계적이음이어야 한다고 규정하고 있다. ACI 349-13의 압축 이형철근의 기계적이음 관련 규정은 다음과 같다.

Code
12.16 Splices of deformed bars in compression 12.16.3 Mechanical or welded splices used in compression shall meet requirements of 12.14.3.2 or 12.14.3.4.
Commentary
None

(3) 내진설계 특별 고려 사항

ACI 349-13에서는 내진설계 시에도 소성힌지 영역과 소성힌지 이외 영역에 상관없이 기계적이음은 완전 기계적이음을 사용할 수 있도록 규정하고 있다.

ACI 349-13의 내진설계 특별 고려 사항 관련 규정은 다음과 같다.

Code
CHAPTER 21 EARTHQUAKE-RESISTANT STRUCTURES 21.1 General requirements 21.1.6 Mechanical splices－Mechanical splices shall conform to 12.14.3.2. 21.5 Flexural members of special moment frames 21.5.2 Longitudinal reinforcement 21.5.2.4 Mechanical splices shall conform to 21.1.6. Welded splices shall conform to 21.1.7. 21.6 Moment frame members subjected to bending and axial load 21.6.3 Longitudinal reinforcement 21.6.3.3 Mechanical splices shall conform to 21.1.6. Welded splices shall conform to 21.1.7.
Commentary
None

5) fib Model Code for Concrete Structures 2010

fib Model Code 2010에서는 철근의 이음으로 기계적이음을 사용할 수 있도록 규정하고 있다. 기계적이음의 사용은 시공지침(execution specification)을 따라야 한다고 규정하고 있을 뿐 자세한 내용은 규정하지 않고 있다.

fib Model Code 2010의 기계적이음 규정은 다음과 같다.

Code
8. Construction 8.3 Reinforcing steel works 8.3.5 Joints Bars must be jointed by laps, couplers or welding in accordance with the execution specification. Joints made with mechanical connecting devices must be carried out according to the manufacturer' s instructions.
Commentary
None

6) Eurocode 2 : Design of concrete structures Part 1-1 : General rules and rules for buildings BS EN 1992-1-1 : 2004

Eurocode 2(2004)에서는 철근의 이음으로 기계적이음을 사용할 수 있도록 규정하고 있다. 하지만 기계적이음의 사용에 대한 자세한 내용은 규정하지 않고 있다. 기계적이음을 사용하기 위해서는 국가별 부속기준(national annex)에 따라야 할 것으로 판단된다.

영국의 경우 커플러는 커플러 제작 회사에서 CARES UK(Certification Authority for Reinforcing Steels), BBA(British Board of Agrement) 등의 승인을 받아야 사용할 수 있다(The Institution of Structural Engineering, 2006). 커플러는 주로 인장성능을 검증하지만 필요할 경우 압축, 반복하중, 그리고 피로성능을 검증한다.

Eurocode 2(2004)의 기계적이음 규정은 다음과 같다.

Code
8.7 Laps and mechanical couplers 8.7.1 General (1) P Forces are transmitted from one bar to another by : – lapping of bars, with or without bends or hooks ;

– welding ; – mechanical devices assuring load transfer in tension-compression or in compression only.
Commentary
None

7) CSA-A23.3-04 (R2010) Design of Concrete Structures

CSA-A23.3-04(R2010)에서는 ACI 318-14와 유사하게 철근의 기계적이음에 관해 규정하고 있다. 완전 기계적이음의 요구조건에 대해서는 ACI 318-14와 다르게 규정하고 있다. CSA-A23.3-04(R2010)의 기계적이음 관련 규정을 요약하면 표 2.19와 같다.

표 2.19 CSA-A23.3-04(R2010)의 기계적이음 규정 요약

구 분		규 정	내 용
인 장		12.14 Splices of reinforcement – General 12.15 Splices of deformed bars and deformed wire in tension	• 완전 기계적이음 – f_y의 120% 이상 – $f_{y,a}$*의 110% 이상
압 축		12.14 Splices of reinforcement – General 12.16 Splices of deformed bars in compression	• 완전 기계적이음 – f_y의 120% 이상 – $f_{y,a}$의 110% 이상
내진	소성힌지 이외 영역	21.2.8 Mechanical splices	• 유형 1 기계적이음 – f_y의 120% 이상 – $f_{y,a}$의 110% 이상
	소성힌지 영역	21.2.8 Mechanical splices	• 유형 2 기계적이음 – f_t 이상

* 여기서, $f_{y,a}$는 기계식 이음된 철근의 실제 항복강도

CSA-A23.3-04(R2010)에서는 철근 공칭 항복강도의 120% 이상이고, 철근 실제 인장강도의 110% 이상의 강도를 발휘할 수 있는 이음을 완전 기계적이음으로 규정하고 있다. CSA-A23.3-04(R2010)의 철근 기계적이음 관련 규정 중 이음 일반에 대한 내용은 다음과 같다.

Code
12.14 Splices of reinforcement–General
12.14.3 Welded splices and mechanical connections
12.14.3.1
Welded splices and other mechanical connections may be used.
12.14.3.4
A full mechanical connection shall develop, in tension or compression as required, at least 120% of the specified yield strength, f_y, of the bar, but not less than 110% of the actual yield strength of the bar used in the test of the mechanical connection.
12.14.3.5
Welded splices and mechanical connections not meeting the requirements of Clause 12.14.3.3 or 12.14.3.4 may be used as specified in Clause 12.15.4.
Commentary
None

(1) 인장 이형철근 및 이형철선의 이음

CSA-A23.3-04(R2010)에서는 ACI 318-14와 동일하게 인장 이형철근 및 이형철선의 기계적 이음을 규정하고 있다. CSA-A23.3-04(R2010)의 인장 이형철근 및 이형철선의 기계적이음 관련 규정은 다음과 같다.

Code
12.15 Splices of deformed bars and deformed wire in tension
12.15.3
Welded splices or mechanical connections used where the area of reinforcement provided is less than twice that required by analysis shall meet the requirements of Clause 12.14.3.3 or 12.14.3.4.
12.15.4
Welded splices or mechanical connections used where the area of reinforcement provided is at least twice that required by analysis shall meet the following requirements:
(a) splices shall be staggered by at least 600mm and in such a manner as to develop, at every section, at least twice the factored tensile force at that section, but not less than 140MPa for the total area of reinforcement provided; and

(b) in computing the tensile resistance developed at each section, spliced reinforcement shall be rated at the specified splice strength. Unspliced reinforcement shall be rated at that fraction of f_y defined by the ratio of the shorter actual development length to the development length, l_d, required to develop the specified yield strength, f_y.

Commentary
None

(2) 압축 이형철근의 이음

CSA-A23.3-04(R2010)에서는 ACI 318-14와 동일하게 압축 이형철근의 기계적이음을 규정하고 있으며, 압축 이형철근의 기계적이음 관련 규정은 다음과 같다.

Code
12.16 Splices of deformed bars in compression 12.16.3 Welded splices or mechanical connections Welded splices or mechanical connections used in compression shall meet the requirements of Clause 12.14.3.3 or 12.14.3.4.
Commentary
None

(3) 내진설계 특별 고려 사항

CSA-A23.3-04(R2010)에서는 ACI 318-11 및 ACI 318-14와 동일하게 내진설계 특별 고려 사항을 규정하고 있다. CSA-A23.3-04(R2010)의 내진설계 특별 고려 사항 관련 규정은 다음과 같다.

Code
21 Special provisions for seismic design 21.2.8 Mechanical splices 21.2.8.1 Mechanical splices shall be classified as either Type 1 or Type 2, as follows:

(a) Type 1 mechanical splices shall be those that comply with Clause 12.14.3.4.

(b) Type 2 mechanical splices shall be those that develop the specified tensile strength of the spliced bar.

21.2.8.2

Type 1 mechanical splices shall not be used within a distance equal to twice the member depth from the column or beam face, or from sections where yielding of the reinforcement is likely to occur as a result of inelastic lateral displacements. Type 2 mechanical splices may be used in any location.

Commentary

None

8) 日本建築學會 鐵筋コンクリート構造計算規準·同解說 (2010)

일본 건축학회 기준(2010)에서는 철근의 이음으로 기계적이음을 사용할 수 있도록 규정하고 있다. 하지만 기계적이음의 사용에 대한 자세한 내용은 규정하지 않고 있다. 일본 건축학회 기준(2010)의 기계적이음 규정은 다음과 같다.

Code(일본어)

鐵筋コンクリート構造計算規準・解說

16条 付着および継手

2. 継手

(1) 鉄筋の継手には, 重ね継手, ガス圧接継手, 溶接継手, または機械式継手を用いる. ただし本条では. 以下に重ね継手について規定する.

Code(한국어 번역)

철근콘크리트구조계산규준・해설

16조 부착 및 이음

2. 이음

(1) 철근의 이음에는 겹침이음, 가스압접이음, 용접이음 또는 기계적이음을 쓴다. 다만, 본 조에서는 다음의 겹침이음에 대해 규정한다.

Commentary

None

9) JSCE Standard Specifications for Concrete Structures(2007)

JSCE Standard Specifications for Concrete Structures에서는 기계식 이음에 대한 정량적 요구조건을 명확하게 제시하고 있지 않다. 다만, 구조물 종류, 하중상태, 철근배치상태, 이음부의 응력상태 등을 고려하여 성능조건을 만족시키는 설계를 하도록 규정하고 있다. JSCE(2007)의 기계적이음과 규정은 다음과 같다.

Code
13.7 Splices in Reinforcement (1) Appropriate splices shall be provided in the reinforcement taking into account factors such as the type and diameter of the bars, state of stress, and location of splices, and so on. (2) To the extent possible, splices shall not be located at cross-sections of members subject to high stresses. (3) Splices shall not be clustered at the same cross-section of a member, and the maximum number of joints permitted in the same cross section shall be one in every two bars. To ensure that splices do bot cluster at the same section, in general, the standard distance between two staggered splices in the longitudinal direction shall not be less than the sum of the splice length and 25 times the bar diameter. (4) Clear distance between two adjacent splices or between two adjacent splices or between a splice and a bar shall not be less than the maximum size of coarse aggregate. (5) When splicing is provided after distributing reinforcing bars, adequate allowance shall be made for operation of jointing machines. (6) Concrete cover of splices shall be provided in accordance with requirements of Section 13.2. (8) If joints other than lap joints are used, the joints shall satisfy performance requirements according to the type of structure, the state of loading, arrangement of reinforcement, the stress state at the joint location, etc.
Commentary
(1) Strength and reliability of splices depend on such factors as kind of splices, construction methods, the type of bars, state of stress, and location of splices.

Therefore, appropriate splices shall be provided so that their performance can be well exhibited in response to the above-mentioned factors.

(2) Splices in reinforcement could become weak points, and become the cause for reduction in strength of the structural members that contain splices, when the splices are provided in regions subject to high stresses. Thus, splices at cross sections subject to high tensile stresses, such as the mid-spans, are preferably avoided.

(3) In cases when splices with weak points are concentrated in a single cross-section, the structural performance of the member may be seriously decreased. In addition, certain types of splices provided in a certain area also hamper proper compaction of concrete, and therefore, the location of splices should be staggered. The recommendation for the splices to be staggered by a distance equal to the sum of the splice length plus 25 times the bar diameter, has been made considering this requirement may ensure adequate strength of the joint through bond action, even if some of the splices are poor. The adverse effects of splices on compaction of concrete may also be considered to be minor provided the provisions for staggering the splices are followed.

If splices cluster at the same cross-section in a less favorable condition, an appropriate joint strength must be determined. The performance of joints and verification methods are as described in the Japan Society of Civil Engineers' Recommendations for Design, Fabrication and Evaluation of Anchorages and Joints in Reinforcing Bars (2007).

(4) Requirements have been waived from the practical consideration that the amount of reinforcing steel increases at joints in comparison with normal cross sections and that a requirement of too much clear distance may cause difficulty in proportioning of members because of increase in spacing of reinforcement. However, in the case of splices, the maximum possible spacing has been recommended, as concrete tends to spread unevenly in the neighborhood of splices.

(5) When splices are fabricated after arranging the reinforcing bars, the required clear distances may be considerably greater than the maximum size of coarse aggregate to allow for the operation of a jointing machine. Therefore, it is important to consider the method and procedure of fabrication of splices at the design stage itself, in order to avoid problems in the construction stage.

(6) This requirement has been included from the consideration that splices using sleeves, couplers, gas pressure welding joints and others should have adequate concrete cover, at the same level as reinforcing bars.

It is noted that concrete cover to stirrups or ties at joints shall conform to provisions of Section 13.2.

(8) If joints other than lap joints are used, the joints must satisfy joint performance requirements according to the type of structure, the state of loading, arrangement of reinforcement, the stress state at the joint location, etc. Commonly specified performance requirements are listed below. Details of performance requirements for joints and verification methods are referred to the Recommendations for Design, Fabrication and Evaluation of Anchorages and Joints in Reinforcing Bars (2007).

1) Static load capacity
2) High-stress cyclic load capacity
3) High-cycle load capacity
4) Reliability attributable to construction
5) Others (performance at low temperature, etc.)

2.2.3 철근 기계적이음 규정 비교

국내외 주요 설계기준의 기계적 이음 규정을 비교하면 표 2.20과 같다.

표 2.20 국내외 주요 설계기준의 기계적이음 규정 비교

기준	인장철근	압축철근	내진설계	
			소성힌지 이외	소성힌지
KCI 2017	−완전 기계적이음 : f_y의 125% 이상 −완전 기계적이음이 아닌 경우 : D16 이하 배근A_s/소요$A_s \geq 2$ 600 mm 이상 엇갈림 계산 응력 2배 이상 140 MPa 이상 f_y 이하	−완전 기계적이음 : f_y의 125% 이상	−유형 1 기계적이음 : f_y의 125% 이상	−유형 2 기계적이음: f_y의 125% 이상 f_t 이상

기준	인장철근	압축철근	내진설계	
			소성힌지 이외	소성힌지
KBC 2016	−완전 기계적이음 : f_y의 125% 이상 −완전 기계적이음이 아닌 경우 : D16 이하 배근A_s/소요$A_s \geq 2$ 600mm 이상 엇갈림 계산 응력 2배 이상 140 MPa 이상 f_y 이하	−완전 기계적이음 : f_y의 125% 이상	−유형 1 기계적이음: f_y의 125% 이상	−유형 2 기계적이음 : f_y의 125% 이상 f_t 이상
KBDC 2010	−완전 기계적이음 : f_y의 125% 이상 −완전 기계적이음이 아닌 경우 : D16 이하 배근A_s/소요$A_s \geq 2$ 600mm 이상 엇갈림 계산 응력 2배 이상 140 MPa 이상 f_y 이하	−완전 기계적이음 : f_y의 125% 이상	−완전 기계적이음 : f_y의 125% 이상	−완전 기계적이음 : f_y의 125% 이상
KBDC LSD 2012	사용가능 (자세한 규정 없음)	사용가능 (자세한 규정 없음)	사용가능 (자세한 규정 없음)	−완전 기계적이음 : 자세한 규정 없음
KEPIC SNB 2012	−정적 인장시험 $f_{t,a}$의 90% 이상 f_t의 100% 이상 f_y의 125% 이상 −반복 인장시험 100주기 견뎌야 함	−정적 인장시험 $f_{t,a}$의 90% 이상 f_t의 100% 이상 f_y의 125% 이상 −반복 인장시험 100주기 견뎌야 함	−	−
KEPIC SNC 2010	−완전 기계적이음 : 정적 인장시험 f_y의 125% 이상 반복 인장시험 100주기 견뎌야 함 −완전 기계적이음이 아닌 경우 : D16 이하 배근A_s/소요$A_s \geq 2$ 600 mm 이상 엇갈림 계산 응력 2배 이상 140 MPa 이상 f_y 이하	−완전 기계적이음 : 정적 인장시험 f_y의 125% 이상 반복 인장시험 100주기 견뎌야 함	−완전 기계적이음 : 정적 인장시험 f_y의 125% 이상 반복 인장시험 100주기 견뎌야 함 −600mm 이상 엇갈림	−완전 기계적이음 : 정적 인장시험 f_y의 125% 이상 반복 인장시험 100주기 견뎌야 함 −600mm 이상 엇갈림

기준	인장철근	압축철근	내진설계	
			소성힌지 이외	소성힌지
ACI 318-14	-(완전)기계적이음 : f_y의 125% 이상	-완전 기계적이음 : f_y의 125% 이상	-유형 1 기계적이음 : f_y의 125% 이상	-유형 2 기계적이음 : f_y의 125% 이상 f_t 이상
AASHTO LRFD BDS 2012	-완전 기계적이음 : f_y의 125% 이상 허용슬립 이하 -완전 기계적이음이 아닌 경우 : 배근A_s/소요$A_s \geq 2$ 600mm 이상 엇갈림 계산 응력 2배 이상 f_y의 1/2 이상	-완전 기계적이음 : f_y의 125% 이상 허용슬립 이하	-완전 기계적이음 : f_y의 125% 이상 허용슬립 이하 -횡방향 철근 간격 ≤100mm $\leq d/4$ -600 mm 이상 엇갈림	-완전 기계적이음 : f_y의 125% 이상 허용슬립 이하 -횡방향 철근 간격 ≤100mm $\leq d/4$ -600 mm 이상 엇갈림
ASME Sec. Ⅲ Div. Ⅱ 2013	-정적 인장시험 $f_{t,a}$의 90% 이상 f_t의 100% 이상 f_y의 125% 이상 -반복 인장시험 100주기 견뎌야 함	-정적 인장시험 $f_{t,a}$의 90% 이상 f_t의 100% 이상 f_y의 125% 이상 -반복 인장시험 100주기 견뎌야 함	-	-
ACI 349-13	-완전 기계적이음 : f_y의 125% 이상 f_t 이상 600mm 이상 엇갈림 계산 응력 2배 이상 140 MPa 이상 f_y 이하 $0.9f_y$ 응력에서 커플러 변형률이 철근 변형률의 1.5배 이상인 경우 30 in. 이상 엇갈림	-완전 기계적이음 : f_y의 125% 이상 f_t 이상 $0.9f_y$ 응력에서 커플러 변형률이 철근 변형률의 1.5배 이상인 경우 30 in. 이상 엇갈림	-완전 기계적이음 : f_y의 125% 이상 f_t 이상	-완전 기계적이음 : f_y의 125% 이상 f_t 이상
fib MC 2010	사용가능 (자세한 규정 없음)	사용가능 (자세한 규정 없음)	-	-
EC 2 2004	사용가능 (자세한 규정 없음)	사용가능 (자세한 규정 없음)	-	-

기준	인장철근	압축철근	내진설계	
			소성힌지 이외	소성힌지
CSA R2010	−완전 기계적이음 : f_y의 120% 이상 $f_{y,a}$의 110% 이상 −완전 기계적이음이 아닌 경우 : 배근A_s/소요$A_s \geq 2$ 600mm 이상 엇갈림 계산 응력 2배 이상 140 MPa 이상 f_y 이하	−완전 기계적이음 : f_y의 120% 이상 $f_{y,a}$의 110% 이상	−유형 1 기계적이음 : f_y의 120% 이상 $f_{y,a}$의 110% 이상	−유형 2 기계적이음: f_t 이상
AIJ 2010	사용가능 (자세한 규정 없음)	사용가능 (자세한 규정 없음)	−	−
JSCE 2007	사용가능 (자세한 규정 없음) $25d_b$ 이상 엇갈림	사용가능 (자세한 규정 없음) $25d_b$ 이상 엇갈림	−	−

2.2.4 기계적이음에 관한 추가 고려사항

1) 피복두께

대부분의 설계기준에서 커플러에 대한 피복두께를 별도로 규정하지 않고 있는 반면, 미국 캘리포니아 주의 "Standard Specifications for Construction of Local Streets and Roads(2002)"에서는 콘크리트 표면에서 커플러 표면까지의 피복두께를 40mm 이상으로 규정하고 있다. 커플러에 대한 피복두께 규정은 ACI 318과 Eurocode 2에서 철근의 부식 방지(내구성)를 위해 규정하고 있는 피복두께 규정과 유사하게 커플러의 부식 방지(내구성)를 위해 규정하고 있다. "Standard Specifications for Construction of Local Streets and Roads(2002)"의 콘크리트 피복두께 규정은 다음과 같다.

Code
52-1.08C Mechanical Butt Splices • Mechanical butt splices shall be the sleeve-filler metal type, the sleeve-threaded type, the sleeve-swaged type, the sleeve-filler grout type, the sleeve-lockshear bolt type, the two-part sleeve-forged bar type or the two-part sleeve-friction bar type, at the option of the Contractor.

- The mechanical butt splices used shall be of approved design. Approval by the Engineer of a new design will be based upon technical data, including test results, and other necessary proof of satisfactory performance submitted by the manufacturer and upon the results of tests by the Engineer on sample splices and splice material furnished by the manufacturer. A design must be resubmitted for approval if there is any change whatsoever in the details or materials previously submitted and on file.
- The total slip of the reinforcing bars within the splice sleeve after loading in tension to 200MPa {30,000 pounds per square inch} and relaxing to 20MPa {3,000 pounds per square inch} shall not exceed the following, measured between gage points clear of the splice sleeve : 250μm{0.010-inch} for reinforcing bars No. 43 {14}, and smaller, and 750 μm {0.030-inch} for reinforcing bars No. 57 {18}.
- Slip requirements shall not apply to mechanical lap splices.
- Splicing procedures shall be in conformance with the manufacturer's recommendations, except as modified in this section. Splices shall be made using manufacturer's standard equipment, jigs, clamps and other required accessories.
- Ends of reinforcing bars to be spliced shall be cut nominally square.
- Splice sleeves shall have a clear coverage of not less than 40mm {13/4 inches} measured from the surface of the concrete to the outside of the sleeve. Stirrups, ties and other reinforcement shall be adjusted or relocated, and additional reinforcement shall be placed if necessary to provide planned clear coverage to reinforcement.
- The Contractor shall furnish the following information for each shipment of splice material in conformance with the provisions in Section 6-1.07, "Certificates of Compliance : "
  1. The type or series identification of the splice material and for sleeve-threaded type sleeves, the heat treatment lot number ;
  2. The bar grade and size number to be spliced by the material ;
  3. A copy of the manufacturer's catalog giving complete data on the splice material and procedures ;
  4. A statement that the splicing systems and materials used in accordance with the manufacturer's procedures will develop not less than the minimum tensile strengths, based on the nominal bar area, of 430MPa {63,000 pounds per square inch} for ASTM Designation: A 615/A 615M, Grade 40 [300] bars and 550MPa {80,000 pounds

per square inch} for ASTM Designations : A 615/A 615M, Grade 60 [420] and A 706/A 706M bars, and will comply with the total slip requirements and the other requirements in these specifications ; and 5. A statement that the splice material conforms in all respects to the details and materials of a specific approved design.
Commentary
None

일반적으로 커플러는 구조용 강재로 제작되기 때문에 철근과 유사하게 부식의 우려가 있고, 열에 의해 재료 성질이 달라질 가능성이 있다. 비록 대부분의 설계기준에서 커플러에 대한 피복두께를 별도로 규정하지 않고 있지만 커플러의 부식을 방지하고 적절한 내화성을 확보하기 위해 철근과 동일하게 피복두께 규정을 적용하는 것이 바람직한 것으로 판단된다. 이때 피복두께는 콘크리트 표면부터 철근 또는 커플러 가장 바깥면까지의 최단거리로 한다.

기계적이음은 거의 대부분의 철근 종류 및 지름에 대하여 적용이 가능하지만 경제성 문제로 굵은 주철근에 자주 사용된다. 피복두께는 콘크리트 표면에서 가장 가까운 철근을 기준으로 산정하므로 보와 기둥의 경우 주철근을 감싸는 횡보강철근의 최외단으로부터 산정된다. 일반적인 기계적이음용 커플러의 외경은 철근 지름의 1.6배 이하이므로 커플러 표면은 주철근 표면에서 $0.3d_b$ 돌출된다. 횡보강철근으로 10mm를 사용할 경우 32mm 이하의 주철근은 기계적이음의 피복두께를 검토할 필요가 없을 것이다.

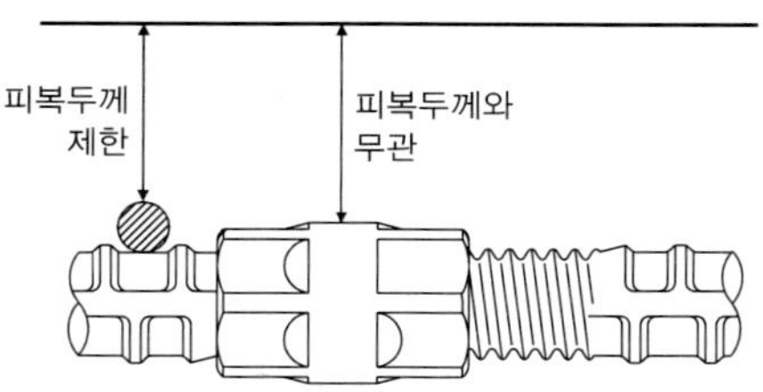

그림 2.1 기계적이음된 주철근의 피복두께

2) 다발철근

현행 설계기준에서는 다발철근을 겹침이음할 경우 콘크리트와 접하는 철근표면적이 감소하는 것을 고려하여 겹침이음길이를 증가시키도록 규정하고 있다. 그리고 한 다발 내에서, 각 철근의 이음은 한 군데에서 중복하지 않도록 규정하고 있다. 하지만 다발철근의 기계적이음에 대해서는 별도의 규정이 없는 실정이다.

다발철근에 기계적이음을 사용할 경우 겹침이음과 상이한 점은 커플러로 연결되지 않는 철근은 커플러 두께 때문에 철근에 초기변형이 발생될 수 있으며, 커플러와 이음철근 사이에서 유격이 발생할 수 있다.

(1) 철근 초기변형에 대한 검토

다발철근 중 한 가닥을 기계적이음하면, 다른 철근은 그림 2.2와 같이 커플러 두께 때문에 휘어지게 된다.

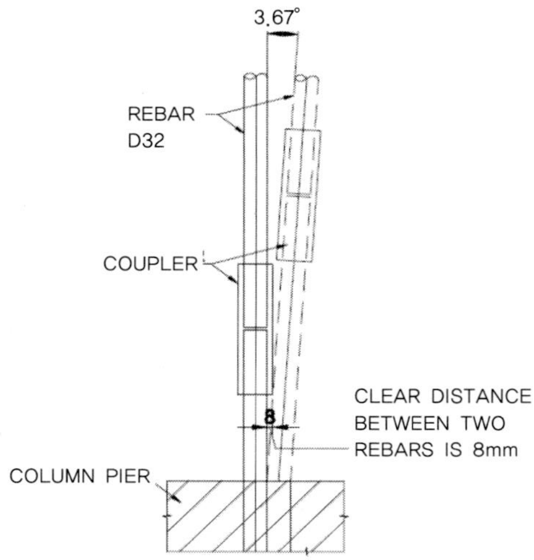

그림 2.2 다발철근의 기계적이음

ACI 318 설계기준과 ACI 318을 근간으로 하고 있는 콘크리트구조 학회기준(2017) 등에서는 기둥 연결부에서 단면 치수가 변화하는 경우를 대비하여 옵셋굽힘철근에 대해 규정하고 있다. 이 규정에서 옵셋굽힘철근의 굽힘부 기울기는 1/6을 초과할 수 없도록 규정하고 있다. 비록 설계기준에서는 다발철근의 기계적이음에 대한 별도 규정이 없지만, 커플러 두께 때문에 철근이 휘어지는 경우 옵셋굽힘철근 규정 전부를 차용하는 것이 합당한 것으로 판단된다. ACI 318-14의 옵셋굽힘철근 규정은 다음과 같다.

Code

10.7 Reinforcement detailing
  10.7.4 Offset bent longitudinal reinforcement
    10.7.4.1 The slope of inclined portion of an offset bent longitudinal bar relative to the longitudinal axis of the column shall not exceed 1 in 6. Portions of bar above and below an offset shall be parallel to axis of column
    10.7.4.2 If the column face is offset 75mm or more, longitudinal bars shall not be offset bent and separate dowels, lap spliced with the longitudinal bars adjacent to the offset column faces, shall be provided.

Commentary
None

Eurocode 2 설계기준과 Eurocode 2 설계기준을 근간으로 하고 있는 도로교설계기준 한계상태설계법(2015) 등에서는 옵셋굽힘철근에 관해 규정하지 않고 있다. 하지만 Eurocode 2의 철근상세를 다루고 있는 "Standard Method of Detailing Structural Concrete-A manual for best practice(2006)"에서는 그림 2.3과 같이 옵셋굽힘철근의 굽힘부 기울기 상한값을 1/10로 기술하고 있다.

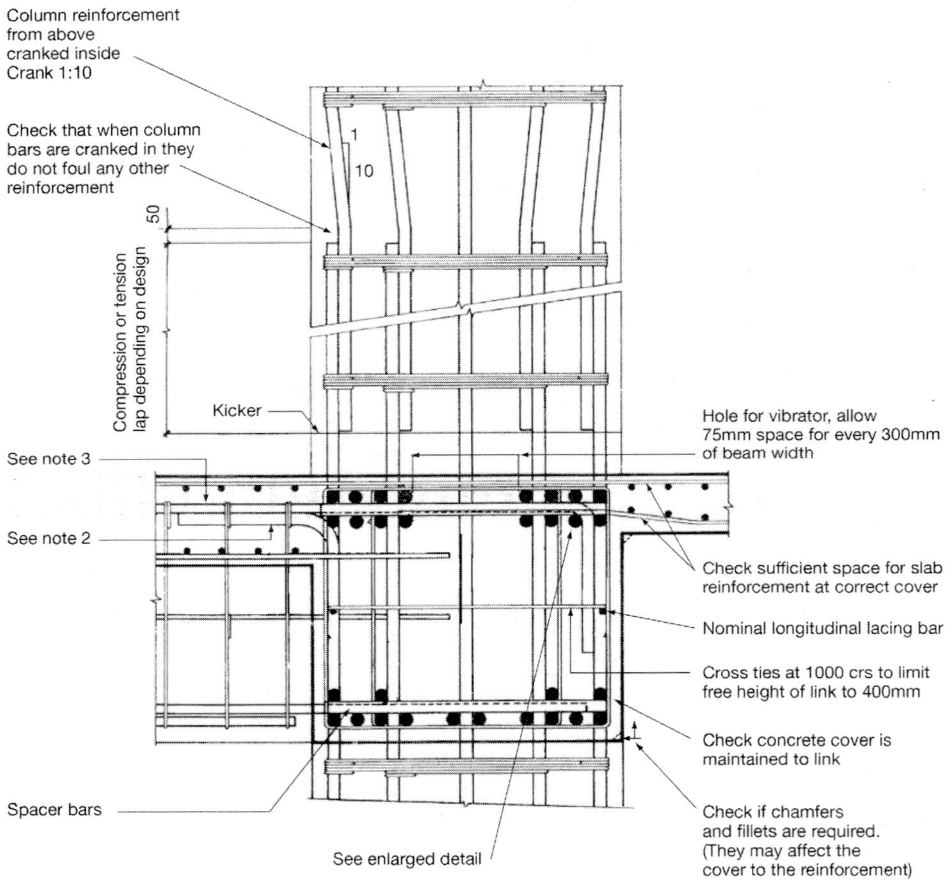

그림 2.3 Elevation of reinforcement at beam/column intersection

ACI 318-14의 옵셋굽힘철근 규정에 따르면 최대 9.5°(tan^{-1}(1/6))의 각 변화를 허용하며, Eurocode 2의 1/10 규정에 따르면 최대 5.7°(tan^{-1}(1/10))의 각도가 발생된다. 따라서 커플러 두께로 인하여 철근이 휘어지는 각도가 현행 설계기준의 허용 철근굽힘각도보다 작으면 철근콘크리트 구조물의 품질과 성능에 영향을 주지 않는 것으로 판단할 수 있다.

(2) 다발철근 사이의 이격에 대한 검토

커플러 두께로 인해 다발철근 사이가 밀착되지 않는 것은 철근콘크리트 구조물에 유해한 영향을 주지 않는다. 다발철근을 겹침이음할 경우 설계기준에서 요구하는 이음길이의 증가는 콘크리트와 만나는 철근 표면적의 저감을 고려하여 산정되었다. 그림 2.4는 3가닥, 4가닥 다발철근에서 콘크리트와 접촉하는 철근 표면적의 비율을 나타낸 것이다. ACI 318-14 R25.5.1.3과 콘크리트구조 학회기준(2017) 해설 8.6.(2)②에 따르면, 다발철근에서는 콘크리트와 만나는 철근 표면적이 감소하는 것을 보완하기 위해 이 비율의 역수(즉 6/5과 4/3)를 단일 철근의 이음길이에 곱하여 다발철근의 이음길이를 산정한다. 따라서 콘크리트와 만나는 철근 표면적이 증가할 경우 다발철근과 콘크리트의 일체성 향상에 도움이 된다.

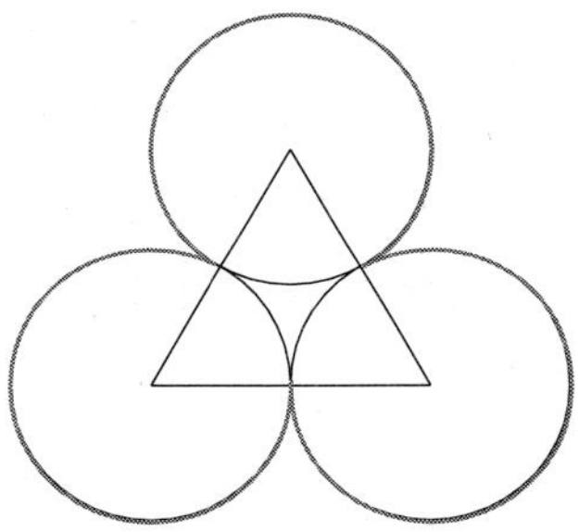

(a) 3가닥 다발철근의 경우 : 5/6

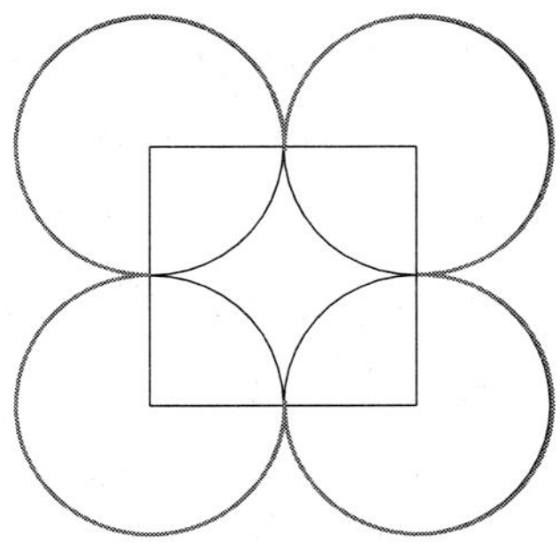

(b) 4가닥 다발철근의 경우 : 3/4

그림 2.4 다발철근에서 콘크리트와 접촉하는 철근 표면적

이음되는 철근은 반드시 밀착시킬 필요가 없는데, ACI 318-14와 콘크리트구조 학회기준(2017)에서는 최대 150mm까지의 이격을 허용하고 있다. 따라서 다발철근에서 커플러 두께로 인해 철근 사이에 간격이 발생하는 것은 철근콘크리트 구조물의 품질 및 성능 저하를 유발하지 않는다.

Code
25.5.1.3 For noncontact splices in flexural members, the transversely center-to-center spacing of spliced bars shall not exceed the lesser of one-fifth the required lap splice length and 150mm.
Commentary
R25.5.1.3 If individual bars in noncontact lap splices are too widely spaced, an unreinforced section is created. Forcing a potential crack to follow a zigzag line

(5-to-1 slope) is considered a minimum precaution. The 150mm maximum spacing is added because most research available on the lap splicing of deformed bars was conducted with reinforcement within this spacing.

3) 기계적이음 전수이음 규정

ACI 318-14와 이를 참조하는 콘크리트구조 학회기준(2017) 등에서는 설계기준 항복강도의 125%를 만족시키는 기계적이음에 대해 전수이음을 허용하고 있다. 다만, 인장연결부재에 대해서는 750mm 엇갈림이음을 요구하고 있는데, 인장연결부재는 전체 단면이 인장을 받는 부재를 의미하므로 일반적인 철근콘크리트 부재에는 적용되지 않는다.

그림 2.5(a)는 ACI 318-11의 기계적이음에 대한 엇갈림 규정을 정리한 것이다. 일반 철근콘크리트 부재에서, 이음강도가 설계기준 항복강도의 125%를 만족시키는 기계적이음은 전수이음이 가능하다. 만일, 이음강도가 설계기준 항복강도의 125%를 만족시키지 못하는 기계적이음은 16mm 이하 철근에 한하여 소요배근량의 2배 이상 배근되고, 이음부 내력이 계산된 응력의 2배 이상인 경우 600mm 엇갈리게 배근해야 한다. 그러나 그림 2.5(b)에 나타낸 것과 같이 ACI 318-14에서는 이음강도가 설계기준 항복강도의 125%를 만족시키지 못하는 경우를 허용하지 않고 있다.

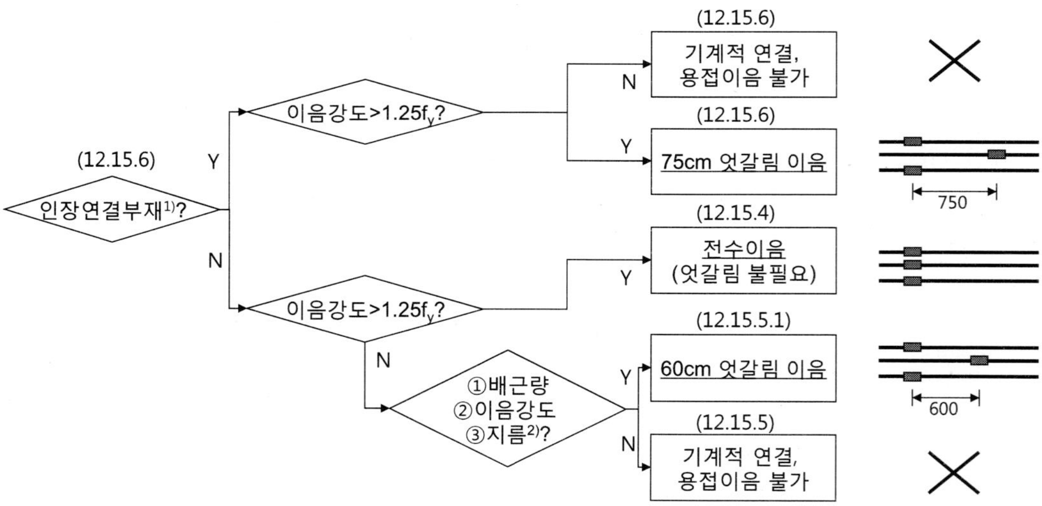

(a) ACI 318–11

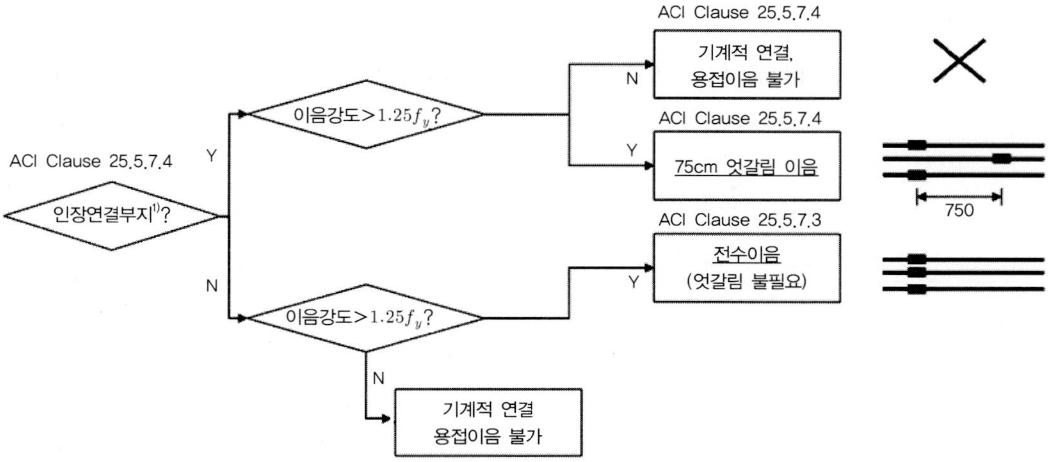

(b) ACI 318–14

주1) 인장연결부재 : 단면 전체가 인장력을 발휘하기에 충분한 축인장력을 받는 부재 등 (R12.15.6)

주2) ① 배근량 규정 : (배근 A_s)/(소요 A_s)≥2.0

② 이음강도 규정 : (이음부 내력)>2×(계산된 응력) 이며 140MPa 이상,
여기서, 이음부 내력=(이음된 철근 : 이음강도)+(연속된 철근 : f_y×(실 정착길이)/(규정된 정착길이))

③ 지름 규정 : D16 이하

그림 2.5 ACI 318–14 전수 기계적이음 규정

격납구조물을 제외한 원전구조물에 적용되는 ACI 349에서는 ACI 318보다 엄격한 기계적 이음의 엇갈림 기준을 규정하고 있다. 원자력발전소 구조물은 방사능 차폐 기능을 위해 변형량(또는 강성)을 고려하여 전수이음 가능을 규정하고 있다. 즉 ACI 318-11에서는 기계적 이음의 강도 성능을 기준으로 엇갈림 필요 여부를 판단하고, ACI 318-14에서는 관련규정이 삭제되었지만, ACI 349에서는 변형량을 기준으로 기계적이음의 엇갈림 여부를 판단한다.

그림 2.6은 ACI 349의 기계적이음 엇갈림 판정 기준을 보여주고 있다. 설계기준 항복강도의 90% 응력에서 기계적이음된 철근의 변형량이 이음 없는 철근 변형량의 1.5배 이상이면 750mm 간격으로 엇갈리게 이음해야 한다.

ACI 349-13의 기계적 전수 이음관련 규정은 다음과 같다.

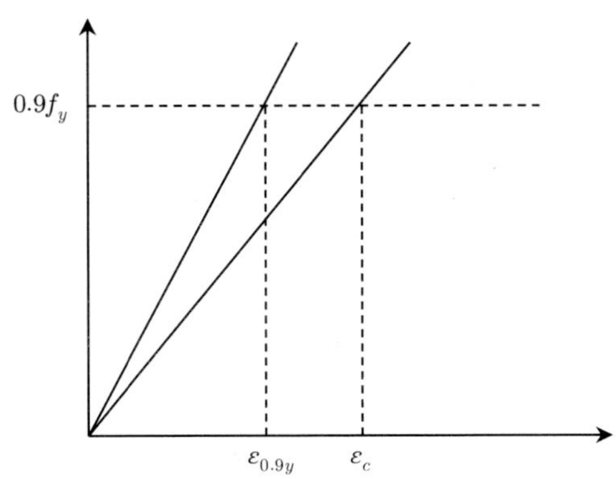

그림 2.6 ACI 349 기계적 전수 이음 판정 규정

Code
12.14.3.7 Mechanical splices shall be staggered if the strain measured over the full length of the splice (at 0.9 yield) exceeds, by more than 50 percent, that of a bar that is not mechanically spliced. If staggered mechanical splices are required, no more than 1/2 of the bars shall be spliced in one plane perpendicular to the bars, and the mechanical splices shall be staggered at least 30 in.
Commentary
R12.14.3.7 Splices of lower modulus than that of the steel reinforcement may reduce the nominal moment strength of the member at the splice location and will contribute significantly to wider-than-normal cracks at the splice location. For members subject to tensile forces, this increase in crack width may result in loss of shear strength.

4) 수평 휨부재 기계적이음 적용에 따른 사용성

국내외 주요 설계기준은 전체 단면이 인장을 받는 인장연결부재를 제외하고는 부재 종류에 따른 기계적이음의 적용을 제한하지 않는다. 인장연결부재는 전체 단면에 인장력이 작용하는 부재로, 750mm 엇갈리게 기계적이음을 사용해야 한다.

실무에서는 주로 기둥에 기계적이음을 사용하고, 보/슬래브와 같은 수평 휨부재에는 기계적이음이 많이 사용되지 않는다. 이는 설계기준 또는 시방서의 제한이 아니라 시공성, 경제성, 그리고 사용성 관점에서의 판단이다. 수평 휨부재에 기계적이음을 적용할 경우 기둥부재와의 차이점을 표 2.21에 정리하였다.

표 2.21 수평 휨부재에 기계적이음 적용 시 기둥부재와의 차이점

구 분	문제점	설 명
	철근 처짐	기계적이음의 종류는 다양하지만, 나사식 기계적이음이 주를 이룬다. 수평 휨부재는 기둥에 비해 주철근의 지름이 가늘고 더 길다. 따라서 기계적이음을 위해 철근을 배근할 때 처짐이 발생하므로, 나사식 커플러를 체결하기 어렵다. 원자력발전소 현장에 사용되는 ERICO사의 CADWELD 및 Bar Splice사의 Bar Grip은 나사형이 아니라 슬리브를 양쪽 철근에 체결하는 방식으로 수평 철근에도 많이 사용된다.

시공성	철근 처짐	 [CADWELD 수평철근 적용 사례]  [Bargrip 수평철근 적용 사례: Taiwan Lungmen 원전]
	하부철근 작업성 저하	수평부재의 하부철근에 기계적이음을 적용할 때 거푸집과 횡방향 철근, 그리고 상부철근의 간섭으로 작업성이 저하된다. 특히 보에서는 측면 거푸집으로 인해 하부 모서리 철근의 기계적이음 작업 여건이 매우 나쁘다.
	하부철근 품질 검사 어려움	나사식 기계적이음에서는 이음이 완료되면 체결된 나사산의 수를 확인하여 품질검사를 실시하는데, 하부철근의 경우 상부철근과 횡보강철근으로 인해 육안검사가 어렵다.
	겹침이음의 순간격 확보 용이	기둥 주철근에 요구되는 순간격은 40mm 또는 철근지름의 1.5배이며, 보 주철근에 요구되는 순간격은 25mm 또는 철근지름의 1.0배이다. 따라서 보는 겹침이음을 적용하여도 순간격 확보가 용이하다. 따라서 순간격 부족을 이유로 기계적이음을 채택할 필요가 없다.
경제성	철근 지름	기둥에 비해 수평 휨부재에서는 철근 지름이 작으므로 겹침이음 대비 경제성 확보가 어려운 경우가 많다.
사용성	균열 발생 가능성 증가	수평 휨부재는 기둥에 비해 모멘트의 영향이 크기 때문에 사용하중 상태에서 인장력을 받는 철근이 많다. 이러한 철근에 기계적이음을 사용할 경우 사용하중 상태에서 균열 발생의 가능성이 높다. 특히 현행 설계기준에서는 응력이 작은 부위에서 철근을 잇는다는 전제로 강도요건만 규정하고 있다. 따라서 구조기준의 요구조건을 만족시키는 기계적이음도 사용하중 상태에서 균열을 유발할 수 있다.

수평 휨부재에 기계적이음을 적용할 필요가 있을 때는 표 2.21의 차이점을 검토할 필요가 있다. 기계적이음을 적용하는 부위는 겹침이음과 마찬가지로 사용하중 상태에서 응력이 낮거나 압축을 받는 곳(상부철근은 보 중앙, 하부철근은 보 단부)이어야 균열 발생을 억제할 수 있다. 또한 거푸집, 인접철근의 간섭을 고려하여 시공성에 대한 사전 검토가 필요하다.

5) 기계적이음 요구 성능

(1) 강도 규정

이음과 정착은 전체 구조물의 해석과 부재설계에서 고려하지 않는다. 즉 이음과 정착은 전체 구조물 및 부재의 거동에 영향을 주지 않는다는 가정으로 구조물 해석과 부재설계가 진행된다. 따라서 이음된 철근은 이음없는 철근과 유사한 또는 기준에서 요구하는 철근 성능을 만족시켜야 한다. ACI 318과 이를 참조하는 대부분의 구조기준은 강도설계법(strength design)을 채택하고 있기 때문에 극한상태에서 이음부가 철근의 설계기준 항복강도의 125%를 만족하도록 규정하고 있다. 이러한 성능 기준은 철근이음부는 응력이 낮은 곳 또는 압축응력이 작용하는 부위에 적용되기 때문에 사용하중 상태에서는 기계적이음에 의해 균열, 처짐과 같은 문제가 유발되지 않는다는 것을 전제로 규정되었다. 따라서 사용하중 상태에서 높은 인장응력이 작용되는 부위에 기계적이음을 적용할 경우 균열 발생 가능성이 높다.

(2) 잔류변형량과 강성 규정

일본 토목학회와 일본 건축센터 규정에서는 설계기준 항복강도의 95%까지 인장력을 가한 후 하중을 제거하여 설계기준 항복강도 2% 상태에서 잔류변형량을 0.3mm로 규정하고 있다. 또한 기계적이음된 철근의 강성을 이음 없는 일반 철근의 강성과 비교하여 등급을 설정한다. 나사식 기계적이음을 비롯하여 기계적 맞물림 작용에 의해 인장력이 전달되는 이음에서는 나사 가공 공차 또는 초기 기계적 맞물림 작용을 위해 필요한 상대변위 때문에 잔류 변형이 발생되거나 강성이 저하될 수 있다. 이 경우 구조물에 균열이 유발된다. 잔류 변형량과 강성 규정을 만족하는 기계적이음은 사용하중에서 높은 인장응력이 작용하는 부위에도 적용될 수 있다.

(3) 커플러의 형상과 길이

나사식 기계적이음의 커플러는 체결 방식에 따라 다양한 형상과 길이를 갖는다. 일반적인 나사식 기계적이음의 커플러는 나사 체결을 위해 육각형 등의 형태로 스패너 공구의 사용이 용이하도록 단면이 형성된다. 반면에 충전식, 용융금속식, 압착식 기계적이음 등에서는 외단면이 원형을 갖기도 한다.

커플러의 외단면이 원형인 경우 콘크리트와의 부착 저하를 우려하기도 한다. 그러나 ACI 318을 비롯한 콘크리트구조기준에서는 기계적이음된 구간의 부착력은 고려되지 않는다.

겹침이음과 기계적이음 모두 이음구간 양단에 작용되는 인장력은 동일하다고 가정하여 설계기준이 제정되었다. 즉 겹침이음길이 산정식은 주로 그림 2.7과 같이 순수 휨을 받는 구간에 겹침이음된 보 실험을 통해 개발되었다. 이음구간에 작용되는 모멘트는 일정하기 때문에 이음된 철근 양단에 작용되는 인장응력도 동일하다.

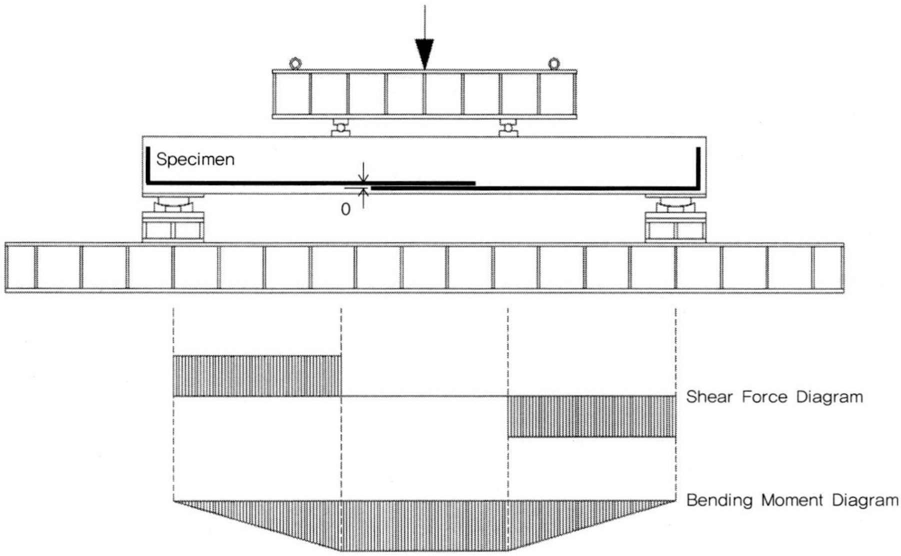

그림 2.7 겹침이음 실험방법 및 작용력

기계적이음도 겹침이음의 대체 이음방식이므로 그림 2.8과 같이 이음된 양쪽 철근에 작용되는 응력은 동일하다고 가정한다. 그러므로 커플러와 콘크리트 사이의 힘 전달은 필요하지 않다. 커플러 외부 표면의 형상은 기계적이음의 성능과 무관하다. 다만, 커플러 제조과정에서 기름을 비롯한 유해한 물질이 커플러 표면에 묻을 수 있고, 이러한 이물질은 철근 표면을 오염시킬 수 있으므로 현장반입 전에 세척과정이 필요하다.

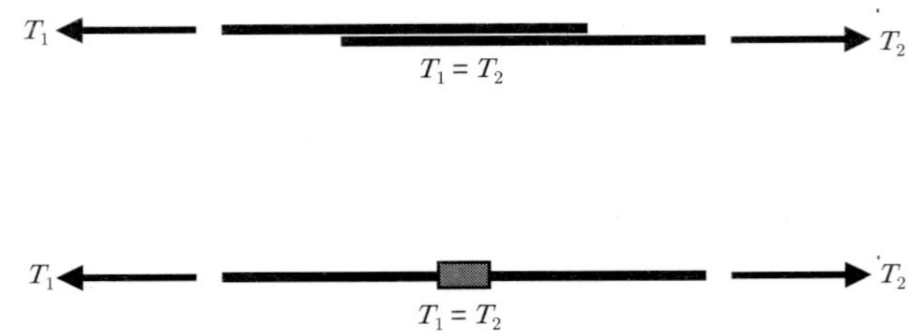

그림 2.8 이음된 양쪽 철근에 작용되는 응력

커플러 길이는 체결 방법에 따라 다양한데, 기준 및 시방서에서는 커플러 길이에 대한 특별한 제한은 없다.

(4) 선조립 커플러의 요구사항

개별 철근의 이음과 선조립 철근망의 이음에서 요구되는 성능의 차이는 없다. 나사식 기계적이음이 성능을 확보하기 위해서는 일정한 나사산이 체결되어야 하므로 실제 품질검사는 커플러 밖에 체결되지 않은 나사산 수를 확인해서 이루어진다. 그러나 개별 철근과 달리 선조립 철근망에서는 개별 철근의 길이방향 이동이 자유롭지 않기 때문에 필요한 체결길이를 확보하지 못할 수도 있다. 그림 2.9는 선조립 철근망의 기계적이음을 나타내고 있다.

A이음은 정상적인 이음으로 양쪽 철근의 나사산이 적절히 체결되며, 양쪽 철근의 마구리가 맞닿도록 토크를 가하면 나사 공차에 의한 초기 미끄러짐도 발생하지 않는다.

B이음은 양쪽 철근이 맞닿지 않아 한쪽 철근의 체결 나사산 수가 부족한 경우를 나타내고 있다. 이러한 이음은 ACI 318-14 및 콘크리트구조기준(2012)에서 요구하는 설계기준 항복강도의 125%를 발현할 수 없게 된다.

C이음은 양쪽 철근이 맞닿지 않더라도 커플러의 길이가 10mm 정도 길어 적절한 나사길이가 체결된 경우이다. 기준에서 요구하는 설계기준 항복강도의 125%를 발현하기 위해 필요한 나사산 수를 체결할 수 있다.

D이음은 C이음에 잠금너트(lock nut)를 추가한 이음이다. C이음은 구조기준에서 요구하는 강도조건은 만족하지만, 나사 공차에 의한 초기 미끄러짐이 발생할 수 있기 때문에 강성이 저하될 수 있고 잔류변형도 클 수 있다. 이런 경우 커플러를 위쪽 철근으로 최대한 올려서 위쪽 철근의 초기 미끄러짐을 억제하고, 아래쪽 철근에는 잠금너트를 체결하여 나사 공차에 의한 유격을 제거할 수 있다.

따라서 선조립 철근망에는 개별 철근의 기계적이음에 사용되는 커플러보다 10mm 정도 긴 커플러를 사용함으로써 강도 조건을 만족시키고, 잠금너트를 사용하여 강성과 잔류변형 성능을 추가로 확보할 수 있다.

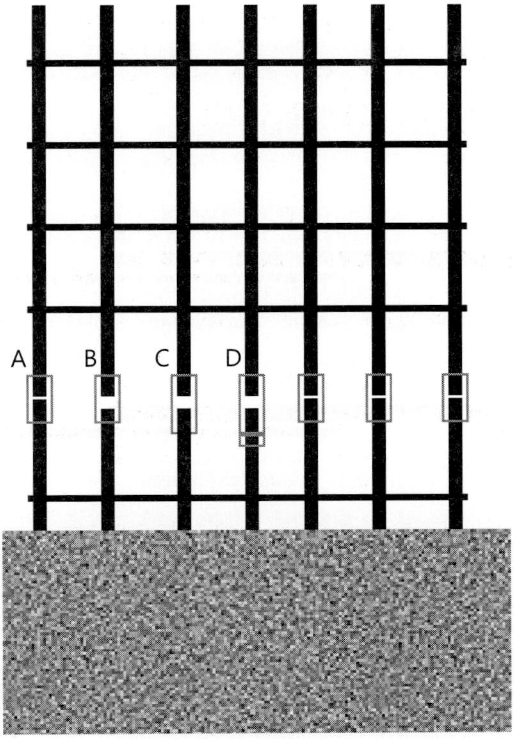

그림 2.9 선조립 철근망의 기계적이음

(5) 이형 커플러 사용 시 요구되는 성능

지름이 다른 철근의 기계적이음에 대한 구체적인 설계기준은 없다. 지름이 다른 철근을 겹침이음하는 경우 겹침이음길이는 큰 지름 철근의 정착길이와 작은 지름 철근의 이음길이 중 긴 길이로 산정한다. ACI 318-14의 25.5.2.2에 지름이 다른 철근의 이음에 대해 다음과 같이 규정하고 있다.

Code
25.5.2.2 If bars of different size are lap spliced in tension, l_{st} shall be the larger of l_d of the larger bar and l_{st} of the smaller bar.
Commentary
None.

지름이 다른 철근의 겹침이음에서 양쪽 철근에 작용되는 인장력이 다를 경우 큰 지름의 철근에 작용되는 인장력이 클 것이다. 양쪽 철근에 작용되는 인장력이 상이하므로 양쪽의 철근이 이어져 있지 않고 각각 정착되어 있다고 생각하면 큰 철근의 정착길이로 요구되는 인장력을 발현할 수 있다. 만일 양쪽 철근에 작용되는 인장력이 동일한 경우 최대 인장력은 지름이 작은 철근이 발현할 수 있는 최대 인장력이 된다. 따라서 작은 지름 철근의 이음길이만으로 철근에 작용되는 인장력을 전달할 수 있다.

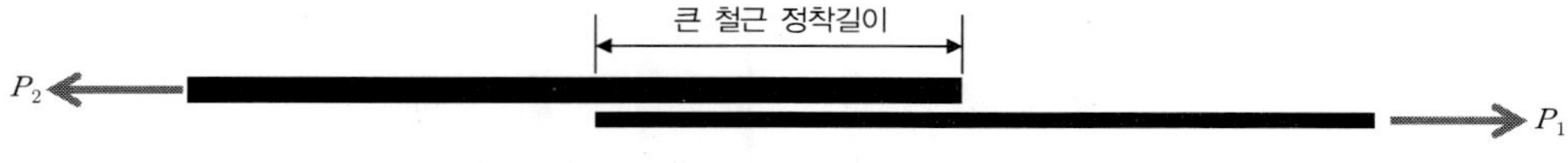

(a) 양쪽 철근에 작용되는 인장력이 다른 경우($P_1 \neq P_2$)

(b) 양쪽 철근에 작용되는 인장력이 같은 경우($P_1 = P_2$)

그림 2.10 지름이 다른 철근의 겹침이음길이

다른 지름 철근의 기계적이음에 대해서는 구체적인 기준이 없다. 기계적이음은 겹침이음에 비해 매우 짧은 구간에서 이음이 형성되므로 커플러 양쪽에 작용되는 인장력은 같다고 가정할 수 있다. 따라서 겹침이음과 마찬가지로 작은 지름 철근을 기준으로 이음한다. 기계적이음의 성능은 지름이 작은 철근의 설계기준 항복강도의 125%를 만족하면 된다.

그림 2.11 지름이 다른 철근의 기계적이음($P_1 = P_2$)

참/고/문/헌

1. 대한건축학회, 국토해양부 고시 건축구조기준 및 해설(KBC 2016), 기문당, 2016.
2. 한국교량 및 구조공학회, 교량설계핵실기술연구단, "도로교설계기준(한계상태설계법) 해설", 2015.
3. 한국도로교통협회, "도로교설계기준", 2010.
4. 한국콘크리트학회, "콘크리트구조설계 학회기준", 2017.
5. 천성철 · 이성호, "외부 보 기둥 접합부에 정착된 확대머리철근의 파괴유형과 강도", 대한건축학회논문집 구조계, 제25권 제5호(통권247호) 2009년 5월, pp.47-54.
6. ACI Committee 318, "Building code Requirements for Structural Concrete (ACI 318-11) and Commentary," American Concrete Institute, Farmington Hills, MI, 2011, p.503.
7. ACI Committee 318, "Building code Requirements for Structural Concrete (ACI 318-14) and Commentary," American Concrete Institute, Farmington Hills, MI, 2015, p.519.
8. CEN, "PrEN 1992-1-1. Eurocode 2 : Design of concrete structures-Part 1-1 : General rules and rules for buildings," 2004.
9. Japan Society of Civil Engineers (JSCE), "Standard Specifications for Concrete Structures-Design," 2007.
10. Chamberlin, S. J., "Spacing of Spliced Bars in Beams," ACI JOURNAL, Proceedings V. 54, No. 8, Feb 1958, pp. 689-698.
11. Chinn, James ; Ferguson, Phil M.; and Thompson, J. Neils, "Lapped Splices in Reinforced Concrete Beams," ACI JOURNAL, Proceedings V. 52, No. 2, Oct. 1955, pp. 201-214.
12. Chun, Sung Chul, Lee, Sung Ho, and Oh, Bohwan, "Compression Splices in Confined Concrete of 40 and 60MPa Compressive Strengths", ACI Structural Journal, Vol. 107, No. 4, July. August 2010, pp. 476-485.
13. Chun, Sung Chul, Lee, Sung Ho, and Oh, Bohwan, "Simplified Design Equation of Lap Splice Length in Compression", International Journal of Concrete Structures and Materials, V. 4, No. 1, June 2010, pp. 63-68.
14. Ferguson, Phil M., and Thompson, J. Neils, "Development Length of High Strength Reinforcing Bars in Bond," ACI JOURNAL, Proceedings V. 59, No. 7, July 1962, pp.887-922.
15. Ferguson, Phil M., and Thompson, J. Neils, "Development Length for Large High Strength Reinforcing Bars," ACI JOURNAL, Proceedings V. 62, No. 1, Jan. 1965, pp.71-94.

16. Ferguson, Phil M., and Breen, John E., "Lapped Splices for High Strength Reinforcing Bars," ACI JOURNAL, Proceedings V. 62, No. 9, Sept. 1965, pp.1063-1078
17. Ferguson, Phil M., and Krishnaswamy, C. N., "Tensile Lap Splices-Part 2 : Design Recommendations for Retaining Wall Splices and Large Bar Splices," Research Report No. 113-3, Center for Highway Research, The University of Texas at Austin, Apr. 1971.
18. Mathey, Robert G., and Watstein, David, "Investigation of Bond in Beam and Pull-Out Specimens with High-Yield-Strength Deformed Bars," ACI JOURNAL, Proceedings V. 57, No. 9, Mar. 1961, pp.1071-1090.
19. Orangun, C. O.; Jirsa, J. O.; and Breen, J. E., 1977, "A Reevaluation of Test Data on Development Length and Splices," ACI Journal Proceedings, V. 74, No. 3, Mar., pp.114-122.
20. 日本建築學會, 鐵筋コンクリート構造計算規準同解說, 2010, p.525.
21. 日本土木學會, コンクリートライブラリー128号 鐵筋定着・継手指針[2007年版].
22. 대한건축학회, "건축구조기준", 2016.
23. 대한전기협회, "전력산업기술기준. SN 원자력 구조, SNB 격납구조. 추록", 2012.
24. 대한전기협회, "전력산업기술기준. SN 원자력 구조, SNC 철근콘크리트구조", 2010.
25. 한국교량및구조공학회, "도로교설계기준(한계상태설계법) 해설", 2016 및 2018.
26. 한국도로교통협회, "도로교설계기준", 2010.
27. 한국콘크리트학회, "콘크리트구조설계기준", 2012.
28. 한국콘크리트학회, "콘크리트구조 학회기준 해설", 2017.
29. ACI Committee 318, "Building code Requirements for Structural Concrete (ACI 318-11) and Commentary," American Concrete Institute, Farmington Hills, MI, 2011, p.503.
30. ACI Committee 318, "Building code Requirements for Structural Concrete (ACI 318-14) and Commentary," American Concrete Institute, Farmington Hills, MI, 2015, p.519.
31. ACI Committee 349, Code Requirements for Nuclear Safety-Related Concrete Structures (ACI 349-13) and Commentary, American Concrete Institute, Farmington Hills, MI, 2014, p.196.
32. ACI 349-06 "Code Requirements for Nuclear Safety Related Concrete Structures" ACI, Farmington Hills, Mich., USA, 2006, p.153.
33. American Association of State Highway and Transportation Officials, AASHTO LRFD Bridge Design Specifications, 2012.
34. ASME Boiler & Pressure Vessel Code III Division 2 Code for Concrete Reactor Vessels and Containments, 2013 and 2019.
35. California Department of Transportation, "Standard Specifications for Construction of Local Streets and Roads," 2002, p.793.
36. CEB-FIP Model Code 2010 Vol. 1, 2010, p.292.

37. CEN, "PrEN 1992-1-1. Eurocode 2: Design of concrete structures-Part 1-1: General rules and rules for buildings," 2004.
38. CSA A23.3-94 Design of Concrete Structures, 1994 (2010 re-approval)
39. Japan Society of Civil Engineers(JSCE), "Standard Specifications for Concrete Structures-Design," 2007.
40. The Institution of Structural Engineers, "Standard Method of Detailing Structural Concrete-A manual for best practice," 2006, p.188.
41. 日本建築學會, 鐵筋コンクリート構造計算規準同解說, 2010, p.525.
42. 日本土木學會, コンクリートライブラリー128号 鐵筋定着・継手指針[2007年版].

3장 철근정착 기준 비교 분석

3.1 갈고리정착

3.1.1 갈고리 철근의 파괴 특성

철근 단부에 표준갈고리를 형성하는 갈고리 철근은 직선 정착된 철근정착길이의 약 40%에 해당하는 매우 짧은 정착길이로 철근의 설계기준 항복강도를 발현할 수 있다. 갈고리 굽힘부 내면에 작용되는 지압에 의해 정착성능이 크게 향상되며, 정착길이의 부착에만 의존하는 직선철근에 비해 정착성능이 매우 우수하다.

정착부의 파괴는 적용되는 부위에 따라 작용하는 응력이 상이하기 때문에 다양한 형태로 구분할 수 있다. 갈고리 철근은 직선정착을 하기에는 부재의 치수가 작은 곳에 사용되기 때문에 대표적인 적용 부위는 외부 보-기둥 접합부가 된다. 2.1절에서 설명한 겹침이음에서는 쪼갬파괴가 주된 파괴유형이지만 외부 보-기둥 접합부에서는 상하 기둥에 의해 쪼갬파괴가 발생할 수 없다. 따라서 외부 보-기둥 접합부에 정착된 갈고리 철근에서는 측면파열파괴가 발생한다. 측면파열파괴는 측면에 자유면이 있을 때, 즉 직교하는 보가 없을 때 갈고리에 의한 국부적인 지압에 의해 인장력이 작용하는 방향과 직각인 자유면의 피복이 탈락되는 현상이다. 그림 3.1은 콘크리트용 앵커에서 발생된 측면파열파괴를 보여주고 있다. 국부 지압에 의해 형성되는 쐐기효과(wedge effect)에 의해 인장력이 작용되는 방향의 직각방향으로 작용되는 분력과 정착판 전면의 포아송비 효과에 의해 정착판 측면의 자유면 콘크리트 피복이 탈락되는 현상이다.

그림 3.1 앵커의 측면파열파괴(Furche and Eligehausen, 1991)

3.1.4절에서 설명한 설계기준 중 ACI 318의 갈고리 철근정착길이 설계식은 1975년 ACI 논문에 발표된 Jose L. G. Marques와 James O. Jirsa의 "A Study of Hooked Bar Anchorages in Beam-Column Joints" (Marques and Jirsa, 1975) 연구결과를 바탕으로 제정되었다. Marques and Jirsa의 22개 실험결과에 근거하여 현행 설계기준이 제정되었다.

그림 3.2는 갈고리 정착실험의 가력장치도와 정착 상세를 보여주고 있다. 외부 보-기둥 접합부에서 보 주철근이 갈고리 철근으로 정착된 상세이다. 보 콘크리트를 타설하지 않고, 보 주철근에 직접 인장력을 가하여 실험하였다. 보 콘크리트를 타설하면 휨모멘트를 통해 철근에 인장력이 작용해야 하는데, 이 경우 다음의 문제점이 발생한다.

(a) 보의 전단파괴 방지를 위해 보를 충분히 길게 해야 한다.

(b) 보 주철근에 작용하는 인장력을 평가하기 위해 작용된 휨모멘트를 이용하여 단면해석을 수행해야 한다. 이 경우 콘크리트의 응력-변형률 모델에 따라 보에 작용되는 인장력이 다르게 평가될 수 있다. 스트레인 게이지를 부착하여 철근에 작용된 응력을 평가하는 경우 균열 여부에 따라 변형률값이 크게 변동하기 때문에 신뢰성이 저하된다.

(c) 실험체 제작비가 증가한다.

(d) 가력 장치도가 복잡해진다.

이상의 이유로 갈고리 철근의 정착강도 평가는 Marques and Jirsa 논문 이후 대부분의 연구(한국콘크리트학회, 2010)에서 그림 3.2의 방법이 사용되고 있다. 외부 보-기둥 접합부에 적용된 확대머리철근의 정착강도 평가(DeVries, 1996; 천성철, 최철민, 이병수, 2013)에서도 이 방법이 사용되었다.

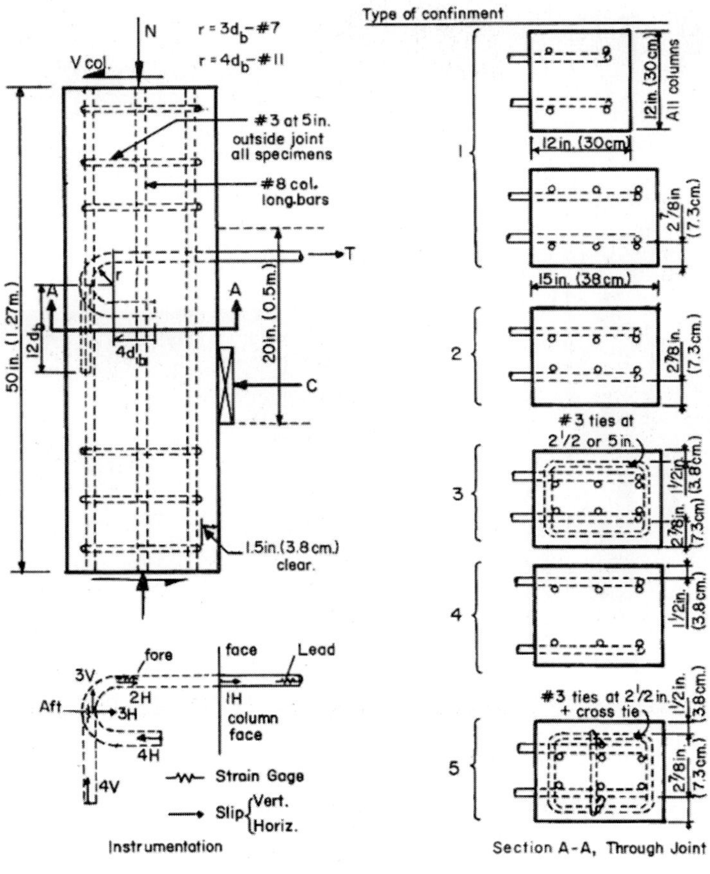

그림 3.2 Marques and Jirsa의 갈고리 철근정착 실험 가력장치도와 실험체 단면

Marques and Jirsa의 실험에서는 정착길이, 측면 피복두께, 접합부 횡보강철근의 유무, 기둥 주철근의 유무 등을 변수로 설정하였다.

그림 3.3은 실험결과에 의한 파괴양상을 보여주고 있다. 모두 측면파열파괴가 발생되었으며, 갈고리의 굽힘부에서 유발된 국부적인 지압응력에 의해 측면피복 콘크리트가 탈락되었다.

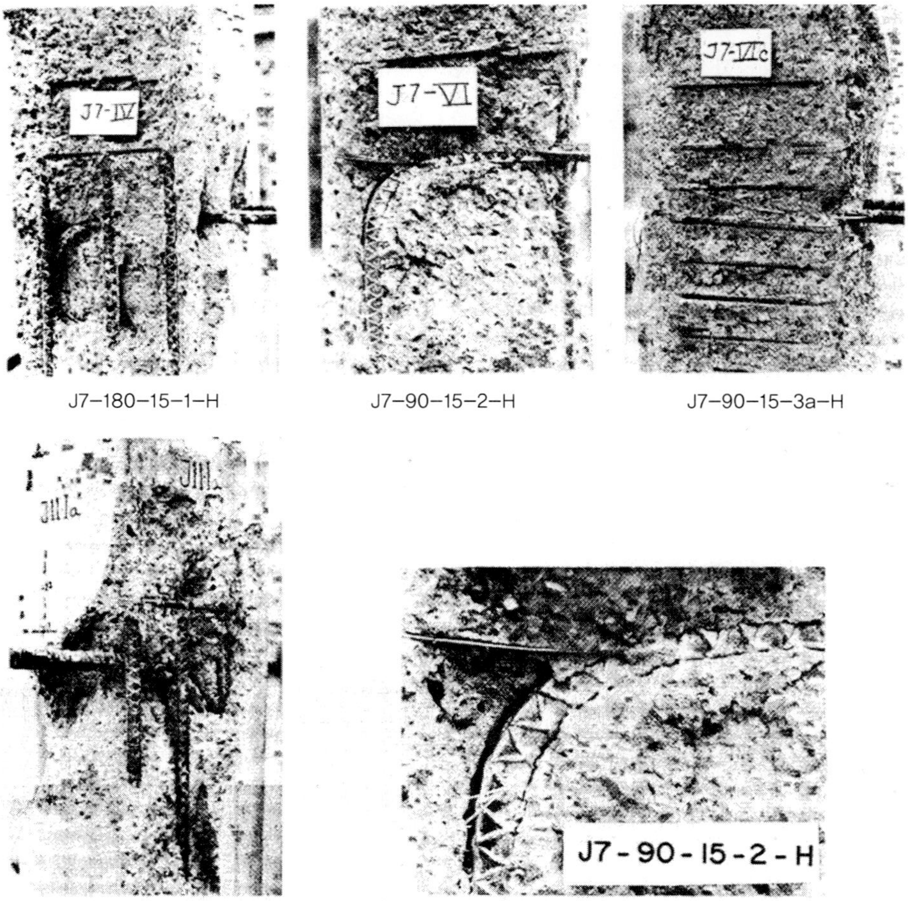

J7–180–15–1–H　　J7–90–15–2–H　　J7–90–15–3a–H

JⅡ–90–15–1–H　　Silp and crushing at bend

그림 3.3　Marques and Jirsa의 갈고리 철근정착 실험 파괴 양상

실험결과 도출된 실험변수별 특징은 다음과 같다.

(a) 측면피복두께 : 가장 중요한 변수로 측면파열파괴 강도에 직접 기여한다.

(b) 정착길이 : 측면파열파괴면을 증가시키는 요인이며, 측면피복두께 다음으로 중요한 영향을 미친다.

(c) 횡보강철근 : 측면파열파괴를 구속하여 내력을 증진시키지만, 측면피복두께와 정착길이에 비해 영향은 크지 않다. 그러나 횡보강철근이 작은 경우 정착파괴 전에 접합부 전단파괴가 발생될 수 있기 때문에 접합부 전단파괴를 방지할 수준의 횡보강철근을 배근해야 한다.

(d) 철근 수평 순간격 : 파괴면과 무관하기 때문에 영향이 없다.

(e) 철근 수직 순간격 : 보 주철근이 2단 이상으로 배치된 경우에도 측면파열파괴강도는 일정하기 때문에 보 주철근의 정착강도는 단수에 반비례하여 감소한다.

(f) 기둥 주철근 : 횡보강철근과 함께 측면피복 콘크리트의 탈락을 방지하면 큰 영향은 주지 않는다.

외부 보-기둥 접합부에 정착된 갈고리 철근의 정착강도가 매우 높은 것은 갈고리의 존재와 더불어 접합부의 응력상태가 중요한 영향을 미친다. 그림 3.4는 외부 보-기둥 접합부의 응력흐름을 보여주고 있다. 보와 기둥에 발생된 모멘트에 의해 접합부에는 대각선 압축 스트럿(strut)이 발생되며, 이 압축 스트럿에 의해 접합부의 전단강도가 향상된다. 갈고리 굽힘부에는 압축 스트럿에 의한 압축력, 보 주철근에 작용하는 인장력, 상부 기둥에서 작용하는 압축력이 모이게 되며, 이 조건을 CCT(compression-compression-tension) 절점이라 한다.

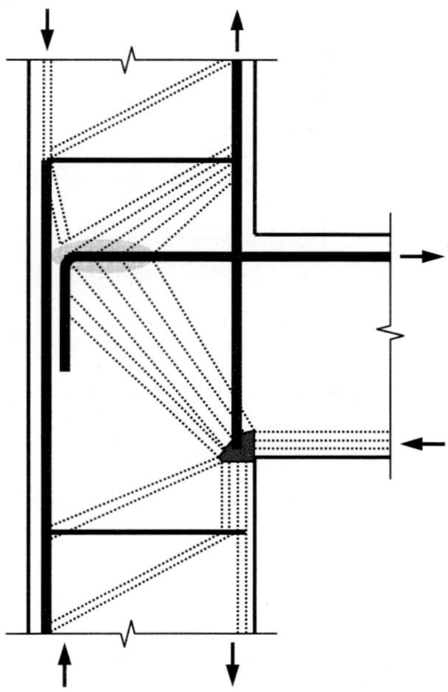

그림 3.4 갈고리 철근이 정착된 외부 보-기둥 접합부의 응력상태

갈고리 철근으로 정착된 보 주철근은 접합부가 파괴되기 전까지는 측면파열파괴 외에는 파괴가 발생하지 않는다. 이러한 응력조건은 2.1절에서 설명한 겹침이음의 거동과 상이하다. 갈고리 철근의 직선구간에서 발현되는 부착강도 또한 직선철근의 부착강도보다 매우

높아진다. 따라서 갈고리 철근의 정착설계는 적용 부위에 따라 달라져야 하는데, 현행 설계기준에서는 외부 보-기둥 접합부 또는 벽-슬래브 접합부와 같이 CCT 절점 조건이 형성되는 부위에 적용되는 것을 가정하고 정착길이 설계식이 구성되어 있다.

현행 설계기준은 Marques and Jirsa의 22개 실험결과를 바탕으로 1989년 개정 이후, 현재까지 큰 개정 없이 사용되고 있다. 최근 Kansas대학을 중심으로 고강도 철근 및 고강도 콘크리트에 대한 갈고리 철근정착 성능에 대한 연구가 진행중에 있다.

3.1.2 갈고리 철근 적용 시 고려사항

갈고리 철근은 매우 오랜 기간 안전하게 사용되어 왔다. 직선 정착길이에 비해 약 40%의 짧은 정착길이로 철근의 설계기준 항복강도를 발현시킬 수 있기 때문에 보-기둥 접합부, 벽-슬래브 접합부, 캔틸레버 단부를 비롯하여 다양한 곳에 적용되어 왔다. 3.1.1절에서 설명한 것처럼 갈고리 철근정착길이는 측면파열파괴를 바탕으로 개발되었다. 따라서 측면파열파괴 이외의 파괴가 발생되는 경우에는 예상되는 정착강도를 발현하지 못할 수도 있다.

1) 철골철근콘크리트 기둥과 철근콘크리트 보의 접합부–H형강 약축방향 접합

측면파열파괴 외에 파괴가 발생되는 대표적인 사례가 철골철근콘크리트 기둥과 철근콘크리트 보의 접합부에서 보 주철근의 정착으로 갈고리 철근을 사용하는 경우이다. 그림 3.5는 H형강이 내부에 있는 철골철근콘크리트 기둥에서 H형강 약축방향으로 보 주철근이 갈고리 정착되어 있다. 위험단면인 기둥면으로부터 설계기준에서 요구하는 정착길이를 충분히 확보한 경우에 일반 기술자들은 보 주철근이 설계기준 항복강도를 발현할 것으로 기대한다. 그러나 보 주철근에 인장력이 작용하면 그림 3.5와 같이 기둥에서 H형강과 콘크

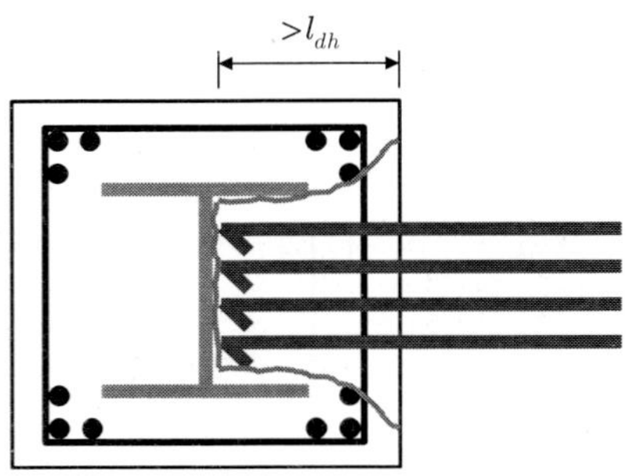

그림 3.5 철골철근콘크리트 기둥의 H형강 약축방향으로 정착된 갈고리 철근의 거동

리트가 분리되면서 파괴된다. 이러한 파괴양상은 갈고리 철근의 정착파괴와 무관하며 철골철근콘크리트의 합성설계에서도 고려되지 않는다. H형강과 콘크리트면은 계면 부착력만 존재하고, 접합부의 횡보강철근에 의해 약간의 저항력이 존재하지만 매우 낮은 하중에서 파괴된다.

그림 3.6은 이러한 접합부를 모사한 실험에서 파괴된 모습을 보여주고 있다. 보의 휨균열이 일부 발생되는 수준의 낮은 하중에서 접합부가 파괴되었다.

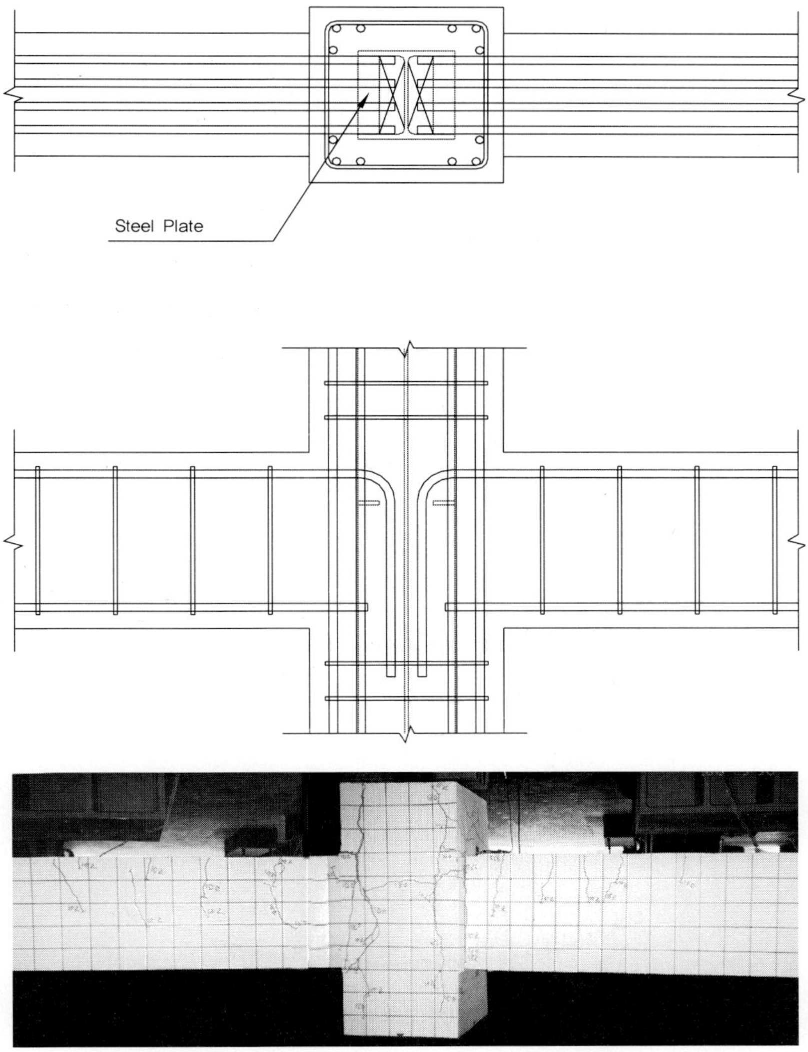

그림 3.6 철골철근콘크리트 기둥과 철근콘크리트 보 접합부의 거동
(H형강 약축방향 접합부, Ju et al., 2005)

2) 갈고리 철근 겹침이음

최근 고강도 철근의 사용으로 겹침이음길이가 매우 길어지고 있다. 또한 빠른 시공을 위한 프리캐스트 콘크리트구조도 다양한 형태로 발전하고 있다. 고강도 철근의 겹침이음길이 축소와 프리캐스트 패널 사이 접합을 위해 갈고리 철근 겹침이음이 고려되기도 한다.

그림 3.7은 갈고리 철근 겹침이음 시 파괴 유형을 보여주고 있다. 3.1.1절에서 설명한 측면파열파괴가 아닌 하부 피복이 탈락되는 쪼갬파괴가 발생한다. 따라서 설계기준의 정착강도가 발현될 수 없으며, 갈고리 효과는 크게 저하된다. 특히 갈고리 연장부가 중립축 아래 인장측에만 있을 경우(그림 3.7(a)), 휨균열 발생 후 갈고리의 역할은 크게 저하되어 하부 피복콘크리트 탈락을 방지하는데 아무런 기능을 하지 못한다. 이음된 철근이 휨변형에 의한 프라잉 거동(prying action)을 억제하지 못하기 때문에 하부 피복콘크리트가 탈락하게 된다.

그림 3.7(b)와 같이 갈고리 연장부가 중립축을 넘어 압축측에 있는 경우에는 이음된 철근의 휨변형에 의한 프라잉 거동을 억제할 수 있다. 따라서 그림 3.7(a)보다는 매우 향상된 이음강도를 발현할 수 있다. 현행 설계기준에서는 갈고리 철근을 이용한 겹침이음을 허용하지 않고 있다. 다만, 프리캐스트 패널 사이의 접합에 사용되는 루프(loop) 철근은 이러한 거동 특성이 반영되어 직선 철근에 비해 매우 짧은 구간에서 이음이 가능하다.

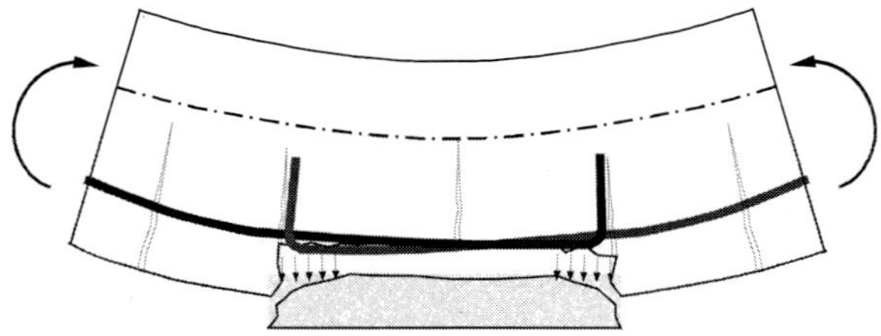

(a) 갈고리 연장부가 인장측에 있는 경우

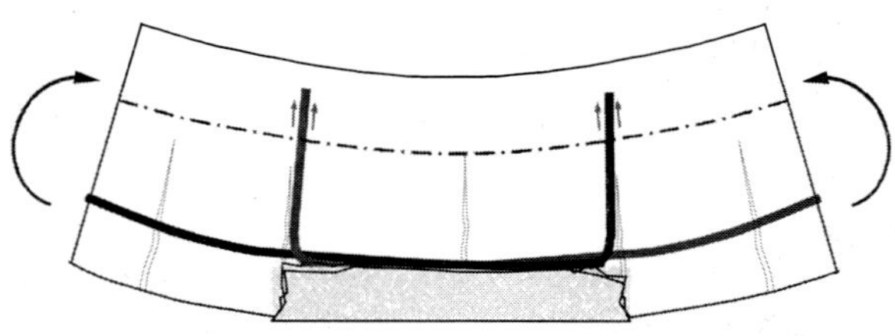

(b) 갈고리 연장부가 압축측에 있는 경우

그림 3.7 갈고리 철근의 이용한 겹침이음

3.1.3 갈고리 철근 국내 설계기준

1) 콘크리트구조 학회기준(2017)

콘크리트구조 학회기준의 갈고리 철근 규정은 ACI 318-08을 참고하였다. ACI 318-08에서는 콘크리트구조 학회기준과 같이 기본정착길이에 별도로 보정계수를 규정하고 있는 반면, ACI 318-14에서는 콘크리트구조 학회기준의 기본정착길이 식에 보정계수가 포함되어 있다. ACI 318-08과 ACI 318-14의 갈고리 철근 규정은 표현의 차이일 뿐, 두 가지 설계기준으로 산출한 정착길이는 동일하다. ACI 318 설계기준에 대해 상세한 설명은 3.1.4절 1)을 참고하고, 본 절에서는 ACI 318-08과의 차이점에 대해서만 설명한다.

(1) 적용 범위

ACI 318에서는 550MPa까지만 허용되고 있으나 콘크리트구조 학회기준 갈고리 철근의 강종은 SD600(설계기준 항복강도 600MPa)까지 적용이 가능하다. 지름은 KS D 3504에서 규정하는 최대 지름 57mm까지 사용 가능하다.

(2) SD600 특별 규정

2012년 콘크리트구조기준부터 허용된 SD600을 사용할 경우 횡보강철근 배근에 의한 보정계수 0.8을 적용할 수 없도록 규정하고 있다. 이는 SD600 갈고리 철근에 대한 연구(한국콘크리트학회, 2010)가 매우 제한적이며, 갈고리 철근정착길이에 대한 횡보강철근 효과 검증이 충분하지 않기 때문이다.

(3) 상세 치수

다음 두 가지 상세 치수는 ACI 318과 상이하다.

(a) 8.2.5(3)①의 피복두께에 따른 보정계수에서 갈고리 평면에 수직방향인 측면 피복두께를 70mm 이상으로 규정하고 있으나 ACI 318M-14에서는 65mm로 규정하고 있다. 이는 ACI 318에서 $2\frac{1}{2}$ in. ACI 318M에서 65mm로 규정된 것에 대해, 1999년 토목-건축 통합 콘크리트구조설계기준이 제정될 때보다 안전측으로 70mm를 사용했기 때문이다.

(b) 8.2.5(5)에서 횡보강철근을 추가해야 하는 피복의 하한값으로 70mm를 규정하고 있으나 ACI 318M-14에서는 65mm로 규정하고 있다. 위와 동일한 이유로 콘크리트구조기준에서는 70mm를 사용하고 있다.

기준

8.2.5 표준갈고리를 갖는 인장 이형철근의 정착

(1) 단부에 표준갈고리가 있는 인장 이형철근의 정착길이 l_{dh}는 다음 (2)의 기본정착길이 l_{hb}에 다음 (3)의 적용 가능한 모든 보정계수를 곱하여 구한다. 다만, 이렇게 구한 정착길이 l_{dh}는 항상 $8d_b$ 이상 또한 150mm 이상이어야 한다.

(2) 기본정착길이 l_{hb}는 다음 식 (8.2.4)에 의해 구할 수 있다. β는 에폭시 도막 혹은 아연-에폭시 이중 도막 철근의 경우 1.2, 아연도금 또는 도막되지 않은 철근의 경우 1.0이며, λ는 3.4.4에 따라 구한다.

$$l_{hb} = \frac{0.24\beta d_b f_y}{\lambda\sqrt{f_{ck}}} \qquad (8.2.4)$$

(3) 표준갈고리를 갖는 인장 이형철근의 기본정착길이 l_{hb}에 대한 보정계수는 다음과 같다.

① D35 이하 철근에서 갈고리 평면에 수직방향인 측면 피복두께가 70mm 이상이며, 90° 갈고리에 대해서는 갈고리를 넘어선 부분의 철근 피복두께가 50mm 이상인 경우 ………… 0.7

② D35 이하 90° 갈고리 철근에서 정착길이 l_{dh} 구간을 $3d_b$ 이하 간격으로 띠철근 또는 스터럽이 정착되는 철근을 수직으로 둘러싼 경우 또는 갈고리 끝 연장부와 구부림부의 전 구간을 $3d_b$ 이하 간격으로 띠철근 또는 스터럽이 정착되는 철근을 평행하게 둘러싼 경우 ………… 0.8

③ D35 이하 180° 갈고리 철근에서 정착길이 l_{dh} 구간을 $3d_b$ 이하 간격으로 띠철근 또는 스터럽이 정착되는 철근을 수직으로 둘러싼 경우 ………… 0.8

④ 전체 f_y를 발휘하도록 정착을 특별히 요구하지 않는 단면에서 휨철근이 소요철근량 이상 배치된 경우 ………… $\left(\frac{\text{소요}A_s}{\text{배근}A_s}\right)$

다만, ②, ③에서 첫 번째 띠철근 또는 스터럽은 갈고리 구부러진 부분 바깥면부터 $2d_b$ 이내에서 갈고리의 구부러진 부분을 둘러싸야 한다.

(4) 갈고리는 압축을 받는 경우 철근정착에 유효하지 않은 것으로 보아야 한다.

(5) 부재의 불연속단에서 갈고리 철근의 양 측면과 상부 또는 하부의 피복두께가 70mm 미만으로 표준갈고리에 의해 정착되는 경우에 전 정착길이 l_{dh} 구간에 $3d_b$ 이하 간격으로 띠철근이나 스터럽으로 갈고리 철근을 둘러싸야 한다. 이때 첫 번째 띠철근 또는

스터럽은 갈고리의 구부러진 부분 바깥면부터 $2d_b$ 이내에서 갈고리의 구부러진 부분을 둘러싸야 한다. 이때 (3)②와 ③의 보정계수 0.8을 적용할 수 없다.

(6) 설계기준 항복강도가 550MPa을 초과하는 철근을 사용하는 경우에는 (3)②와 ③의 보정계수 0.8을 적용할 수 없다.

해설

8.2.5 표준갈고리를 갖는 인장 이형철근의 정착

갈고리 철근의 파괴에 대한 연구 결과 갈고리면에서 콘크리트 피복의 쪼개짐이 파괴의 주요인이 되고, 이 쪼개짐은 국부응력집중현상이 매우 큰 갈고리 안쪽면에서 시작된다는 것을 알 수 있었다. 따라서 갈고리의 정착은 갈고리 내면의 압축응력 크기를 지배하는 철근지름 d_b와 직접적인 함수관계가 있다. 표준갈고리 철근에만 적용되며, 이 갈고리의 내면 반지름보다 더 큰 갈고리 철근은 이 절의 규정으로 평가할 수 없다. 또한 다발철근도 이 절의 규정으로 평가할 수 없다.

갈고리 철근의 정착 규정에서는 해설 그림 8.2.5.1과 같이 갈고리 철근 묻힘길이로 규정하고 있다. 정착길이 l_{dh}는 위험단면부터 갈고리의 외측단까지 길이로 나타낸다.

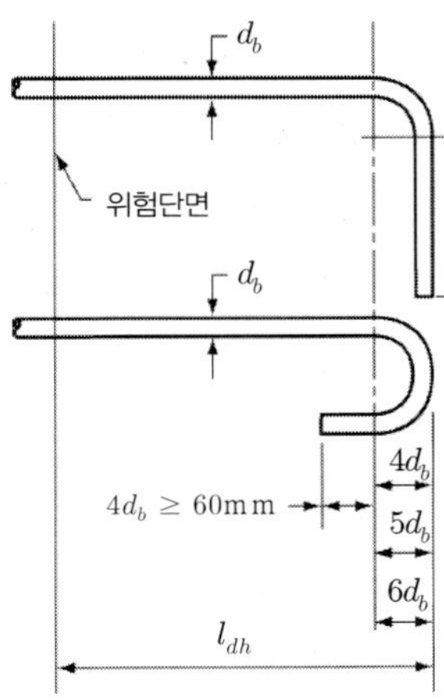

해설 그림 8.2.5.1 표준갈고리의 정착을 위한 갈고리 철근 상세

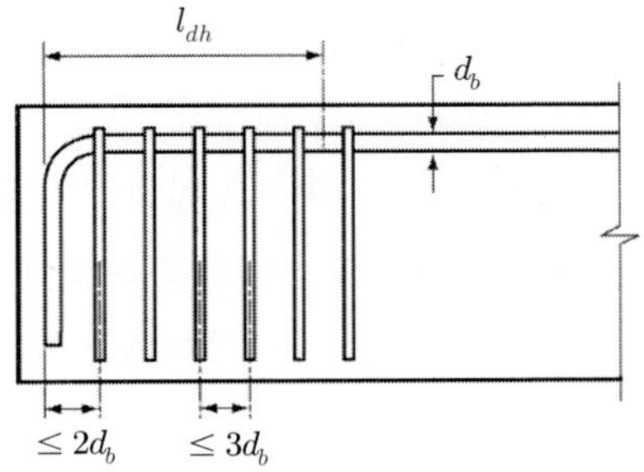

해설 그림 8.2.5.2 정착길이 l_{dh} 구간을 띠철근 또는 스터럽을 정착된 철근에 수직으로 둘러싼 경우

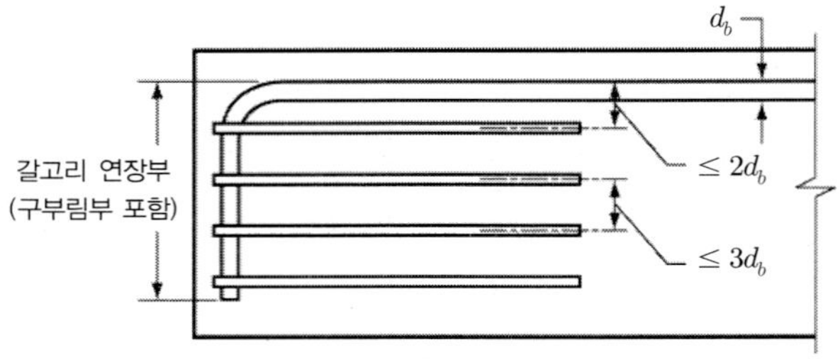

해설 그림 8.2.5.3 갈고리 연장부를 띠철근 또는 스터럽을 정착된 철근에 평행으로 둘러싼 경우

최근의 시험결과 갈고리 철근의 굽힘 부분 또는 이에 근접된 구역에 좁은 간격으로 배치된 띠철근은 갈고리 철근을 구속하는 데 가장 효과적이지만 시공상 이러한 방법이 항상 사용될 수는 없다. (3)③에 규정된 보정계수를 적용할 수 있는 경우를 해설 그림 8.2.5.2와 8.2.5.3에 도시하고 있다. 해설 그림 8.2.5.2는 갈고리 철근에 수직으로 띠철근 또는 스터럽을 정착길이 l_{dh} 전 구간에 배치하는 방법과 이들의 간격을 도시하고 있으며 해설 그림 8.2.5.3은 갈고리 철근의 구부림부와 연장부 전 구간에 띠철근 또는 스터럽의 배치를 도시하고 있다. 보 기둥 접합부에서는 해설 그림 8.2.5.3에 도시된 방법이 전형적인 형태이다.

정착길이 l_{dh}는 (2)의 기본정착길이 l_{hb}와 (3)의 적용 가능한 보정계수를 곱하여 구한다. 쪼개짐을 효과적으로 방지하기 위해 측면 피복을 두껍게 하고 띠철근을 배치하면, (3)②와 ③의 두 보정계수를 적용할 수 있으므로 $l_{dh} = l_{hb} \times 0.7 \times 0.8$로 쓸 수 있다. 같은 조건에서 경량콘크리트에 대해 정착인 경우에는 추가로 보정계수 1.3을 곱하여 $l_{dh} = l_{hb} \times 0.7 \times 0.8 \times 1.3$으로 정착길이를 구한다.

보정계수는 철근의 설계기준 항복강도, 초과철근, 경량콘크리트, 콘크리트와 횡방향 띠철근 또는 스터럽의 횡구속에 의한 쪼갬저항을 반영하고 있다.

초과철근에 대한 계수는 f_y가 완전히 발휘되도록 특별히 정착을 요구하지 않는 경우에만 적용한다. 경량콘크리트에 대한 계수는 사용된 경량골재의 양에 따라 정착길이가 18%에서 33%까지 증가되는 것에 의해 선택된 값이다. 직선철근의 정착과 달리 갈고리 철근은 상부철근과 일반철근 사이에 차이를 두지 않는다. 이는 어떤 경우에는 갈고리 철근에서 상부철근의 평가가 어렵기 때문이다. l_{dh}의 최소 값은 갈고리가 위험단면에 매우 가까이 위치하는 경우 뽑힘에 의한 파괴를 방지하기 위하여 규정한 것이다.

최근의 실험결과 철근이 에폭시 도막된 경우 감소된 부착능력을 보완하기 위하여 갈고리 철근의 정착길이를 20% 증가시켜야 하는 것을 알 수 있었다.

(4) 압축력이 작용하는 경우 갈고리는 효과적이지 못하므로 정착으로 사용할 수 없다.

(5) 갈고리 철근의 양 측면 피복(갈고리면에 직각) 및 상·하 피복(갈고리면)이 작은 경우 갈고리 철근은 콘크리트의 쪼갬파괴를 일으키기 쉽다. 해설 그림 8.2.5.4에 도시된 피복두께보다 작은 피복두께를 갖는 갈고리에 의해 철근의 강도를 전부 발휘하려면 콘크리트에 의한 최소의 구속과 띠철근이나 스터럽에 의한 구속이 필수적이다. 갈고리의 구속을 위해 띠철근 또는 스터럽을 필요로 하는 전형적인 경우는 단순 받침보의 단부나 캔틸레버보의 자유단 및 부재가 접합부를 지나 연장되어 있지 않는 접합부에서 골조를 이루는 부재의 단부이다. 그러나 계산된 철근응력이 철근의 정착을 위해 갈고리를 필요로 하지 않을 만큼 작다면 띠철근이나 스터럽은 필요로 하지 않는다. 또한 갈고리면과 직각인 양 면으로 연속된 슬래브에 의해 구속을 받는 슬래브의 불연속단에는 갈고리 철근인 경우 (5)의 규정을 적용하지 않는다.

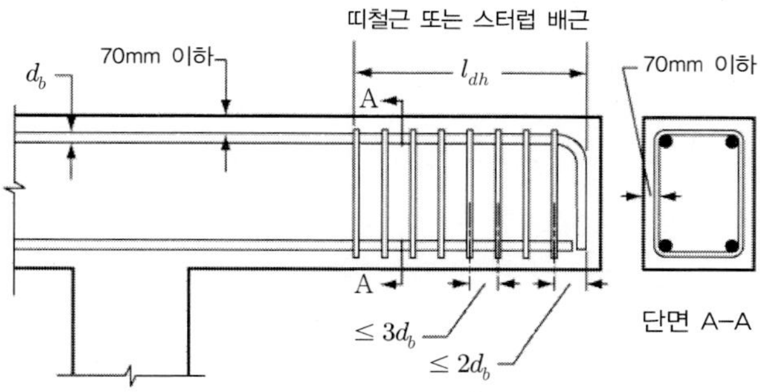

해설 그림 8.2.5.4 8.2.5(5)에 규정한 피복두께

(6) 철근의 설계기준 항복강도가 커질수록 갈고리 안쪽면의 국부집중응력 또한 커지므로 조기에 정착파괴가 발생할 수 있다. 설계기준 항복강도가 600MPa인 철근에 대한 연구결과 8.2.5(3)③에 규정된 띠철근을 배치하고 0.8의 계수를 적용할 경우 조기에 정착파괴가 발생하여 안전측이 아니었다(한국콘크리트학회, 2010). 따라서 설계기준 항복강도가 550MPa을 초과하는 철근에 대해서는 0.8의 계수를 적용하지 않도록 규정하였다.

2) 건축구조기준(KBC 2016)

콘크리트구조 학회기준(2017)과 기본적으로 동일하다.

기준
0508.2.5 표준갈고리를 갖는 인장 이형철근의 정착 0508.2.5.1 정착길이 단부에 표준갈고리가 있는 인장 이형철근의 정착길이 l_{db}는 0508. 2.5.2의 기본정착길이 l_{hb}에 0508.2.5.3의 적용 가능한 모든 보정계수를 곱하여 구하여야 한다. 다만, 이렇게 구한 l_{dh}는 항상 $8d_b$ 이상 또한 150mm 이상이어야 한다. 0508.2.5.2 기본정착길이 기본정착길이 l_{hb}는 식 (0508.2.4)에 의해 구할 수 있다. β와 λ는 0508.2.2(2)에 따라 구한다. $l_{hb} = \dfrac{0.24\beta d_b f_y}{\lambda\sqrt{f_{ck}}}$ (0508.2.4.) 0508.2.5.3 보정계수 표준갈고리를 갖는 인장 이형철근의 기본정착길이 l_{hb}에 대한 보정계수는 다음과 같다. (1) 콘크리트 피복두께 D35 이하 철근에서 갈고리 평면에 수직방향인 측면 피복두께가 70mm 이상이며, 90° 갈고리에 대해서는 갈고리를 넘어선 부분의 철근 피복두께가 50mm 이상인 경우 ········ 0.7 (2) 띠철근 또는 스터럽 ① D35 이하 90° 갈고리 철근에서 정착길이 l_{dh} 구간을 $3d_b$ 이하 간격으로 띠철근 또는 스터럽이 정착되는 철근을 수직으로 둘러싼 경우 또는 갈고리 끝 연장부와 구부림부의 전 구간을 $3d_b$ 이하 간격으로 띠철근 또는 스터럽이 정착되는 철근을 평행하게 둘러싼 경우 ········ 0.8 ② D35 이하 180° 갈고리에서 정착길이 l_{dh} 구간을 $3d_b$ 이하 간격으로 띠철근 또는 스터럽이 정착되는 철근을 수직으로 둘러싼 경우 ········ 0.8

(3) 배치된 철근량이 소요철근량을 초과하는 경우

전체 f_y 를 발휘하도록 정착을 특별히 요구하지 않는 단면에서 휨철근이 소요철근량 이상 배치된 경우 .... $\left(\frac{\text{소요 } A_s}{\text{배치 } A_s}\right)$

다만, (2)의 ①, ②에서 첫 번째 띠철근 또는 스터럽은 갈고리의 구부러진 부분 바깥면으로부터 $2d_b$ 이내에서 갈고리의 구부러진 부분을 둘러싸야 한다.

0508.2.5.4 갈고리

갈고리는 압축을 받는 경우 철근정착에 유효하지 않은 것으로 보아야 한다.

0508.2.5.5 표준갈고리에 의한 정착

부재의 불연속단에서 갈고리 철근의 양측면과 상부(또는 하부)의 피복두께가 70mm 미만으로 표준갈고리에 의해 정착되는 경우 전 정착길이 l_{dh} 구간에 $3d_b$ 이하 간격으로 띠철근이나 스터럽으로 갈고리 철근을 둘러싸야 한다. 이때 첫 번째 띠철근 또는 스터럽은 갈고리의 구부러진 부분 바깥면으로부터 $2d_b$ 이내에서 갈고리의 구부러진 부분을 둘러싸야 한다. 이때 0508.2.5.3(3)의 보정계수 0.8을 적용하지 않아야 한다.

0508.2.5.6 고강도 철근의 보정계수 제한

설계기준항복강도가 550MPa을 초과하는 철근을 사용하는 경우에는 0508.2.5.3(2)의 보정계수 0.8을 적용할 수 없다.

해설

없음.

3) 도로교설계기준(2010)

도로교설계기준(2010)에서는 철근콘크리트 부재 각 단면의 철근에 작용하는 인장력 또는 압축력이 단면의 양측에서 발휘될 수 있도록 묻힘길이, 갈고리, 기계적 정착 또는 이들의 조합에 의하여 철근을 정착하여야 한다고 규정하고 있다. 도로교설계기준(2010)의 철근정착 관련 규정을 요약하면 표 3.1과 같다.

표 3.1 도로교설계기준(2010)의 철근정착 규정 요약

	갈고리 정착	기계적 정착
인장	4.3.14 인장을 받는 표준갈고리의 정착	4.3.16 기계적 정착
압축	4.3.14.4(1) 갈고리는 압축을 받는 구역에서 철근정착에 유효하지 않다.	4.3.16 기계적 정착

도로교설계기준(2010)의 표준갈고리를 갖는 인장 이형철근의 정착에 관한 규정은 현행 콘크리트구조 학회기준(2017) 개정 전에 사용되던 콘크리트구조설계기준(2007)과 동일하다. 콘크리트구조 학회기준(2017)과 달리 도로교설계기준(2010)의 기본정착길이 l_{hb} 산정식에서 f_y를 직접 고려하지 않고, 항복강도가 400MPa이 아닌 철근에 대해 보정계수를 곱하는 방법으로 산정한다. 이 식은 ACI 318-95까지, AASHTO LRFD(2012)에서 사용하는 식이며, 현재 ACI 318-14의 식과 표현의 차이일 뿐 정착길이는 동일하다.

도로교설계기준(2010)에서 인장을 받는 표준갈고리의 정착에 관한 규정은 다음과 같다.

기준

4.3.14 인장을 받는 표준갈고리의 정착

4.3.14.1 정착길이

(1) 표준갈고리로 끝나는 인장 이형철근의 정착길이 l_{dh}는 4.3.14.2의 기본정착길이 l_{hb}에 4.3.14.3의 적용 가능한 모든 보정계수를 곱하여 정착길이를 구하여야 한다.

(2) l_{dh}는 $8d_b$ 이상, 150mm 이상이어야 한다.

4.3.14.2 기본정착길이

철근의 설계기준 항복강도가 400MPa인 경우 기본정착길이 l_{hb}는 다음과 같다.

$$l_{hb} = \frac{100d_b}{\sqrt{f_{ck}}} \tag{4.3.9}$$

4.3.14.3 보정계수

(1) 철근의 항복강도

f_y =400MPa 이외의 철근 ······ $\dfrac{f_y}{400}$

(2) 콘크리트 피복두께

D35 이하 철근에서 갈고리 평면에 수직방향인 측면 피복두께가 70mm 이상이며, 90° 표준갈고리에 대해서는 갈고리를 넘어선 부분의 철근 피복두께가 50mm 이상인 경우 ………………………………………………………………………………………… 0.7

(3) 띠철근 또는 스터럽

D35 이하 철근으로 가공된 갈고리의 전 정착구간 l_{dh}를 갈고리 철근지름의 3배 이하 간격으로 띠철근 또는 스터럽이 둘러싼 경우 ……………………………………… 0.8

(4) 배근된 철근량이 소요철근량을 초과하는 경우

f_y를 전부 발휘하는 정착을 특별히 요구하지 않는 단면에서 휨철근이 소요량 이상 배근된 경우 ……………………………………………………………………… $\left(\frac{\text{소요}A_s}{\text{배근}A_s}\right)$

(5) 경량콘크리트 ………………………………………………………………………… 1.3

(6) 에폭시 도막된 갈고리 철근 …………………………………………………………… 1.2

4.3.14.4 갈고리 철근의 정착효과

(1) 갈고리는 압축을 받는 구역에서 철근정착에 유효하지 않다.

(2) 부재의 불연속단에서 갈고리 철근의 양측면과 상부(또는 하부)의 피복두께가 70mm 미만으로 표준갈고리에 의해 정착되는 경우에는 전 정착길이 구간을 갈고리 철근 지름의 3배 이하 간격으로 띠철근이나 스터럽으로 둘러싸야 한다. 이러한 경우 4.3.14.3(3)의 보정계수 0.8은 적용하지 않는다.

해설
없음

4) 도로교설계기준(한계상태설계법, 2015)

도로교설계기준(한계상태설계법, 2015)의 갈고리 철근정착 규정은 Eurocode 2(2004)를 근간으로 제정되었다. Eurocode 2(2004)에 대해 상세한 갈고리 철근정착길이 산정방법은 3.1.4절 7)을 참조한다. 도로교설계기준(한계상태설계법, 2015)의 철근정착 관련 규정을 요약하면 표 3.2와 같다.

표 3.2 도로교설계기준(한계상태설계법, 2015)의 철근정착 규정 요약

	갈고리 정착	기계적 정착
인장	5.11.4.2 표준갈고리 5.11.4.3 부착 강도 5.11.4.4 기본정착길이 5.11.4.5 설계정착길이	5.11.4.8 기계적 장치에 의한 정착
압축	5.11.4.1 일반사항 갈고리는 인장철근을 정착하는 데만 유효하다.	5.11.4.8 기계적 장치에 의한 정착

도로교설계기준(한계상태설계법, 2015)은 다음 식과 같이 설계부착강도(f_{bd})를 이용하여 철근에 요구되는 설계강도(f_{yd})를 발현하기 위한 정착길이 또는 이음길이를 산정하는 매우 기본적인 개념을 따르고 있다.

$$f_{bd} l_b \pi \phi = f_{yd} \frac{\pi \phi^2}{4} \rightarrow l_b = \frac{\phi f_{yd}}{4 f_{bd}} \tag{3.1}$$

표준갈고리의 설계정착길이는 기본정착길이에 보정계수 α_1, α_2, α_3, α_4, α_5, α_6을 곱하는 방법으로 철근의 형상, 콘크리트 피복, 횡철근에 의한 구속, 횡방향 압력에 의한 구속의 영향을 고려하도록 규정하고 있는데, 이때 직선정착과 갈고리 정착에 대해 다른 보정계수 값을 규정하고 있다.

Eurocode 2와의 차이점은 콘크리트구조 학회기준(2017)에서 요구하는 갈고리 형상, 피복두께, 횡보강철근 배근 조건의 영향 등을 계수 α_6를 통해 고려하는 것이다. 그림 3.8은 Eurocode 2와 상이한 도로교설계기준(한계상태설계법, 2015)의 갈고리 형상, 피복두께, 횡보강철근 관련 상세이다. 각 조건에 따라 표 3.3의 α_6계수를 적용할 수 있다.

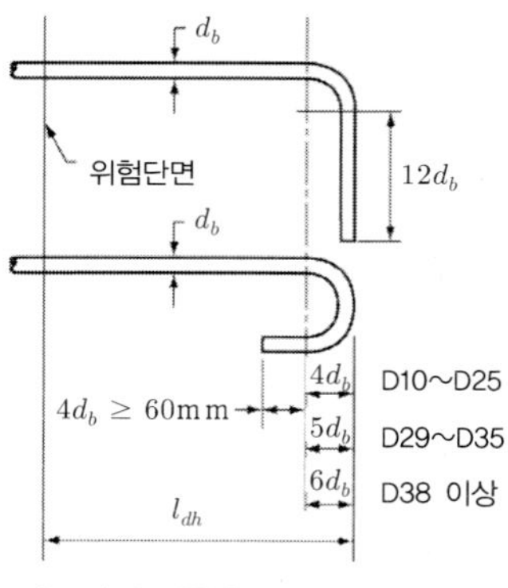

(a) 표준갈고리의 정착을 위한 갈고리 철근 상세

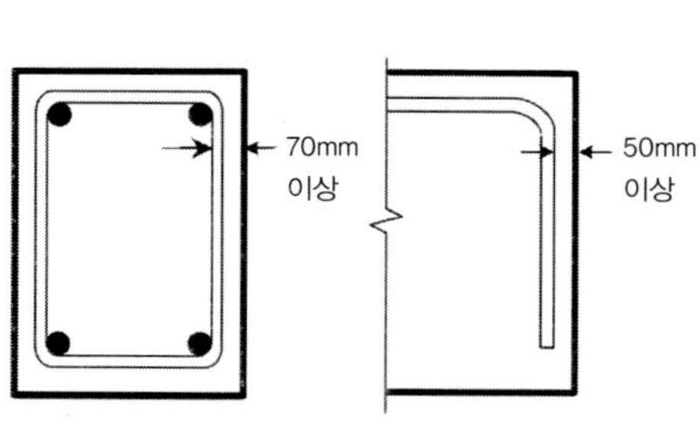

(b) 표준갈고리의 피복두께

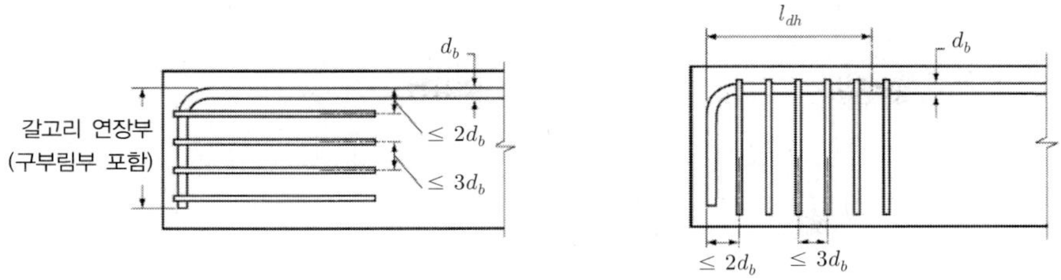

(c) 표준갈고리 연장부를 띠철근 또는 스터럽을 정착된 철근에 평행으로 둘러싼 경우

그림 3.8 Eurocode 2와 상이한 도로교설계기준(한계상태설계법, 2015)의 갈고리 형상, 피복두께, 횡보강철근 상세

표 3.3 갈고리 형상, 피복두께, 횡보강철근 상세에 따른 α_6 계수

조 건	α_6
그림 3.8(a)와 그림 3.8(b)을 만족시키는 경우	$0.7/\alpha_1$
그림 3.8(a)와 그림 3.8(c)를 만족시키는 경우	$0.5/\alpha_1$
그림 3.8(a)와 그림 3.8(b)과 그림 3.8(c)을 만족시키는 경우	$0.4/\alpha_1$
그 외의 형태	1.0

기준

5.11.4 철근의 정착

5.11.4.2 표준갈고리

(1) 종방향 철근의 표준갈고리는 구부림 각도가 90°에서 150° 사이, 150° 이상인 경우, 루프(loop), 횡방향 철근이 용접된 경우로 구분할 수 있다. 각 표준갈고리는 다음 규정을 만족하여야 한다.

① 구부림 각도가 90°에서 150° 사이인 경우에 구부린 반원 끝에서 $5d_b$ 이상 더 연장되어야 한다.

② 구부림 각도가 150° 이상인 경우에 구부린 반원 끝에서 $5d_b$ 이상 더 연장되어야 한다.

③ 루프인 경우에는 양 가지가 같이 힘을 받는 것으로 한다.

④ 횡방향 철근이 용접된 경우에 횡방향 철근의 지름은 종방향 철근 지름의 0.6배보다는 커야 한다.

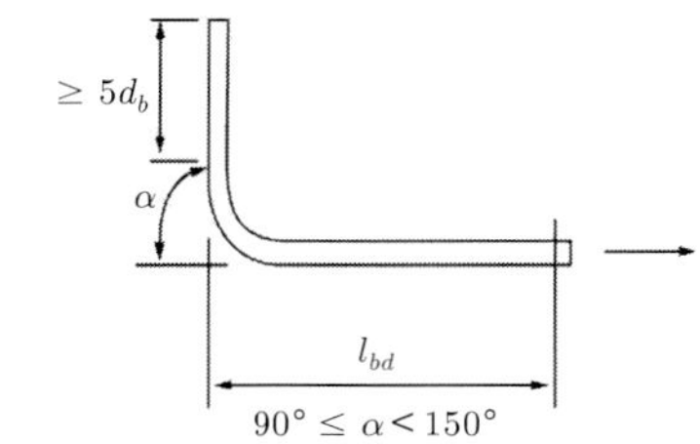

(a) 구부림 각도가 90°에서 150° 사이인 갈고리

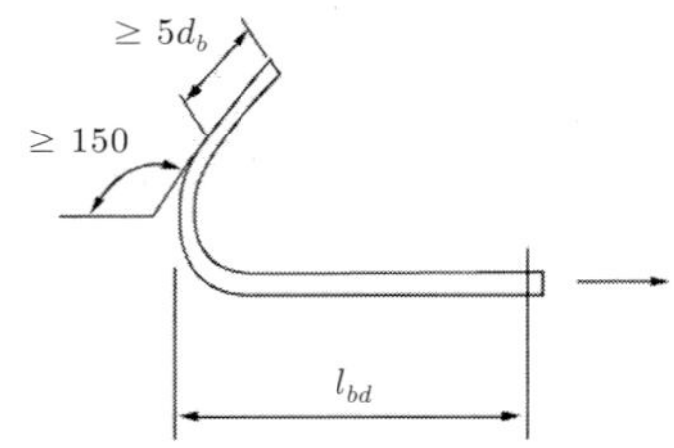

(b) 구부림 각도가 150° 이상인 갈고리

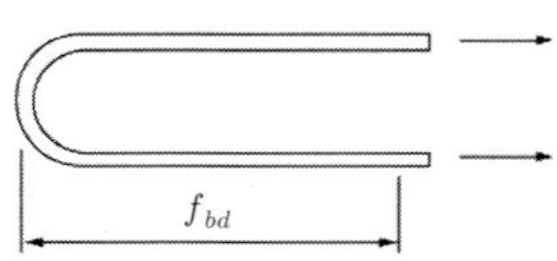

(c) 루프

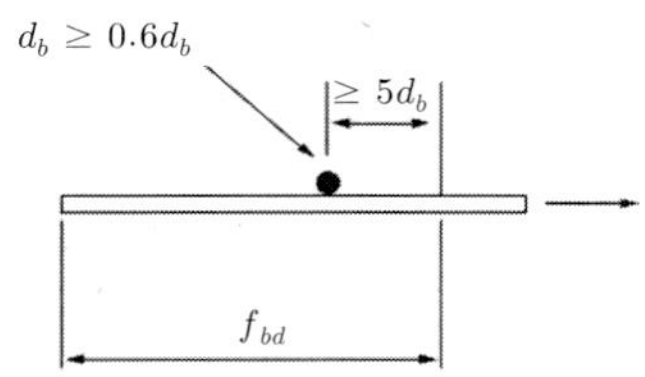

(d) 횡철근 용접 갈고리

그림 5.11.1 표준갈고리

(2) 표준갈고리의 정착길이는 등가인장 직선정착길이로 계산한다. 직선철근이 아닌 경우의 정착길이 계산은 5.11.4.4와 5.11.4.5의 방법을 따른다.

5.11.4.3 부착강도

(1) 극한상태의 부착강도는 부착파괴에 대해 충분한 여유를 가지고 있어야 한다.

(2) 이형 철근의 극한 부착강도에 대한 설계값은 다음과 같이 취한다.

$$f_{bd} = \phi_c 2.25\, \eta_1 \eta_2 f_{ctk} \tag{5.11.2}$$

여기서,

f_{ctk} =콘크리트 설계인장강도 $f_{ctk} = 0.21 \times f_{cm}{}^{2/3}$

ϕ_c =콘크리트 재료계수(표 5.4.1)

고강도콘크리트의 경우 취성이 커지기 때문에 평균부착강도가 $f_{ck} = 50\text{MPa}$일 때의 값 이상으로 커진다는 것이 입증되지 않으면 f_{ctk} 값은 $f_{ck} = 50\text{MPa}$일 때의 값($f_{ctk} = 3.07\text{MPa}$)로 제한되어야 한다.

표 5.4.1 재료계수

하중조합	콘크리트 ϕ_c
극한하중조합	0.65
극단상황하중조합	1.0
사용하중조합	1.0
피로하중조합	1.0

η_1 =부착조건과 콘크리트 타설시의 철근의 위치에 관계되는 계수

$\eta_1 = 1.0$: 양호한 조건의 경우

$\eta_1 = 0.7$: 그 외의 경우와 양호한 부착조건이 아닌 슬립폼으로 만들어진 구조부재 내의 철근의 경우

η_2 = 철근의 지름에 관계되는 계수

$\eta_2 = 1.0,\ d_b < 32\text{mm}$

$\eta_2 = (132 - d_b)/100,\ d_b > 32\text{mm}$의 경우

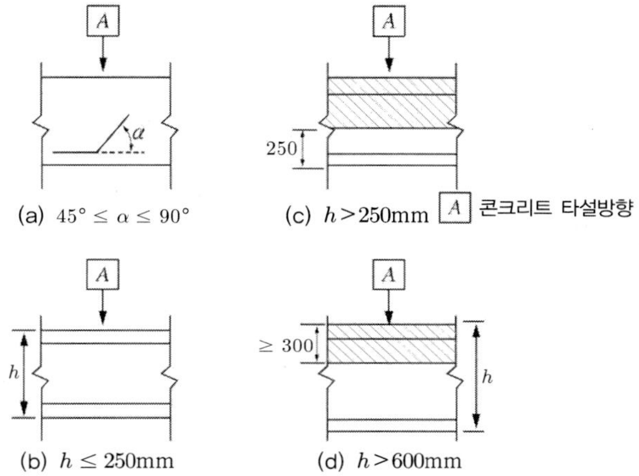

(a)와 (b) 모든 철근이 양호한 부착조건

(c)와 (d) 빗금치지 않은 영역-양호한 부착조건 빗금 친 영역-불량 부착조건

그림 5.11.2 부착조건

5.11.4.4 기본정착길이

(1) 기본정착길이(l_b)는 균일한 부착응력 f_{bd}을 가정하여 철근의 힘 $A_s f_{yd}$를 정착하는데 필요한 직선구간 길이이다. 기본정착길이 산정에는 철근의 종류와 철근의 부착특성을 고려하여야 한다.

(2) 절곡 철근의 정착길이는 철근의 중심선을 따라 잰 값으로 한다.

(3) 지름이 d_b인 철근의 기본적인 정착길이는 다음과 같다.

$$l_b = (d_b/4)(\sigma_{sd}/f_{bd}) \qquad (5.11.3)$$

여기서, σ_{sd}는 철근의 설계응력이다.

f_{bd}는 5.11.4.3에서 계산한 값이다.

(4) 와이어나 철근의 다발(pairs of wires/bars)이 용접된 섬유구조(welded fabric)인 경우에는 (5.11.3)의 지름 d_b는 등가의 지름 $d_{b,n} = d_b\sqrt{2}$로 바꾸어 계산한다.

5.11.4.5 설계정착길이

(1) 설계정착길이는 다음 식으로 계산한다.

$$l_{bd} = \alpha_1 \alpha_2 \alpha_3 \alpha_4 \alpha_5 \alpha_6 l_b \geq l_{b,\min} \quad (5.11.4)$$

여기서, α_1, α_2, α_3, α_4, α_5는 표 5.11.4의 계수이다.

α_1 =적절한 피복두께를 가진 철근의 형상효과(그림 5.11.1 참조)

α_2 =콘크리트 피복두께의 효과(그림 5.11.3 참조)

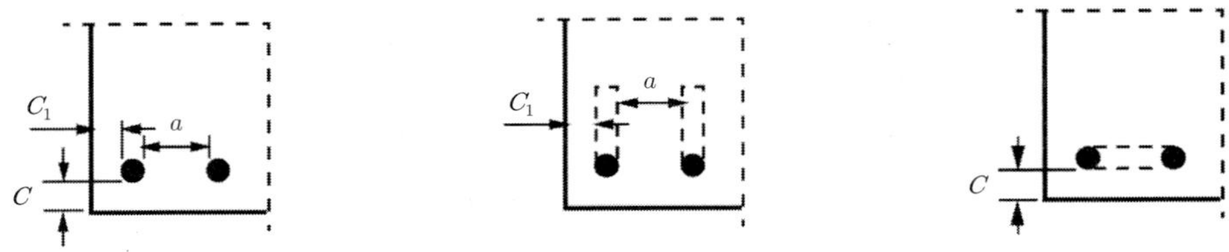

(a) 직선 철근 $C_d = \min(a/2,\ c_1,\ c)$

(b) 절곡 철근 또는 갈고리 $C_d = \min(a/2,\ c_1)$

(c) 루프 철근 $C_d = c$

그림 5.11.3 보의 슬래브에서 C_d의 크기

α_3 =횡철근에 의한 구속 효과

α_4 =설계정착길이 l_{bd} 내에 하나 또는 하나 이상의 용접된 횡철근의 영향, 여기서 $d_{b,t}$는 횡철근의 지름으로 $d_{b,t} > 0.6 d_b$이어야 한다. 갈고리 철근에서는 1.0

α_5 =설계정착길이를 따라 발생하는 쪼갬면(plane of splitting)을 가로지르는 압력에 대한 효과

$$(\alpha_2 \alpha_3 \alpha_5)\text{의 곱} \geq 0.7$$

α_6 =표준갈고리의 전 정착길이에 배근된 띠철근이나 스터럽에 의한 구속 효과

여기서, 표준갈고리란 그림 5.11.3의 조건을 만족시키는 갈고리를 뜻한다.

l_b =식 (5.11.3)과 같다.

$l_{b,\min}$ =다른 제한 조건이 더 이상 적용되지 않는 경우 최소 정착길이

−인장측에서의 정착길이 : $l_{b,\min} > \max(0.3 l_b\ ;\ 15 d_b\ ;\ 100\ \text{mm})$

−압축측에서의 정착길이 : $l_{b,\min} > \max(0.6 l_b\ ;\ 15 d_b\ ;\ 100\ \text{mm})$

표 5.11.4 계수 α_1, α_2, α_3, α_4, α_5, α_6

영향 인자	정착부 형태	철근	
		인장측	압축측
철근의 형상	직선	$\alpha_1 = 1.0$	$\alpha_1 = 1.0$
	직선 외 형태 (그림 5.11.1(a), (b), (c))	$C_d > 3d_b$이면 $\alpha_1 = 0.7$ 아니면 $\alpha_1 = 1.0$ (C_d에 대한 크기는 그림 5.11.3 참조)	$\alpha_1 = 1.0$
콘크리트 피복	직선	$\alpha_2 = 1 - 0.15\dfrac{C_d - d_b}{d_b}$ ≥ 0.7 ≤ 1.0	$\alpha_2 = 1.0$
	직선 외 형태 (그림 5.11.1(a), (b), (c))	$\alpha_2 = 1 - 0.15\dfrac{C_d - 3d_b}{d_b}$ ≥ 0.7 ≤ 1.0	$\alpha_2 = 1.0$
주철근에 용접되어 있지 않는 횡철근에 의한 구속	모든 형태	$\alpha_3 = 1 - K\lambda$ ≥ 0.7 ≤ 1.0	$\alpha_3 = 1.0$
용접된 횡철근에 의한 구속	모든 형태 그림 5.11.1(d)에 의한 위치와 크기	$\alpha_4 = 0.7$	$\alpha_4 = 0.7$
횡방향 압력에 의한 구속	모든 형태	$\alpha_5 = 1 - 0.04p$ ≥ 0.7 ≤ 1.0	–
표준갈고리	그림 5.11.5와 그림 5.11.6을 만족시키는 경우	$\alpha_6 = 0.7/\alpha_1$	–
	그림 5.11.5와 그림 5.11.7을 만족시키는 경우	$\alpha_6 = 0.5/\alpha_1$	–
	그림 5.11.5와 그림 5.11.6과 그림 5.11.7을 만족시키는 경우	$\alpha_6 = 0.4/\alpha_1$	–
	그 외의 형태	$\alpha_6 = 1.0$	–

여기서,

$$\lambda = (\Sigma A_{st} - \Sigma A_{st,\min})/A_s$$

ΣA_{st} = 설계정착길이 l_{bd} 내의 횡철근 단면적

$\Sigma A_{st,\min}$ = 최소 횡철근의 단면적($= 0.25A_s$(보), 0(슬래브))

A_s =최대지름을 가진 정착철근 한 개의 단면적

K=그림 5.11.4에 나타난 크기

$p=l_{bd}$ 내의 극한상태에서 횡방향 압력(MPa)

* 5.11.4.7에 따르면 직접 지지부(direct support)의 경우, l_{bd}는 $l_{b,\min}$보다 작아야 하고 지지부 내에는 하나 이상의 횡방향 용접와이어를 배치해야 한다. 또한, 받침부 면으로부터 15mm 이상이어야 한다.

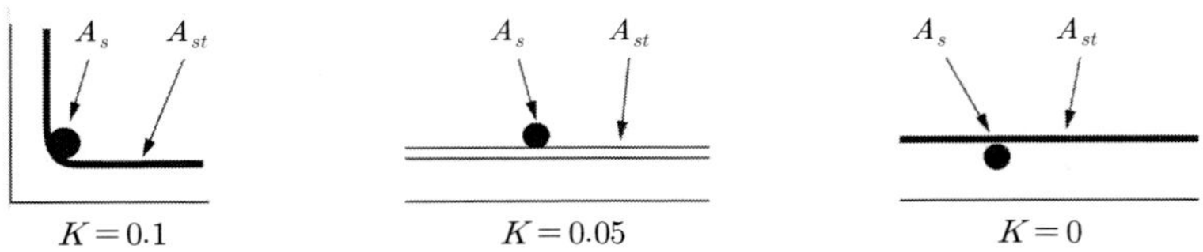

그림 5.11.4 보 또는 슬래브의 K값

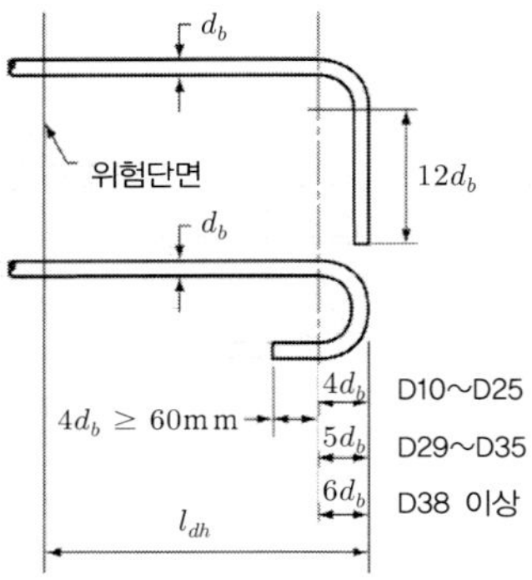

그림 5.11.5 표준갈고리의 정착을 위한 갈고리 철근 상세

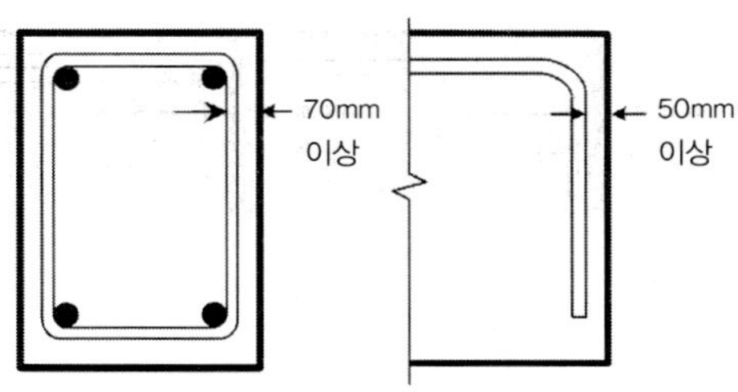

그림 5.11.6 표 5.11.4에 규정한 표준갈고리의 피복두께

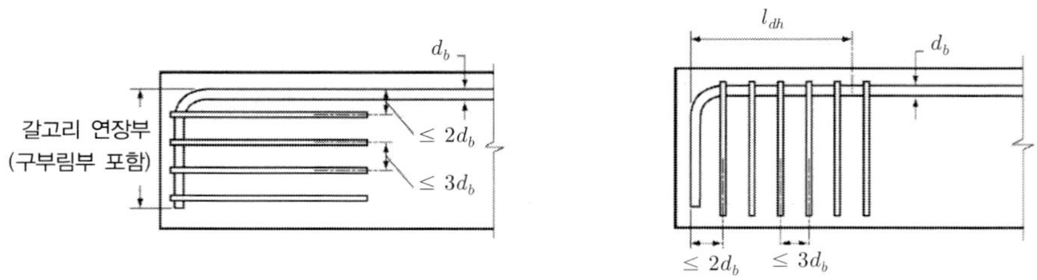

그림 5.11.7 표 5.11.4에 규정한 표준갈고리 연장부를 띠철근 또는 스터럽을 정착된 철근에 평행으로 둘러싼 경우

해설

없음.

5) 전력산업기술기준 격납구조(KEPIC SNB, 2012 추록)

원전구조물 중 격납구조물 설계에 사용되는 KEPIC SNB의 갈고리 정착길이 산정방법은 ASME Sec. III. Div. 2와 동일하다. 이 내용은 ACI 318과 동일한데, 기본정착길이 l_{hb} 산정식에서 f_y를 직접 고려하지 않고 Gr. 60(f_y =420MPa)을 초과하는 철근에 대해 보정계수를 곱하는 방법으로 산정한다. 이 식은 ACI 318-95까지 사용하던 식이며, 현재 ACI 318-14의 식과 표현의 차이일 뿐 정착길이는 동일하다.

기준
SNB 3532.3 인장철근의 표준갈고리 정착 (1) 표준갈고리(SNB 4321)로 끝나는 이형 인장철근의 정착길이 l_{dh}는 다음 (2)의 기본 정착길이 l_{hb}에 다음 (3)의 해당 수정계수를 곱하여 계산해야 한다. 그러나 l_{dh}는 $8d_b$와 6in. (150mm) 중에서 큰 값 이상이 되어야 한다. (2) f_y가 60,000psi(420MPa)인 갈고리 철근의 기본정착길이 l_{hb}는 1,200$d_b/\sqrt{f_c'}$ (100$d_b/\sqrt{f_c'}$)가 되어야 하고 상수의 단위는 lb/in.^{2}이다. (괄호 안은 MPa 단위이다.) (3) 기본정착길이 l_{hb}에 다음의 수정계수를 곱하여야 한다. (가) 철근 항복강도 60,000psi (420MPa) 이외의 f_y 를 갖는 철근 ; f_y/60,000(f_y/400) (나) 콘크리트 피복두께 No.11(D36) 이하의 철근에서 측면 피복두께(갈고리면과 수직)가 $2\frac{1}{2}$ in. (64mm) 이상이 되고, 90° 갈고리이며 갈고리 부분의 철근에 대한 피복두께가 2 in. (50mm) 이상일 경우 ; 0.7 (다) 타이 또는 스터럽 No.11(D36) 이하의 철근에서 전 정착길이 l_{dh}에 연하여 $3d_b$ 이하의 간격으로 배근된 타이 또는 스터럽 타이 내에 철근의 갈고리가 수직 또는 수평으로 둘러싼 갈고리 ; 0.8 여기서, d_b는 갈고리 철근의 지름이다. (라) 과다철근 f_y에 대한 앵커나 정착이 특별히 요구되지 않는 곳에서 구조해석에서 요구되는 것 이상으로 배근한 철근 : 필요철근량/실제철근량 (4) 부재의 단부에서 표준갈고리로 정착한 경우 갈고리의 끝단이나 상부(또는 하부)의 피복두께가 $2\frac{1}{2}$ in. (64mm) 미만이면 전 정착길이에 연해서 $3d_b$ 이하의 간격으로 타이 또는 스터럽으로 둘러싸야 한다. 여기서, d_b는 갈고리 철근의 지름이다. 이 경우 위의 (3)(다)의 계수는 적용하지 않는다.

(5) 기호

d_b : 철근의 공칭지름

l_{dh} : 위험 단면으로부터 갈고리의 바깥까지 측정한 인장을 받는 표준갈고리의 정착길이 (위험 단면의 지점과 갈고리의 시작지점(접속점) 사이의 직선철근 묻힘길이+만곡부의 반지름+철근 한 개의 지름),

$=l_{hb}\times$해당 수정계수

l_{hb} : 인장을 받는 표준갈고리의 기본정착길이

해설

없음.

6) 전력산업기술기준 철근콘크리트구조(KEPIC SNC, 2010)

원전구조물 중 격납구조물을 제외한 구조물 설계에 사용되는 KEPIC SNC의 갈고리 정착길이 산정방법은 ACI 349-06과 동일하다. 이 내용은 ACI 318과 동일하다.

산정된 정착길이는 $8d_b$와 150mm 중 작은 값보다 커야 한다고 규정하고 있으며, 이 내용은 ACI 349-06과 동일하다. 그러나 ACI 318을 비롯하여 ACI 349-06의 이전인 ACI 349-01에서도 $8d_b$와 150mm 중 큰 값보다 크다고 규정하고 있다. ACI 349에서 ACI 318과 다른 최소 갈고리 정착길이를 규정할 이유가 없으므로 편집상의 오류로 판단된다.

기준

SNC 12.5 인장을 받는 표준갈고리의 정착

SNC 12.5.1 표준갈고리(SNC 7.1 참조)로 마감되는 인장을 받는 이형철근의 정착길이 l_{dh}는 SNC 12.5.2와 SNC 12.5.3의 보정계수를 사용하여 결정하여야 한다. 단, l_{dh}는 $8d_b$와 6 in(150mm) 중 큰 값 이상이어야 한다.

SNC 12.5.2 이형철근에 대한 l_{dh}는 $\left(0.02\psi_e f_y/\sqrt{f_c'}\right)d_b$ in. [$\left(0.24\psi_e f_y/\sqrt{f_c'}\right)d_b$ mm]이어야 하며, ψ_e는 에폭시 피복철근에 대해서는 1.2이고, 기타 철근에 대해서는 1.0이다.

SNC 12.5.3 SNC 12.5.2의 길이 l_{dh}는 다음의 해당 계수를 사용하여 보정할 수 있다.

(1) No.11 이하 철근에서 갈고리의 평면에 직각인 측면 피복두께가 $2\frac{1}{2}$ in(65mm) 이상이고, 90° 갈고리에 대해서는 갈고리 부분을 지난 연장부에 대한 피복두께가 2 in(50mm) 이상인 경우 0.7

(2) 정착되는 철근과 직각이고 l_{dh}를 따라 $3d_b$ 이하의 간격으로 배근하는 띠철근 또는 스터럽에 둘러싸이는 No.11 이하 철근 또는 정착시킬 철근과 평행하게 갈고리의 구부림 시작점부터 연장끝단까지의 구간에 $3d_b$ 이하의 간격으로 배근한 띠철근 또는 스터럽에 둘러싸이는 No.11 이하 철근 0.8

(3) 정착시킬 철근과 직각이고 l_{dh}를 따라 $3d_b$ 이하의 간격으로 배근하는 띠철근 또는 스터럽에 둘러싸이는 No.11 이하 철근의 180° 갈고리 0.8

(4) f_y에 대한 정착이 요구되지 않고 철근이 소요량 이상인 경우
.... 소요철근량/배근 철근량

SNC 12.5.3(2)와 SNC 12.5.3(3)에서 d_b는 갈고리 철근의 지름이며, 첫 번째 띠철근 또는 스터럽은 구부림 부위의 외측으로 $2d_b$ 거리 이내에서 갈고리 철근의 구부림 부위를 둘러싸야 한다.

SNC 12.5.4 부재의 불연속 단부에서 표준갈고리로 정착시키는 철근의 경우, 갈고리 위쪽의 측면 피복두께와 상부 또는 하부의 피복두께가 $2\frac{1}{2}$ in(65mm) 미만이면 갈고리 철근은 l_{dh}에 걸쳐 $3d_b$ 이하 간격으로 배근하여 정착시키는 철근에 직각인 띠철근 또는 스터럽으로 둘러싸야 한다. 첫 번째 띠철근 또는 스터럽은 구부림 부위의 외측으로 $2d_b$ 거리 이내에서 갈고리 철근의 구부림 부위를 둘러싸야 한다. 여기서 d_b는 갈고리 철근의 지름이다. 이 경우 SNC 12.5.3(2)와 SNC 12.5.3(3)의 보정계수는 적용할 수 없다.

SNC 12.5.5 갈고리는 압축을 받는 철근의 정착에는 유효하지 않다.

해설

R12.5 인장을 받는 표준갈고리의 정착

갈고리 철근의 정착에 대한 규정은 이전에 이미 대폭 개정되었다. 갈고리 철근의 파괴에 관한 연구에 의하면 갈고리가 있는 면에 있는 콘크리트 피복의 쪼개짐이 파괴의 주요 원인이 되며, 이 쪼개짐은 국부응력 집중현상이 매우 높은 갈고리 안쪽면에서 시작된다고 한다. 따라서 갈고리의 정착은 갈고리의 안쪽면에 발생하는 압축응력의 크기를 지배하는 철근지름 d_b와 직접적인 관계를 갖는다. SNC 7.1의 표준갈고리만을 고려하되 더 큰 반경으로 구부린 철근에 대해서는 SNC 12.5 조항을 적용할 수 없다.

갈고리 철근에 대한 정착규정은 그림 R12.5에서 보여주는 것처럼 전체 갈고리 철근에 대한 묻힘길이를 결정한다. 정착길이 l_{dh}는 위험단면으로부터 갈고리의 외측 단부(또는 가장자리)까지로 한다.

SNC 12.5.2의 표준갈고리에 대한 정착길이 l_{dh}는 SNC 12.5.3에 있는 적용 가능한 모든 보정계수를 감소시킬 수 있다. 예를 들어 SNC 12.5.3(1) 및 (3)의 조건이 모두 부합하면 두 보정계수를 같이 적용할 수 있다.

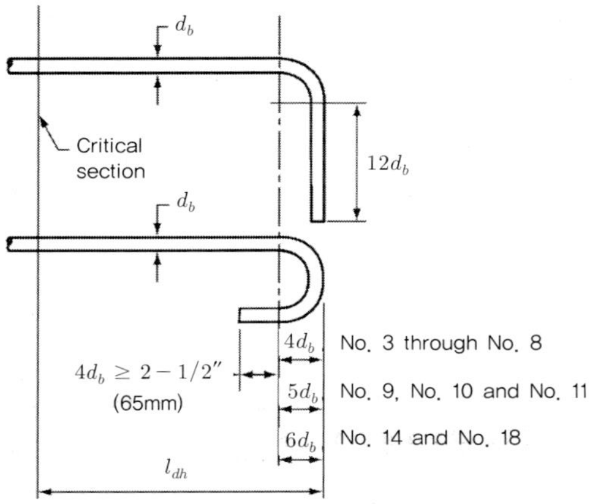

그림 R12.5 표준갈고리 정착을 위한 갈고리 철근의 상세

철근의 설계기준 항복강도, 잉여철근, 그리고 콘크리트 및 횡보강철근 또는 스터럽에 의한 쪼갬에 대한 저항성을 반영한 인자들에 대한 보정계수는 참고문헌 12.2 및 12.3에 근거한다.

시험에 따르면 갈고리철근의 구부린 부위에 조밀하게 배근한 띠철근이 갈고리철근을 구속하는데 가장 효과적이다(참고문헌 12.12). 시공측면에서는 이것이 항상 실용적이지는 않다. SNC 12.5.3(2)의 보정계수를 사용할 수 있는 경우는 그림 R12.5.3-1과 R12.5.3-2에 나타낸 바와 같다. 그림 R12.5.3-1은 갈고리의 정착길이 l_{dh} 구간에 배근한 정착시킬 철근에 직각인 띠철근 또는 스터럽의 배치를 보여주고 있다. 그림 R12.5.3-2는 정착시킬 철근에 평행하게 갈고리 끝단과 구부린 부분의 길이를

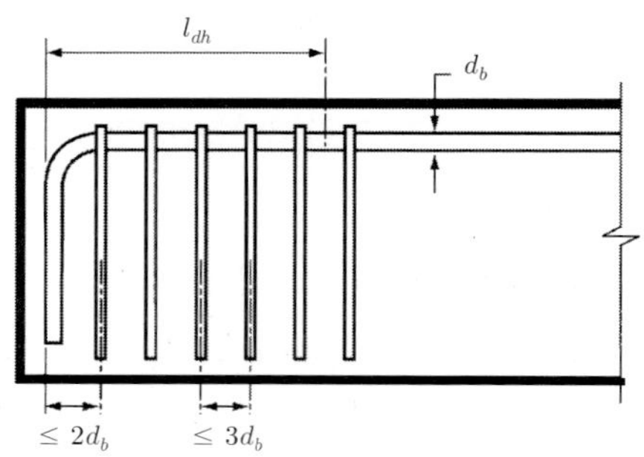

그림 R12.5.3-1 정착시킬 철근의 l_{dh}에 직각으로 배근한 띠철근 또는 스터럽

따라 배근한 띠철근 또는 스터럽의 배치를 보여주고 있다. 그림 R12.5.3-2는 보-기둥 접합부의 전형적인 상세이다.

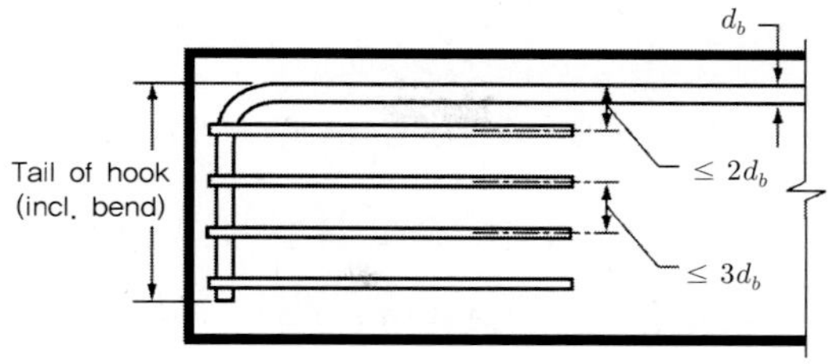

그림 R12.5.3-2 정착시킬 철근에 평행하게 배근한 띠철근 또는 스터럽

SNC 12.5.3(4)의 잉여철근에 대한 계수는 f_y에 대한 정착을 특별히 요구하지 않을 경우에 적용한다. 갈고리 철근에 대해서는 직선철근정착과는 달리 상단철근과 기타 철근 간의 구별은 적용하지 않는다. 이러한 구별은 어느 경우에나 갈고리 철근에 적용하기 어렵다. l_{dh}의 최소값은 갈고리가 위험단면 근처에 위치하는 경우에 철근의 뽑힘에 의한 파괴를 방지하기 위하여 규정한 것이다. 압축부에서 갈고리는 유효하지 않다.

최근의 실험결과에 따르면 에폭시 도막철근을 사용할 경우 갈고리 철근의 길이는 감소된 부착강도를 고려하여 20% 정도 증가시켜야 하는 것으로 나타났다(참고문헌 12.13).

R12.5.4 갈고리 철근의 양 측면 피복(갈고리 면에 직각) 및 상하 피복두께(갈고리면)가 적을 때는 콘크리트의 쪼개짐이 발생하기 쉽다(그림 R12.5.4 참조). 특별히 작은 피복두께를 갖는 갈고리 철근이 최대강도를 발휘해야만 하는 경우 콘크리트가 제공하는 최소의 구속과 함께 띠철근이나 스터럽에 의한 구속은 필수적이다. 구속을 위해 갈고리가 띠철근 또는 스터럽을 필요로 하는 가장 대표적인 경우는 단순지지보의 단부나 캔틸레버보의 자유단 또는 부재가 접합부를 넘어 연장되어 있지 않은 접합부 내로 골조가 짜인 부재의 단부에서이다. 반대로 계산된 철근응력이 철근의 정착을 위해 갈고리를 필요로 하지 않을 만큼 적다면 띠철근이나 스터럽은 불필요하다. 또한 갈고리 면과 직각인 양면에서 연속되는 슬래브에 의하여 구속되는 슬래브의 불연속 단부에서의 갈고리 철근에 대해서는 SNC 12.5.4 조항의 규정을 적용하지 않는다.

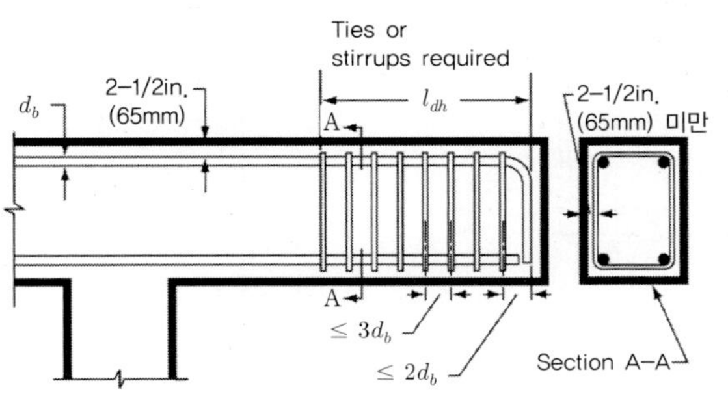

그림 R12.5.4 SNC 12.5.4에 따른 콘크리트 피복 두께

R12.5.5 갈고리는 압축을 받는 철근의 정착에는 유효하지 않으므로 정착수단으로 사용할 수 없다.

3.1.4 갈고리 철근 국외 설계기준

1) ACI 318-14 Building Code Requirements for Structural Concrete

(1) 갈고리 철근정착 설계기준의 배경

철근 단부에 표준갈고리를 형성하는 갈고리 철근은 직선정착길이 40% 정도의 매우 짧은 정착길이로 철근의 설계기준 항복강도를 발현시킬 수 있다. 갈고리 내면에 작용되는 지압에 의해 정착성능이 크게 향상되며, 정착길이의 부착에만 의존하는 직선철근에 비해 정착성능이 매우 우수하다. 파괴양상은 쪼갬파괴가 발생되는 직선정착과 달리 측면파열파괴가 발생된다. 갈고리 철근정착은 인장을 받는 철근에만 유효하고 압축을 받는 경우에는 아무런 효과가 없다.

현행 설계기준은 1975년 ACI 논문에 발표된 Jose L. G. Marques와 James O. Jirsa의 "A Study of Hooked Bar Anchorages in Beam-Column Joints" (Marques and Jirsa, 1975) 연구 결과를 바탕으로 제정되었으며, 30년 가까이 큰 개정 없이 사용되고 있다. 최근에는 Kansas대학을 중심으로 고강도철근 및 고강도콘크리트에 대한 갈고리 철근정착 성능에 대한 연구가 진행중에 있다.

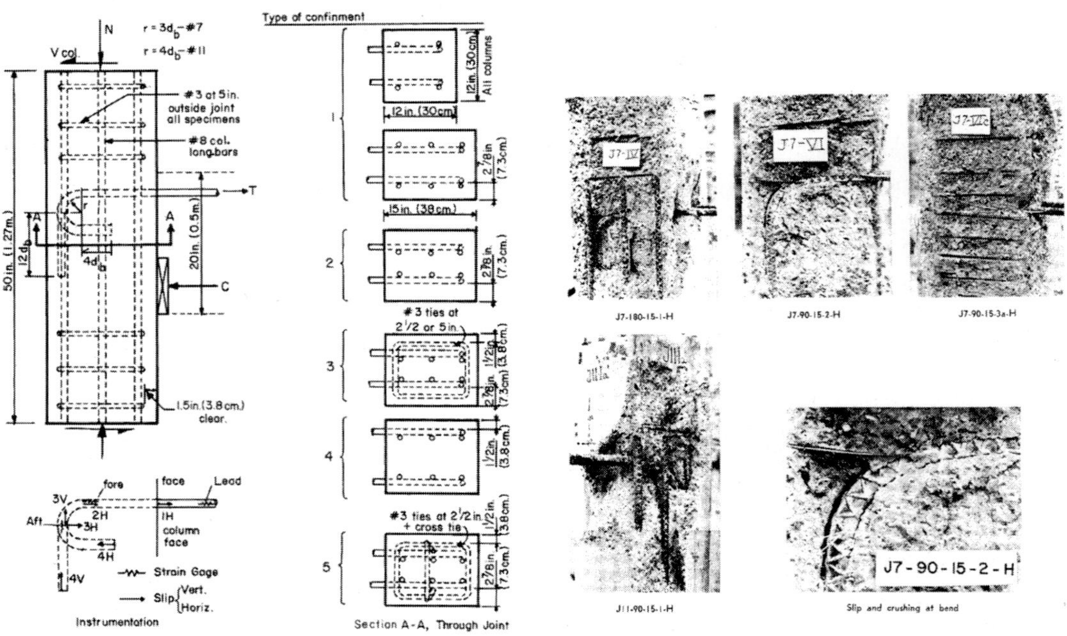

그림 3.9 Marques & Jirsa의 갈고리 정착 실험체 및 파괴양상

(2) 적용범위

설계기준 항복강도는 550MPa까지 적용이 가능하며, ASTM 규격에 따라 최대 철근지름인 57mm까지 갈고리 정착이 가능하다.

콘크리트강도는 직선정착 및 겹침이음과 동일하게 70MPa까지 정착길이 설계식에 적용할 수 있으며, 이를 초과하는 강도의 경우 실제 강도와 무관하게 70MPa를 사용한다.

(3) 갈고리 철근정착길이의 주요 영향 요인

갈고리 철근정착길이 산정식의 기본형태는 2.1절에서 설명한 겹침이음길이 기본식과 동일하며, 피복두께 및 횡보강철근 지수는 포함되어 있지 않다. 따라서 철근지름과 철근의 설계기준 항복강도에 비례하고, 콘크리트의 제곱근에 반비례한다. 도막계수와 경량콘크리트 효과는 직선정착과 동일하다.

2011년도의 ACI 318-11까지는 콘크리트 피복두께와 횡보강철근 효과를 정착길이 산정식에서 직접 고려하지 않고, 현행 콘크리트구조 학회기준(2017)과 동일하게 별도의 보정계수로 규정하였다. 2014년도의 ACI 318-14에서는 정착길이 산정식에 Ψ_c, Ψ_r 계수를 추가하여 콘크리트 피복두께와 횡보강철근 효과를 직접 고려하고 있다. 피복두께 계수 Ψ_c는 갈고리가 위치한 평면에 측면으로 65mm 이상이며 갈고리를 넘어서 50mm 이상의 콘크리트 피복두께를 확보하는 경우 측면파열파괴 발생이 지연될 뿐 아니라 갈고리가 펴지는 것을 방지할 수 있기 때문에 0.7의 계수 적용이 가능하다. 횡보강철근계수 Ψ_r는 갈고리 철근의 파괴양상인 측면파열파괴를 방지할 수 있도록 정착길이에 걸쳐 수평 또는 수직으로 횡보강철근이 배치된 경우 0.8의 계수를 적용할 수 있다.

(4) 갈고리 철근정착길이 산정

갈고리 철근정착길이는 표 3.4와 같이 산정한다.

표 3.4 ACI 318의 갈고리 정착길이 산정절차

단계	과 정
	$\left(\dfrac{0.24\psi_e\psi_c\psi_r f_y}{\lambda\sqrt{f_c'}}\right)d_b$
	ψ_e 에폭시 도막철근 계수 에폭시 도막철근 : 1.2 그 외 철근 : 1.0

1단계. 정착길이 산정	ψ_c 피복두께 계수 36mm 이하 철근에서 갈고리 평면에 수직방향인 측면 피복두께가 65mm 이상이며, 90° 갈고리에 대해서는 갈고리를 넘어선 부분의 철근 피복두께가 50mm 이상인 경우 : 0.7 그 외 : 1.0
	ψ_c 횡보강철근 계수 36mm 이하 90° 갈고리 철근에서 정착길이 l_{dh} 구간을 $3d_b$ 이하 간격으로 띠철근 또는 스터럽이 정착되는 철근을 수직으로 둘러싼 경우 또는 갈고리 끝 연장부와 구부림부의 전 구간을 $3d_b$ 이하 간격으로 띠철근 또는 스터럽이 정착되는 철근을 평행하게 둘러싼 경우, 36mm 이하 180° 갈고리 철근에서 정착길이 l_{dh} 구간을 $3d_b$ 이하 간격으로 띠철근 또는 스터럽이 정착되는 철근을 수직으로 둘러싼 경우 : 0.8 그 외 : 1.0
	λ 경량콘크리트 계수 경량콘크리트 : 0.75 일반 콘크리트 : 1.0
2단계. 초과철근 보정	초과철근 배근 $\left(\frac{소요A_s}{배근A_s}\right)$: f_y를 발휘하도록 정착을 특별히 요구하지 않는 단면에서 휨철근이 소요철근량 이상 배치된 경우
3단계. 정착길이 결정	2단계 초과철근에 대해 보정한 정착길이가 최소 정착길이 $8d_b$ 혹은 150mm 이상이어야 한다.

Code

25.4 Development of reinforcement

25.4.1.2 Hooks and heads shall not be used to develop bars in compression.

25.4.3 Development of standard hooks in tension

25.4.3.1 Development length l_{dh} for deformed bars in tension terminating in a standard hook shall be greater of (a) through (c) :

(a) $\left(\frac{0.24\psi_e\psi_c\psi_r f_y}{\lambda\sqrt{f_c'}}\right)d_b$ with ψ_e, ψ_c, ψ_r, and λ given in 25.4.3.2.

(b) $8d_b$

(c) 150mm

25.4.3.2 For the calculation of l_{dh}, modification factors shall be in accordance with Table 25.4.3.2. Factor ψ_c and ψ_r shall be permitted to be taken as 1.0. At discontinuous ends of members, 25.4.3.3 shall apply.

Table 25.4.3.2 Modification factors for development of hooked bars in tension

Modification factor	Condition	Value of factor
Lightweight λ	Lightweight concrete	0.75
	Normalweight concrete	1.0
Epoxy ψ_e	Epoxy-coated or zinc and epoxy dual-coated reinforcement	1.2
	Uncoated or zinc-coated (galvanized) reinforcement	1.0
Cover ψ_c	For No. 36 bar and smaller hooks with side cover(normal to plane of hook) $\geq$65mm, and for 90-degree hook with cover on bar extension beyond hook $\geq$50mm	0.7
	Other	1.0
Confining reinforcement ψ_r[2]	For 90-degree hooks of No. 36 and smaller bars (1) enclosed along l_{dh} within ties or stirrups[1] perpendicular to l_{dh} at $s \leq 3d_b$, or (2) enclosed along the bar extension beyond hook including the bend within ties or stirrups[1] perpendicular to l_{ext} at $s \leq 3d_b$	0.8
	For 180-degree hooks of No. 36 and smaller bars enclosed along l_{dh} within ties or stirrups[1] perpendicular to l_{dh} at $s \leq 3d_b$	
	Other	1.0

[1] Tue first tie or stirrup shall enclose the bent portion of the hook within $2d_b$ of the outside of the bend.

[2] d_b is the nominal diameter of the hooked bar.

25.4.3.3 For bars being developed by a standard hook at discontinuous ends of members with both side cover and top(or bottom) cover to hook less than 65mm, (a) through (c) shall be satisfied :

(a) The hook shall be enclosed along l_{dh} within ties or stirrups perpendicular to l_{dh} at $s \leq 3d_b$

(b) The first tie or stirrup shall enclose the bent portion of the hook within $2d_b$ of the outside of the bend

(c) ψ_r shall be taken as 1.0 in calculating l_{dh} in accordance with 25.4.3.1(a)

where d_b is the nominal diameter of the hooked bar.

25.4.10 Reduction of development length for excess reinforcement

25.4.10.1 Reduction of development lengths defined in 25.4.2.1(a), 25.4.3.1(a), 25.4.6.1(a), 25.4.7.1(a), and 25.4.9.1(a) shall be permitted by use of the ratio $(A_{s,required})/(A_{s,provided})$, except where prohibited by 25.4.10.2. The modified development lengths shall not be less than the respective minimums specified in 25.4.2.1(b), 25.4.3.1(b), 25.4.3.1(c), 25.4.6.1(b), 25.4.7.1(b), and 25.4.9.1(b).

25.4.10.2 A reduction of development length in accordance with 25.4.10.1 is not permitted for (a) through (e).

(a) At noncontinuous supports

(b) At locations where anchorage or development for f_y is required

(c) Where bars are required to be continuous

(d) For headed and mechanically anchored deformed reinforcement

(e) In seismic-force-resisting systems in structures assigned to Seismic Design Categories D, E, or F

Commentary

R25.4 Development of reinforcement

R25.4.1.2 Hooks and heads are ineffective in compression. No data are available to demonstrate that hooks and heads can reduce development length in compression.

R25.4.3 Development of standard hooks in tension

R25.4.3.1 Study of failures of hooked bars indicate that splitting of the concrete cover in the plane of the hook is the primary cause of failure and that splitting originates at the inside of the hook where the local stress concentrations are very high. Thus, hook development is a direct function of bar diameter d_b, which governs the magnitude of compressive stresses on the inside of the hook. Only standard hooks (refer to 25.3.1) are considered, and the influence of larger bend radii cannot be evaluated by 25.4.3.

The hooked bar anchorage provisions give the total hooked bar embedment length as shown in Table 25.3.1. The development length l_{dh} is measured from the critical section to the outside end (or edge) of the hook.

The effects of bar yield strength, excess reinforcement, lightweight concrete, and factors to reflect the resistance to splitting provided from confinement by concrete and transverse ties or stirrups are based on recommendations from ACI 408.lR and Jirsa et al. (1979).

A minimum value of l_{dh} is specified to prevent failure by direct pullout in cases where a hook may be located very near the critical section.

R25.4.3.2 Unlike straight bar development, no distinction is made for casting position.

The epoxy factor ψ_e is based on tests (Hamad et al. 1993) that indicate the development length for hooked bars should be increased by 20 percent to account for reduced bond when reinforcement is epoxy coated.

The confining reinforcement factor ψ_r is based on tests (Jirsa and Marques 1975) that indicate closely spaced ties at or near the bend portion of a hooked bar are most effective in confining the hooked bar. For construction purposes, this is not always practicable. The cases where the modification factor ψ_r may be used are illustrated in Fig. R25.4.3.2a and R25.4.3.2b. Figure R25.4.3.2a shows placement of ties or stirrups perpendicular to the bar being developed, spaced along the development length l_{dh} of the hook. Figure R25.4.3.2b shows placement of ties or stirrups parallel to the bar being developed along the length of the tail extension of the hook plus bend. The latter configuration would be typical in a beam-column joint.

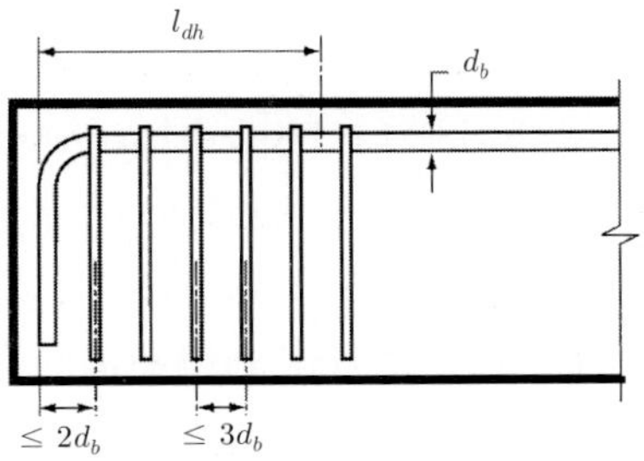

Fig. R25.4.3.2a Ties or stirrups placed perpendicular to the bar being developed, spaced along the development length l_{dh}.

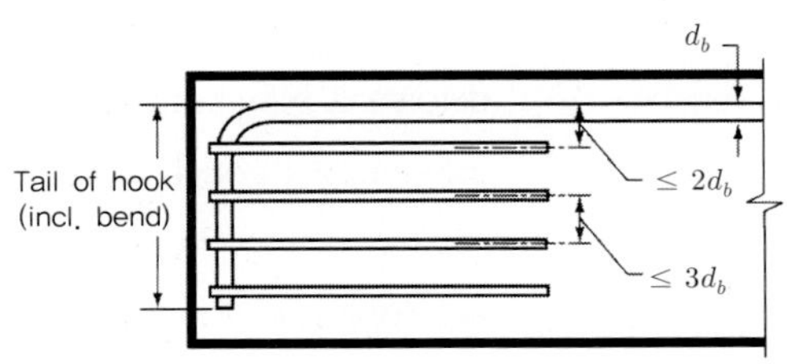

Fig. R25.4.3.2b Ties or stirrups placed parallel to the bar being developed, spaced along the length of the tail extension of the hook plus bend.

R25.4.3.3 Bar hooks are especially susceptible to a concrete splitting failure if both side cover (perpendicular to plane of hook) and top or bottom cover (in plane of hook) are small (refer to Fig. R25.4.3.3). With minimum confinement provided by concrete, additional confinement provided by ties or stirrups is essential, especially if full bar strength is to be developed by a hooked bar with such small cover. Cases where hooks may require ties or stirrups for confinement are at ends of simply-supported beams, at the free end of cantilevers, and at ends of members framing into a joint where members do not extend beyond the joint. In contrast, if the calculated bar stress is so low that the hook is not needed for bar anchorage, ties or stirrups are not necessary. This provision does not apply for hooked bars at discontinuous ends of slabs where confinement is provided by the slab on both sides and perpendicular to the plane of the hook.

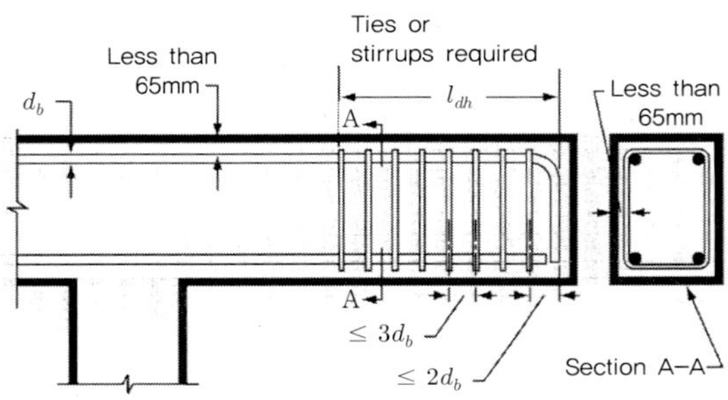

Fig. R25.4.3.3 Concrete cover according to 25.4.3.3.

R25.4.10 Reduction of development length for excess reinforcement

R25.4.10.1 A reduction in development length is permitted in limited circumstances if excess reinforcement is provided.

R25.4.10.2 The excess reinforcement factor $(A_{s,requried}/A_{s,provided})$, applicable to deformed bars without heads, is not applicable for headed bars where force is transferred through a combination of bearing at the head and bond along the bar. Concrete breakout due to bearing at the head was considered in developing the provisions of 25.4.4. Because the concrete breakout strength of a headed bar is a function of the embedment depth to the 1.5 power (refer to Eq. (17.4.2.2a)), a reduction in development length with the application of the excess reinforcement factor could result in a potential concrete breakout failure. Where a flexural member is part of the seismic-force-resisting-system, loads greater than those anticipated in design may cause reversal of moment at supports; some positive reinforcement should be fully developed into the support. This anchorage is required to ensure ductile response in the event of serious overstress, such as from earthquake or blast. It is not sufficient to use more reinforcement at lower stresses.

The reduction factor based on area is not to be used in those cases where anchorage development for full f_y is required. For example, the excess reinforcement factor does not apply for development of shrinkage and temperature reinforcement according to 24.4.3.4 or for development of reinforcement provided according to 8.7.4.2, 8.8.1.6, 9.7.7, and 9.8.1.6.

2) ACI 352R-02 Recommendations for Design of Beam-Column Connections in Monolithic Reinforced Concrete Structures

(1) 개요

보-기둥 접합부 전문위원회인 ACI 352 Joints and Connections in Monolithic Concrete Structures에서는 보와 기둥이 만나는 영역인 보-기둥 접합부에서의 주철근정착에 대한 상세한 사항을 규정하고 있다. 특히 강진지역에서는 반복적인 지진하중에 의해 접합부에 매우 큰 전단력이 작용하기 때문에 접합부 전단강도에 대한 설계가 필요하다. 보 주철근의 정착은 보 주철근의 설계강도 발현뿐만 아니라 접합부의 전단강도 및 전단변형에도 많은 영향을 미치기 때문에 작용하는 하중의 종류에 적합한 설계가 필요하다. 더불어 강진지역에서 접합부가 큰 변형을 경험하는 경우에는 보-기둥 접합부에 인접한 영역에서 소성힌지(plastic hinge)가 형성되기 때문에 보 주철근의 정착길이에 대한 위험단면(critical section) 위치가 ACI 318 등의 일반 설계기준과 상이하다.

(2) 정착길이의 위험단면

ACI 352에서는 지진하중에 의해 큰 소성변형을 지지해야 하는 접합부와 그밖의 접합부로 구분하고 있다. 즉 강진지역과 그 외 지역으로 구분하여 강진지역에 사용되는 접합부는 Type 2로 그 외 지역에 사용되는 접합부는 Type 1로 정의한다.

강진지역에서는 소성힌지가 형성되면 피복콘크리트가 쉽게 탈락되기 때문에 주철근의 정착길이에서 피복콘크리트는 무시해야 한다. Type 2 중간층 보-기둥 접합부에서는 보 단부에 소성힌지가 형성되므로 보 주철근의 정착길이에 대해 기둥 주철근의 외곽선을 위험단면으로 한다. Type 1 접합부는 ACI 318과 동일하게 기둥면을 위험단면으로 한다.

Type 2 최상층 보-기둥 접합부에서는 접합부 직하 기둥에서 소성힌지가 형성될 수 있으므로 기둥 주철근의 정착길이에 대해 보 하단 주철근의 외곽선을 위험단면으로 한다. 다음 그림은 Type 2 접합부의 위험단면을 나타내고 있다. Type 1 접합부는 ACI 318과 동일하게 보 하부면을 위험단면으로 한다.

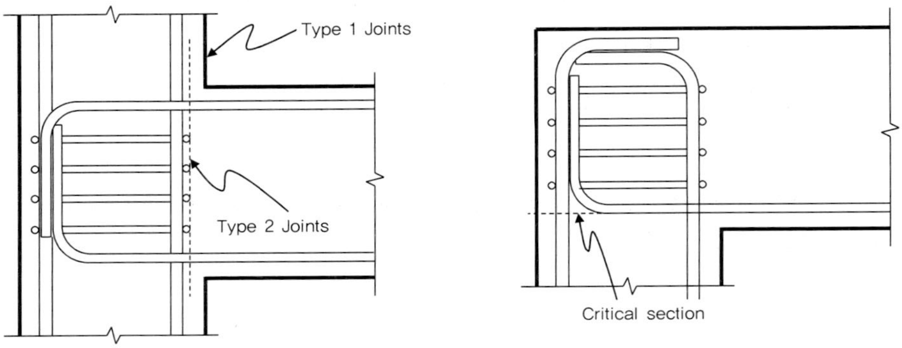

(a) 중간층 접합부에서 보 주철근의 위험단면　　(b) 최상층 접합부에서 기둥 주철근의 위험단면

그림 3.10 보-기둥 접합부에서 주철근의 정착길이 산정 위험단면

(3) 갈고리 정착 상세

ACI 352는 보-기둥 접합부 거동, 특히 접합부 전단거동에 중점을 둔 위원회이기 때문에 접합부의 전단거동을 향상시키기 위한 방법으로 정착상세를 규정하고 있다. 갈고리는 다음 그림과 같이 기둥 후면 횡보강철근의 외곽선으로부터 50mm 이내에 배치한다.

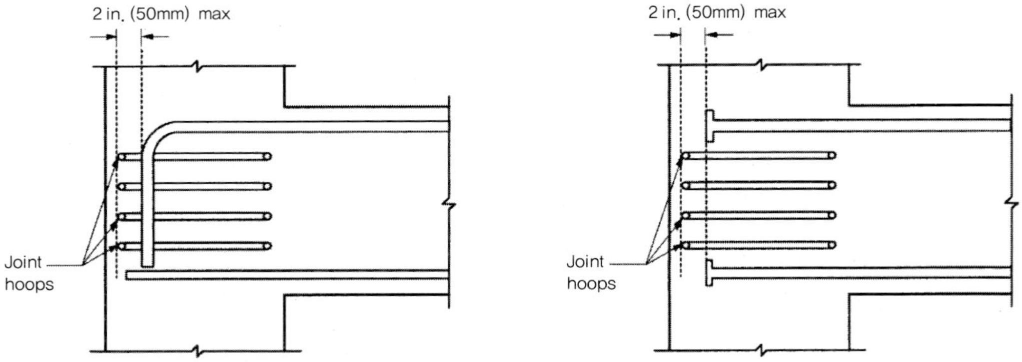

그림 3.11 보-기둥 접합부에서 보 주철근 갈고리 및 정착판의 위치위험단면

갈고리방향은 접합부의 중앙으로 배치(보 하단 주철근의 갈고리는 상향)함으로써 접합부 콘크리트가 횡구속되도록 규정하고 있다. 또한 보 주철근이 2단 이상으로 구성된 경우 2번째 갈고리는 최외단 갈고리로부터 $3d_b$ 이내에 배치해야 한다.

(4) 갈고리 정착길이

위험단면으로부터 갈고리 철근정착길이는 접합부의 종류에 따라 다음 표에 따라 산정한다.

표 3.5 ACI 352의 갈고리 정착길이 산정 절차 및 최소 가능 길이 비교

단계	Type 1	Type 2
1단계. 기본정착길이 산정	$l_{dh}=\dfrac{f_y d_b}{4.2\sqrt{f_c'}}=\dfrac{0.24 f_y d_b}{\sqrt{f_c'}}$	$l_{dh}=\dfrac{\alpha f_y d_b}{6.2\sqrt{f_c'}}=\dfrac{0.16\alpha f_y d_b}{\sqrt{f_c'}}$
2단계. 보정계수 (a) 피복두께 계수 (b) 횡보강철근 영향계수	 0.7 0.8	 - 0.8
가능한 최소 정착길이	$l_{dh}=\dfrac{0.1344 f_y d_b}{\sqrt{f_c'}}$	$l_{dh}=\dfrac{0.16 f_y d_b}{\sqrt{f_c'}}$

Type 1 접합부는 일반 접합부로 ACI 318과 동일한 정착길이가 산정된다. 또한 피복두께 및 횡보강철근에 따른 보정계수, 그리고 최소 정착길이도 ACI 318과 동일하다.

Type 2 접합부에서는 정착되는 철근의 설계기준 항복강도에 강도증대계수(stress multiplier) α를 고려한 강도가 발현될 수 있도록 정착해야 한다. 강도증대계수 α는 다음 2가지 영향을 고려한 것이다.

(a) 철근의 실제 항복강도는 공칭항복강도 대비 10%~25% 정도 크다.

(b) 변형경화에 의한 강도 향상 효과

내진용 철근에 사용되는 ASTM A 706에 따라 생산된 철근에서는 강도증대계수 α를 1.25 이상으로 고려해야 한다. Type 1은 약진지역으로 접합부가 큰 변형을 경험하지 않으므로 변형경화를 고려하지 않는다.

Type 2 접합부가 충분한 횡보강철근으로 횡구속된 경우에는 ACI 318과 Type 1 접합부와 동일하게 0.8의 보정계수를 곱한다. Type 2 접합부에서는 피복두께에 의한 보정계수 0.7을 고려하지 않는다. Type 2 접합부는 충분한 피복두께에 의해 횡구속된 것으로 가정하므로 피복두께 보정계수 0.7이 포함되어 정착길이 설계식이 개발되었다.

Type 2에 사용되는 정착길이가 Type 1보다 짧은 것처럼 보일 수 있으나 상기 표와 같이 가능한 최소길이를 산정하면 Type 2가 더 길다. 또한 위험단면의 위치가 Type 2에서는 기둥 주철근의 외곽선으로 더 긴 정착길이가 필요하다.

Code

4.5 Development of reinforcement

4.5.1 Critical sections for development of longitudinal member reinforcement—For beams, the critical section for development of reinforcement, either hooked or headed, should be taken at the face of the column for Type 1 connections and at the outside edge of the column core for Type 2 connections. The outside edge of the column core corresponds to the outside edge of the joint transverse reinforcement. For columns, the critical section should be taken as the outside edge of the beam longitudinal reinforcement that passes into the joint.

4.5.2 Hooked bars terminating in the connection

4.5.2.1 Hooks should be located within 2 in. (50mm) of the extent of the confined core furthest from the critical section for development, as defined in Section 4.5.1. For beams with more than one layer of flexural reinforcement, the tails of subsequent layers of reinforcement should be located within $3d_b$ of the adjacent tail. The development length provisions of Section 4.5.2.3 for Type 1 connections and 4.5.2.4 for Type 2 connections should be met. The minimum development length l_{dh}, as defined in the following sections, should not be less than the smaller of $8d_b$ and 6 in. (150mm).

4.5.2.2 The tail extension of the hooks should project towards the midheight of the joint.

4.5.2.3 For Type 1 connections, the development length l_{dh} of a bar terminating in a standard hook within a joint should be computed as follows

$$l_{dh} = \frac{f_y d_b}{50\sqrt{f_c{}'}}(\mathrm{psi}) \qquad (4.9)$$

$$\frac{f_y d_b}{4.2\sqrt{f_c{}'}}(\mathrm{MPa})$$

a. For No. 11 bar and smaller, if side cover normal to the plane of the hook is at least $2\frac{1}{2}$ in. (65mm), and cover on the bar extension beyond the hook is at least 2 in. (50mm), l_{dh}, as given in Eq. (4.9), can be multiplied by 0.7.

b. For No. 11 bar and smaller, if the hook is enclosed vertically or horizontally within ties or stirrup-ties that are provided along the full development length at a spacing not greater than $3d_b$, where d_b is the diameter of the bar anchored, then l_{dh}, as given in Eq. (4.9), can be multiplied by 0.8.

4.5.2.4 For Type 2 connections, bars terminating within the confined core of the joint should be anchored using a 90 degree standard hook. The development length, measured from the critical section as defined in Section 4.5.1, should be computed as follows

$$l_{dh} = \frac{\alpha f_y d_b}{75\sqrt{f_c'}}(\text{psi}) \quad (4.10)$$

$$= \frac{\alpha f_y d_b}{6.2\sqrt{f_c'}}(\text{MPa})$$

where α is the stress multiplier for longitudinal reinforcement at joint/member interface for Type 2 connections.

a. If transverse joint reinforcement is provided at a spacing less than or equal to three times the diameter of the bar being developed, l_{dh}, as given in Eq. (4.10), can be multiplied by 0.8.

b. At exterior connections, beam longitudinal reinforcement that passes outside the column core should be anchored in the core of the transverse beam following the requirements of Section 4.5.2.3. The critical section for development of such reinforcement should be the outside edge of the beam core.

4.5.2.5 For multiple layers of reinforcement, the bars in each layer should follow the requirements of Sections 4.5.1 and 4.5.2 as appropriate.

Commentary

4.5.1 During intense seismic loading, moment reversals are to be expected at beam-column connections that cause stress reversals in the beam, column, and slab longitudinal reinforcement at the connection. Research results have shown that the concrete cover over the column bars quickly becomes ineffective for bar development in Type 2 connections (Hawkins, Kobayashi, and Fourney 1975). Thus, the critical section for development is taken at the face of the confined column core (Fig. 4.8). The critical section for the development of column bars is of interest mainly in roof joints and other locations where a column is discontinued. At these joints, the plastic hinge may form in the column. In this case, the critical section for development of the column bars should be taken as the plane formed by the outside edge of the beam bottom reinforcement that either passes through (T-joints) or is anchored in the beam-column joint (knee joints).

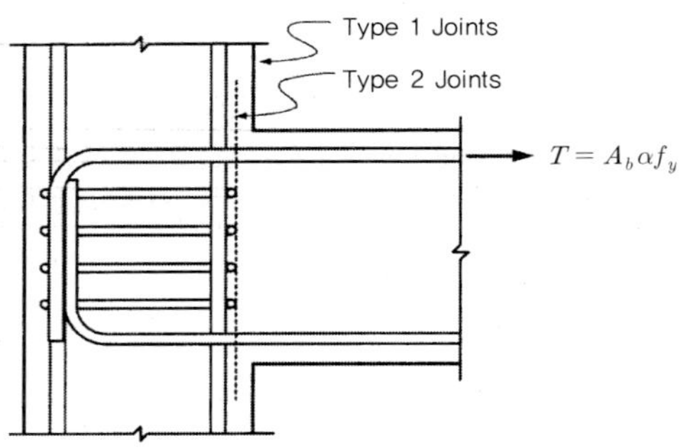

Fig. 4.8 Critical section for development of beam longitudinal reinforcement terminating in the joint.

4.5.2 For most Type 1 and all Type 2 exterior connections, bars terminating at a connection may be anchored using a standard hook as defined by ACI 318-02, or a headed bar (Section 4.5.3). The tails of the hooks should face into the joint as shown in Fig. 4.8 and 4.9 to promote the development of a diagonal compression strut within the joint, which is the main joint-resisting mechanism relied on in these recommendations. Column longitudinal reinforcement is not shown for clarity in this illustration. The required hook development length is given by Eq. (4.9) and (4.10), which were derived from work done by ACI Committee 408 (1979).

Equation (4.9) is a combination of the provisions in ACI 318-02, Sections 12.5.2 and 12.5.3. Sections 4.5.2.3(a) and (b) are equivalent to Sections 12.5.3(a) and (b) of ACI 318-02. The differences between Eq. (4.9) and (4.10) reflect several factors including :

a. the hook in a Type 2 connection should be enclosed within the confined core so the 0.7 factor of Section 4.5.2.3(a) is included;

b. an increase in length is factored into the equation to reflect the detrimental effects of load reversals (Hawkins, Kobayashi, and Fourney 1975); and

c. the increase in stress under large deformations is included with the factor α for Type 2 connections. Sections 4.5.2.3(b) and 4.5.2.4(a) reflect the beneficial effects of very closely spaced transverse reinforcement. In most cases, the spacing of transverse reinforcement will be greater than recommended in these sections to avoid congestion problems.

For hooked bars in Type 1 connections, when the conditions of Sections 4.5.2.3(a) and (b) are both met, the development length given by Eq. (4.9) can be reduced by the product of 0.7 and 0.8, respectively.

Anchorage of hooked bars outside the column core in widebeam-column exterior connections is improved by providing tightly spaced transverse torsion reinforcement in the transverse beams and by placing the hook inside the core of the transverse beam (Section 4.5.2.4(b)). Transverse torsion reinforcement will delay the bar hook from spalling the concrete on the exterior face of the transverse beam (Gentry and Wight 1992). Minimum spacing is similar to that of Section 4.2.2.3.

3) AASHTO LRFD Bridge Design Specifications (2012)

ACI 318과 동일하다. 단, 기본정착길이 l_{hb} 산정식에서 f_y를 직접 고려하지 않고 Gr. 60 (f_y =420MPa)을 초과하는 철근에 대해 보정계수를 곱하는 방법으로 산정한다. 이 식은 ACI 318-95까지 사용하던 식이며, 현재 ACI 318-14의 식과 표현의 차이일 뿐 정착길이는 동일하다. AASHTO에서는 콘크리트 강도를 ksi단위를 사용하여 psi단위를 사용하는 ACI 318과 설계식의 계수가 상이하다.

Code

5.11.2.4 Standard Hooks in Tension

5.11.2.4.1 Basic Hook Development Length

The development length, l_{dh}, in in., for deformed bars in tension terminating in a standard hook specified in Article 5.10.2.1 shall not be less than :

- The product of the basic development length l_{hb}, as specified in Eq. 5.11.2.4.1-1, and the applicable modification factor or factors, as specified in Article 5.11.2.4.2;
- 8.0 bar diameters; or
- 6.0 in.

Basic development length, l_{hb}, for a hooked-bar with yield strength, f_y, not exceeding 60.0 ksi shall be taken as :

$$l_{hb} = \frac{38.0 d_b}{\sqrt{f_c'}} \qquad (5.11.2.4.1\text{-}1)$$

where :

d_b = diameter of bar (in.)

f_c' = specified compressive strength of concrete at 28 days, unless another age is specified (ksi)

5.11.2.4.2 Modification Factors

Basic hook development length, l_{hb}, shall be multiplied by the following factor or factors, as applicable, where :

- Reinforcement has a yield strength exceeding 60.0ksi .... $f_y/60$
- Side cover for No. 11 bar and smaller, normal to plane of hook, is not less than 2.5 in., and 90° hook, cover on bar extension beyond hook not less than 2.0 ...... 0.7
- Hooks for No. 11 bar and smaller enclosed vertically or horizontally within ties or stirrup ties which are spaced along the full development length, l_{dh}, at a spacing not exceeding $3d_b$ 0.8
- Anchorage or development of full yield strength is not required, or where reinforcement is provided in excess of that required by analysis
.... $(A_{s\,required}/A_{s\,provided})$

• Lightweight aggregate concrete is used ·· 1.3

• Epoxy-coated reinforcement is used ·· 1.2

5.11.2.4.3 Hooked–Bar Tie Requirements

For bars being developed by a standard hook at discontinuous ends of members with both side cover and top or bottom cover less than 2.5 in., the hooked-bar shall be enclosed within ties or stirrups spaced along the full development length, l_{dh}, not greater than l_{dh} as shown in Figure 5.11.2.4.3-1. The factor for transverse reinforcement, as specified in Article 5.11.2.4.2, shall not apply.

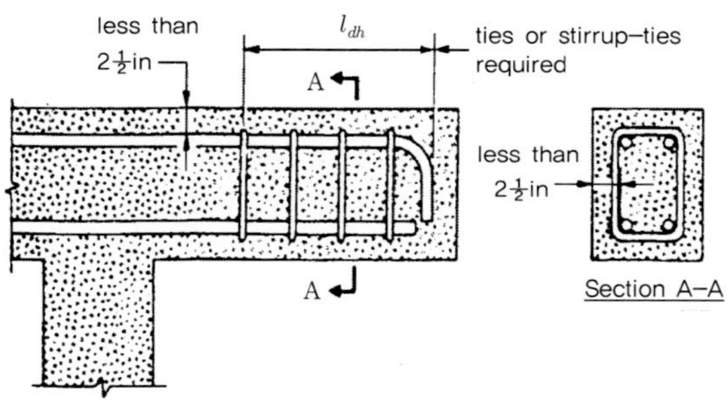

Figure 5.11.2.4.3–1 Hooked–Bar Tie Requirements

Commentary

C5.11.2.4.1

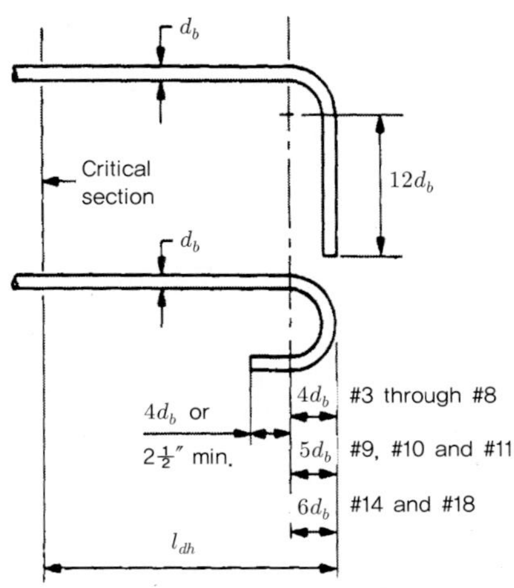

Figure C5.11.2.4–1 Hooked–Bar Details for Development of Standard Hooks (ACI)

C5.11.2.4.2

Recent tests indicate that the development length for hooked-bars should be increased by 20 percent to account for reduced bond when reinforcement is epoxy-coated. The proposed change was adopted by ACI Committee 318 in the 1992 edition of the Building Code Requirements for Reinforced Concrete (Hamad et al., 1990).

4) ASME III Div. 2(2013) Code for Concrete Containments : Rules for Construction of Nuclear Facility Components

원전구조물 중 격납구조물 설계에 사용되는 ASME Sec. III Div. 2의 갈고리 정착길이 산정방법은 ACI 318과 동일하다. 단, 기본정착길이 l_{hb} 산정식에서 f_y를 직접 고려하지 않고, Gr. 60(f_y =420MPa)을 초과하는 철근에 대해 보정계수를 곱하는 방법으로 산정한다. 이 식은 ACI 318-95까지 사용하던 식이며, 현재 ACI 318-14의 식과 표현의 차이일 뿐 정착길이는 동일하다.

Code
CC-3532.3 Development of Standard Hooks in Tension (Unit : US-customary unit, SI unit in) (a) Development length l_{dh}, in inches, for deformed bars in tension terminating in a standard hook (CC-4321) shall be computed as the product of the basic development length l_{hb} of (b) below and the applicable modification factor or factors of (c) below, but l_{dh} shall not be less than $8d_b$ or 6 in. (150mm), whichever is greater. (b) Basic development length l_{hb} for a hooked bar with f_y equal to 60,000 psi (420MPa) shall be $1,200d_b/\sqrt{f_c'}$ $\left(100d_b/\sqrt{f_c'}\right)$ constant carries unit of lb/in.^{2} (c) Basic development length l_{hb} shall be multiplied by applicable factor or factors for (1) Bar Yield Strength. Bars with f_y other than 60,000 psi (420MPa) : f_y/60,000 (f_y/420). (2) Concrete Cover. For #11 bar (D36) and smaller, side cover (normal to plane of hook) not less than $2\frac{1}{2}$ in. (64mm), and for 90 deg hook, cover on bar extension beyond hook not less than 2 in.(50mm) : 0.7.

(3) Ties or Stirrups. For #11 bar (D36) and smaller, hook enclosed vertically or horizontally within ties or stirrup ties spaced along the full development length l_{dh} not greater than $3d_b$, where d_b is diameter of hooked bar : 0.8.

(4) Excess Reinforcement. Where anchorage or development for f_y is not specifically required, reinforcement in excess of that required by analysis : $(A_s\,required)/(A_s\,provided)$

(d) For bars being developed by a standard hook at discontinuous ends of members with both side cover and top (or bottom) cover over hook less than $2\frac{1}{2}$ in. (64mm), hooked bar shall be enclosed within ties or stirrup ties spaced along the full development length l_{dh} not greater than $3d_b$, where d_b is diameter of hooked bar. For this case, factor of (c)(3) above shall not apply.

(e) Notation

d_b =nominal diameter of bar

l_{dh} =development length of standard hook in tension, measured from critical section to outside end of hook [straight embedment length between critical section and start of hook (point of tangency) plus radius of bend and one bar diameter]

$=l_{hb}\times$applicable modification factors

l_{hb} =basic development length of standard hook in tension

Commentary
None

5) ACI 349-13 Code Requirements for Nuclear Safety-Related Concrete Structures

원자력발전소 건설에는 경량콘크리트를 사용하지 않기 때문에 격납구조물을 제외한 원자력발전소에 적용되는 ACI 349-13에서는 경량콘크리트계수 λ를 항상 1.0으로 한다. 나머지 사항은 모두 ACI 318-08과 동일하다.

Code
12.5 Development of standard hooks in tension Same as ACI 318-08 except $\lambda=1.0$
Commentary
None

6) fib Model Code for Concrete Structures 2010

(1) 개요

fib에서 발행된 Model Code 2010는 1990년 Model Code 이후 20년만의 개정판이다. fib의 정착/이음 설계식은 다음 식과 같이 설계부착강도(f_{bd})를 이용하여 철근에 요구되는 설계강도(f_{yd})를 발현시키기 위한 정착길이 또는 이음길이를 산정하는 매우 기본적인 개념을 따르고 있다.

$$f_{bd} l_b \pi \phi = f_{yd} \frac{\pi \phi^2}{4} \rightarrow l_b = \frac{\phi f_{yd}}{4 f_{bd}} \tag{3.2}$$

(2) 갈고리 철근 상세

갈고리를 형성하기 위한 굽힘가공에서 내면 지름의 치수는 철근의 휨균열과 갈고리 내부의 콘크리트 파괴를 방지하기 위해 충분히 커야 한다.

fib Model Code에서는 ACI 318 및 이를 참조하는 여러 설계기준과 다른 갈고리 상세를 적용하고 있다. 그림 3.12에서 철근가공의 내면 지름을 보여주고 있다. 갈고리 철근은 주철근의 경우 d_2이며, 스터럽은 d_3으로 정의하고 있다.

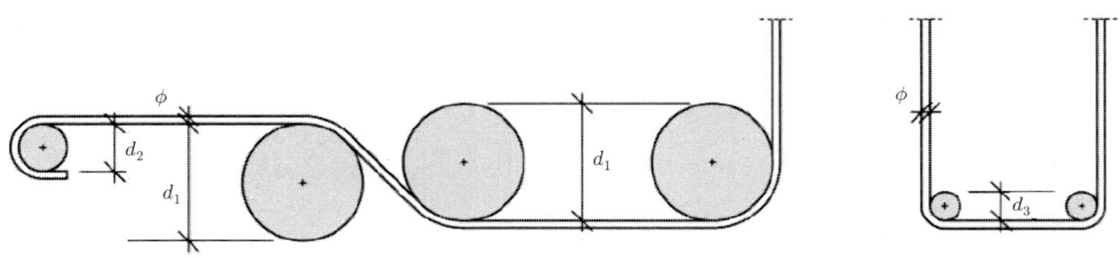

그림 3.12 fib Model Code 2010의 갈고리 내면 지름

철근 지름이 커질수록 더 큰 내면 지름이 필요하며, 횡방향 철근이 배근된 경우 갈고리 내부의 콘크리트가 횡구속되기 때문에 내면 지름을 줄일 수 있다. 철근 용도별, 지름별 내면 지름은 다음과 같다.

표 3.6 fib Model Code 2010에서 갈고리 내면 지름

종류	일반 조건		횡보강철근이 배근된 경우 (접합부 모서리 등)	
	지름	내면 지름	지름	내면 지름
주철근의 갈고리	$\phi \le 20mm$	6ϕ	$\phi \le 16mm$	4ϕ
	$20mm < \phi \le 30mm$	8ϕ	$16mm < \phi \le 30mm$	7ϕ
	$30mm < \phi \le 40mm$	10ϕ	$30mm < \phi \le 40mm$	10ϕ
스터럽의 갈고리	$\phi \le 16mm$	4ϕ	-	-

굽힘가공은 철근에 큰 소성변형이 작용하기 때문에 용접된 철근은 용접부의 손상이나 철근의 휨균열이 발생될 수 있다. 용접된 철근을 굽힘가공할 때는 용접부로부터 최소 10ϕ 이상 떨어진 곳에서 굽힘가공한다. 용접철근의 최소 내면 지름은 다음 그림 3.13과 같다.

Recommended minimum mandrel	
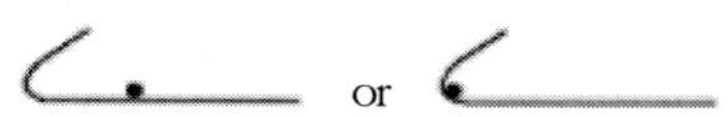	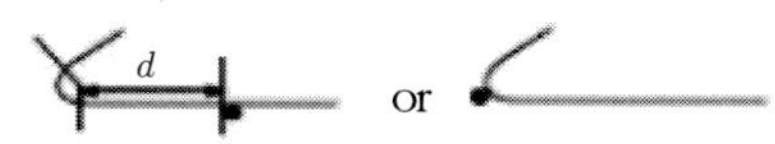
5ϕ	$d \ge 3\phi$: 5ϕ $d > 3\phi$ or welding withing the bent zone : 20ϕ

그림 3.13 fib Model Code 2010의 용접 철근의 굽힘가공 최소 내면 지름

갈고리 연장길이는 각국의 규정에 따른다.

(3) 갈고리 철근정착길이 산정 방법

갈고리 철근 또는 확대머리철근에는 직선구간의 부착 외에 지압에 의한 효과가 있으므로 발현해야 하는 설계강도에 이 효과를 제외해야 한다. 그림 3.14에 갈고리 철근의 부착길이 및 상세를 보여주고 있다.

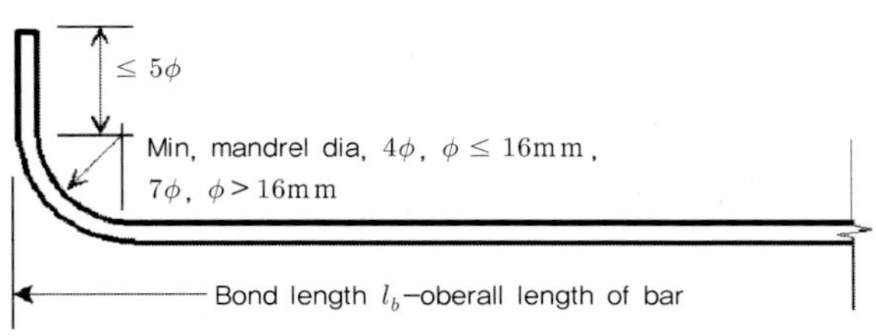

그림 3.14 fib Model Code 2010의 갈고리 철근 부착길이 l_b 및 갈고리 상세 정의

fib Model Code 2010에서는 설계강도 대신 정착길이 l_b의 부착에 의해 발현해야 하는 철근응력(σ_{sd})을 다음과 같이 규정하고 있다.

$$\sigma_{sd} = \alpha_1 f_{yd} - \frac{F_h}{A_s} \tag{3.3}$$

$$F_h = 60 f_{bd} A_s \tag{3.4}$$

여기서, $\alpha_1 = A_{s,cal}/A_{s,ef}$이며 $A_{s,cal}$, $A_{s,ef}$는 각각 요구되는 철근량과 배근된 철근량이다. 단, 횡방향으로 압축응력이 작용될 때에만 적용하며, 인장응력이 작용될 때는 $\alpha_1 =$ 1.0으로 둔다. F_h는 인장을 받는 철근에서 갈고리, 정착판, 직교방향 철근을 용접한 경우 압축을 받는 철근에서 철근 단부에 의해 발현된 단부 지압력이다. f_{bd}는 설계부착강도이며, A_s는 철근 단면적이다.

식 (3.4)을 식 (3.3)에 대입하면 다음과 같이 정리된다.

$$\sigma_{sd} = \alpha_1 f_{yd} - \frac{F_h}{A_s} = \alpha_1 f_{yd} - \frac{60 f_{bd} A_s}{A_s} = \alpha_1 f_{yd} - 60 f_{bd} \tag{3.5}$$

fib Model Code 2010에서는 갈고리 철근정착길이로 부착에 의해 발현해야 하는 철근응력과 설계부착강도를 이용하여 다음 식으로 산정한다.

$$l_b = \frac{\phi \sigma_{sd}}{4 f_{bd}} \geq l_{b,\min} \tag{3.6}$$

$$l_{b,\min} > \max\{0.3\phi f_{bd}/(4f_{bd})\ ;\ 10\phi\ ;\ 100\text{mm}\} \tag{3.7}$$

식 (3.6)에 식 (3.5)를 대입하면 정착길이는 다음과 같이 산정된다.

$$l_b = \frac{\alpha_1 f_{yd} - 60 f_{bd}}{4 f_{bd}} \phi = \left(\frac{\alpha_1 f_{yd}}{4 f_{bd}} - 15 \right) \phi \tag{3.8}$$

갈고리에 의해 철근지름 15배의 정착길이 축소 효과가 있다.

(4) 설계부착강도(f_{bd}) 산정 방법

설계부착강도 f_{bd}는 2장에서 설명한 겹침이음길이 산정에 사용되는 설계부착강도와 동일하다.

$$f_{bd}=(\alpha_2+\alpha_3)f_{bd,0}-2p_{tr}/\gamma_c<2.5f_{bd,0}-0.4p_{tr}/\gamma_c<1.5(\sqrt{f_{ck}})/\gamma_c \quad (3.9)$$

$$f_{bd,0}=\eta_1\eta_2\eta_3\eta_4(f_{ck}/25)^{0.5}/\gamma_c \quad (3.10)$$

사용된 기호의 설명은 다음과 같다.

$f_{bd,0}$: 기본부착강도

α_2 : 피복두께에 의한 횡보강 효과. 이형철근 $\alpha_2=(c_{\min}/\phi)^{0.5}(c_{\max}/c_{\min})^{0.15}$, 에폭시 도막철근 $\alpha_2=(c_{\min}/\phi)^{0.8}(c_{\max}/c_{\min})^{0.15}$이며, $0.5\le c_{\min}/\phi\le 3.5$, $1\le c_{\max}/c_{\min}\le 5$이다.

α_3 : 직교방향 철근에 의한 횡보강 효과. $\alpha_3=k_d(K_{tr}-\alpha_t/50)\ge 0.0$이며, $K_{tr}\le 0.05$이다.

K_{tr} : 횡방향 철근 계수. $n_tA_{st}/(n_b\phi s_t)$

p_{tr} : 쪼갬파괴면에 직각방향으로 작용되는 응력(압축은 음수(−), 인장은 양수(+))

γ_c : 부분안전계수 1.5

f_{ck} : 콘크리트 특성압축강도

η_1 : 철근 표면 계수. 이형철근 1.75, 에폭시 도막철근 1.4

η_2 : 철근 방향 및 위치 계수. 좋은 부착조건=1.0 : 수평면에서 45도 이상 기울어진 철근 또는 수평면에서 45도 이하 기울어진 철근으로 바닥면에서 250mm 이내이거나 위에서 아래로 콘크리트가 타설될 때 콘크리트 상부면에서 300mm 이하에 위치한 철근. 그 외 부착조건=0.7

η_3 : 철근 지름 계수. 25mm 이하 1.0, 25mm 초과 $\eta_3=(25/\phi)^{0.3}$

η_4 : 철근 강도 계수

철근 항복강도 (MPa)	η_4
400	1.20
500	1.00
600	0.85
700	0.75
800	0.68

(5) 피복두께, 철근 간격 산정 방법

설계부착강도 산정에서 피복두께에 의한 횡보강 효과 α_2계산에 사용되는 피복두께와 철근 간격은 다음 그림과 같이 산정한다.

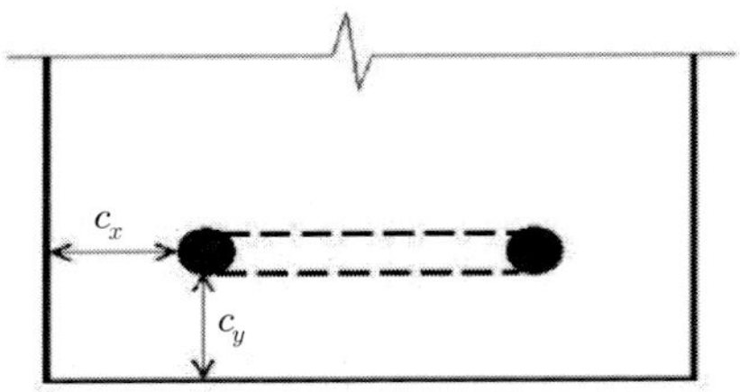

(a) U형 갈고리 경우

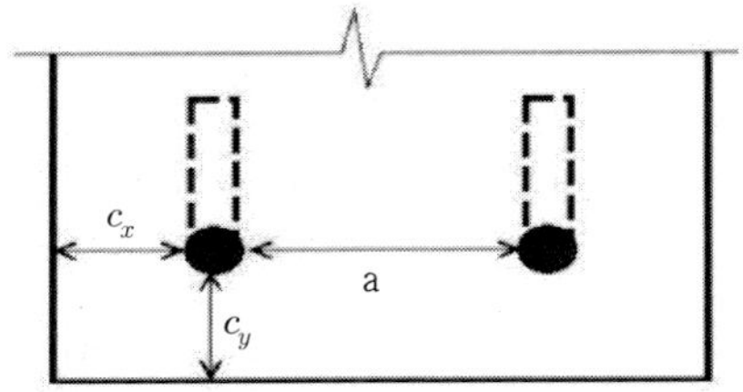

(b) 갈고리가 나란히 배치된 경우

그림 3.15 fib Model Code 2010에서 갈고리 철근 피복두께 및 철근간격 산정 방법

U형(또는 루프(loop)) 갈고리가 형성된 경우 철근간격을 무시하고 피복두께만을 이용하여 $c_{\min}$을 산정하며, 갈고리가 한 방향으로 나란히 배치되는 경우에는 $c_{\min}$을 측면 또는 하부 피복두께와 철근 순간격의 1/2 중 작은 값으로 산정한다.

$c_{\min}$값은 정착된 철근의 부착 또는 지압에 의한 쪼갬파괴에 직접적인 영향을 준다. U형 갈고리 경우에는 양쪽의 철근에 의해 1개의 쪼갬균열만 발생되며, 이때 파괴는 피복두께에 의해서만 결정된다. 갈고리가 나란히 배치되면 쪼갬균열이 각 철근에서 발생되어 철근 간격이 좁으면 철근 순간격이 쪼갬파괴를 지배하고, 피복두께가 작은 경우에는 피복탈락이 발생한다.

(6) 콘크리트 콘 파괴 검토

콘크리트 콘 파괴는 앵커의 주된 파괴유형으로, 매우 큰 콘크리트 블록에 앵커가 인장을 받을 때 발생한다. 그림 3.16은 인장을 받는 앵커의 콘크리트 콘 파괴를 보여주고 있다. 콘크리트 콘 파괴는 앵커에 작용하는 인장력 외에 다른 하중이 콘크리트에 영향을 미치지 않을 때 발생되며, 앵커의 정착력은 콘크리트의 인장강도로만 지지된다. 파괴면은 묻힘깊이의 1.5배 영역으로 가정된다.

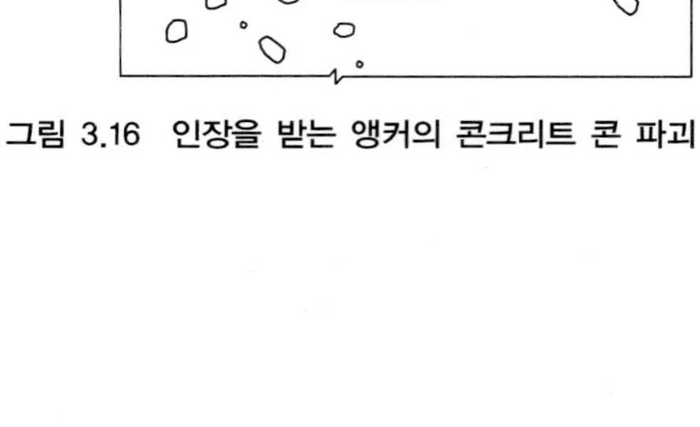

그림 3.16 인장을 받는 앵커의 콘크리트 콘 파괴

갈고리 철근의 정착에서도 그림 3.17과 같은 콘크리트 콘 파괴가 발생할 수 있다. 순수 인장을 받는 구조물을 제외하고, 앵커에 작용되는 인장력은 휨모멘트에 의해 유발되기 때문에 앵커에 작용되는 인장력과 동일한 압축력(짝힘)이 앵커 주변에 작용한다. 이 압축력은 콘크리트 콘 파괴를 억제하여 앵커의 인장강도는 매우 향상된다. 갈고리 철근에서도 그림 3.17(b)와 같이 휨모멘트에 의해 인장력이 발생하고, 갈고리 철근정착길이(l_b)가 모멘트 팔길이(z)의 0.6배 이상이며, 이러한 콘 파괴는 발생하지 않는다. 즉 그림 3.17의 콘크리트 콘 파괴 영역 이내에 압축력이 존재하면 이러한 콘크리트 콘 파괴는 발생하지 않는다.

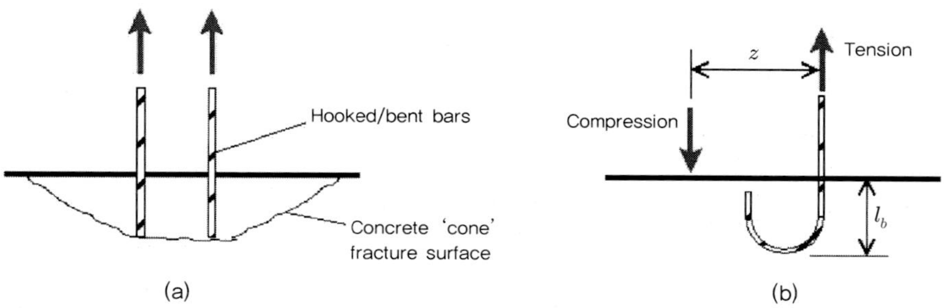

그림 3.17 갈고리 철근에 의한 콘크리트 콘 파괴

(7) 최소 정착길이

최소 정착길이는 다음 3가지 중 최대값으로 규정되어 있다.

(a) 직선정착길이의 30%

(b) 철근지름의 10배

(c) 100mm

참고로 콘크리트구조 학회기준 및 ACI 318에서는 철근지름의 8배와 150mm 중 큰 값으로 최소 정착길이를 규정하고 있다.

Code

6.1.3.4 Design anchorage length

The stress in the reinforcement to be anchored by bond over the distance l_b, Figure 6.1-15, is :

$$\sigma_{sd} = \alpha_1 f_{yd} - \frac{F_h}{A_s} \qquad (6.1\text{-}24)$$

where :

F_h is the force developed by the other measures listed in 6.1.3. F_h =0 in the case of straight tension bars;

A_s is the cross-sectional area of the bar considered;

α_1 is defined in 6.1.3.1.

The design anchorage length l_b may be calculated from :

$$l_b = \frac{\phi \sigma_{sd}}{4 f_{bd}} \geq l_{b,\min} \qquad (6.1\text{-}25)$$

Minimum anchorage length

$$l_{b,\min} > \max\{0.3\phi f_{yd}/(4f_{bd});\ 10\phi;\ 100\ \mathrm{mm}\} \qquad (6.1\text{-}26)$$

6.1.3.5 Contribution of hooks and bends

End bends or hooks contribute to transfer of force for bars in tension. The value of F_h in Eq. (6.1-24) for a standard bend or hook may be taken as :

$$F_h = 60 f_{bd} A_s \qquad (6.1\text{-}27)$$

In the calculation of f_{bd} in Eq. (6.1-21) :

α_2 is to be calculated using dimensions as shown in Figure 6.1-16;

α_3 is to be determined from transverse reinforcement perpendicular to the plane of the hook or bend, Eq. (6.1-21);

p_{tr} =0 where the transverse compression acts parallel to the plane of the hook - Eq. (6.1-21).

Where hooked bars are closely spaced and anchor a predominantly tensile force, the possibility of a concrete cone type failure mode must be considered (Figure 6.1-17a).

7.13.2.4 Forms and bends

Compliance with the minimum mandrel diameters (Figure 7.13.1) prevents bending cracks in the reinforcing steel and failure of the concrete enclosed by the bend. The mandrel diameters have to be specified by the design engineers. The following minimum mandrel diameters have to be complied with :

- for bends $d_1 = 15\phi$
- for end hooks, angle hooks, loops

  $d_2 = 6\phi$ for bars $\leq$ 20mm

  $d_2 = 8\phi$ for bars $>$ 20 and $\leq$ 30mm

  $d_2 = 10\phi$ for bars $>$ 30 and $\leq$ 40mm

- for stirrups $d_3 = 4\phi$ for bars $\leq$ 16mm

If transverse reinforcement is provided, the mandrel diameters may be reduced in special cases (e. g. frame corners or loop anchorages) :

- for end hooks, angle hooks, loops

  $d_2 = 4\phi$ for bars $\leq$ 16mm

  $d_2 = 7\phi$ for bars $>$ 16mm and $\leq$ 30mm

  $d_2 = 10\phi$ for bars $>$ 30 and $\leq$ 40mm

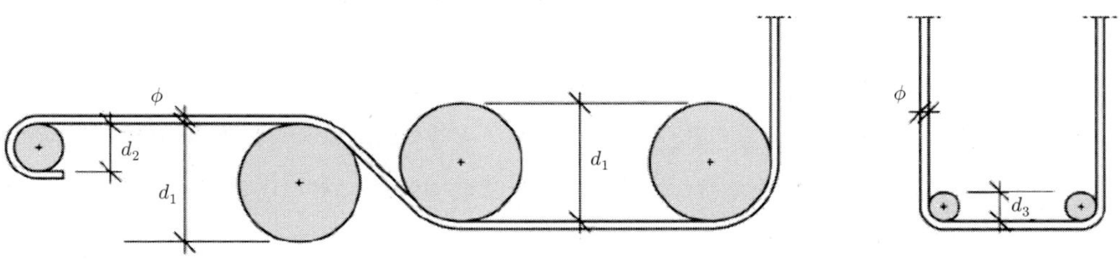

Figure 7.13–1 Mandrel diameters

No welds are permitted in the immediate vicinity of bends.

In the case of welded reinforcement, the minimum distance between the bend and the weld is 10ϕ. The distance may be reduced if the weld is not fully loaded.

In the case of bent mesh reinforcement, the cross bars should be located outside the bending zone.

Recommended values for the minimum permissible mandrel diameter for welded reinforcement or welded fabric bent after welding are given in Figure 7.13-2.

Recommended minimum mandrel	
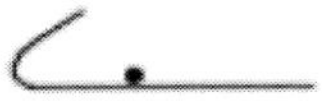 or 	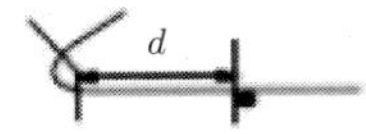 or 
5ϕ	$d \geq 3\phi$: 5ϕ $d > 3\phi$ or welding withing the bent zone : 20ϕ

Figure 7.13-2 Recommended minimum mandrel diameter for welded reinforcement or welded fabric after welding

Commentary

6.1.3.4 Design anchorage length

Bond length l_b is measured to the end of a straight bar or to the outside of a hook or bend.

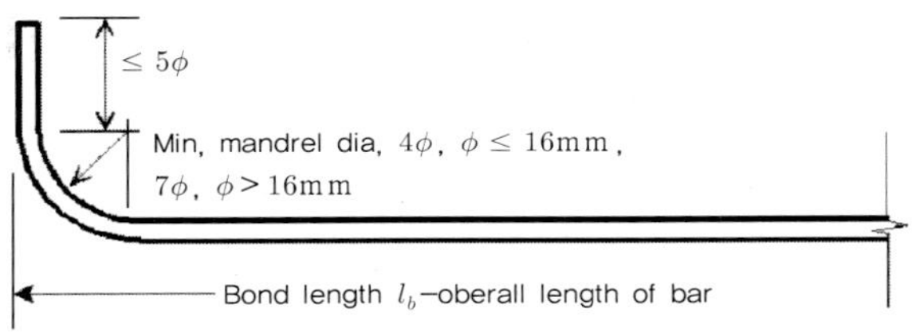

Figure 6.1-15 Bond length, bar terminating in hook or bend

6.1.3.5 Contribution of hooks and bends

With the exception of compression bars of columns or walls in footings or equivalent locations where cover perpendicular to the bar axis is very high, bends and hooks are not permitted for compression reinforcement. The exceptions are in footings and in exterior beam/column joints where the bend is toward the inside of the joint, the end cover parallel to the bar axis is at least 3.5ϕ and dense transverse reinforcement is provided in that cover over the entire length of the bend or hook.

Eq. (6.1-27) is based on the standard bend radius. For larger bend radii, see subsection 7.13.2.

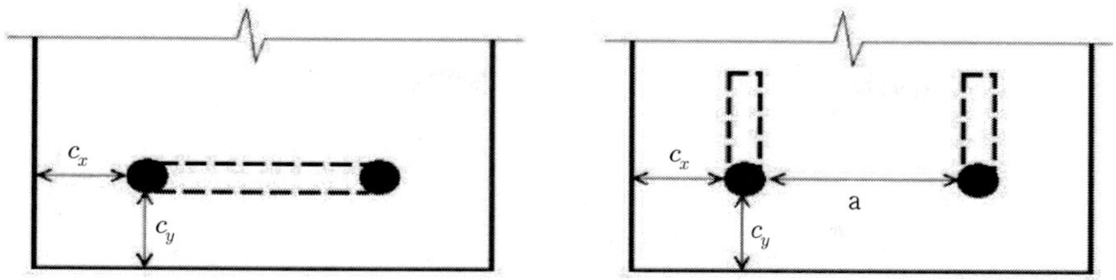

$c_{min} = \min(c_x, c_y)$

$c_S = 2c_{min}$

$c_{min} = \min(c_x, c_y, a/2)$

$c_S = a$

Figure 6.1-16 Notation for bar spacing and cover : hooks and bends

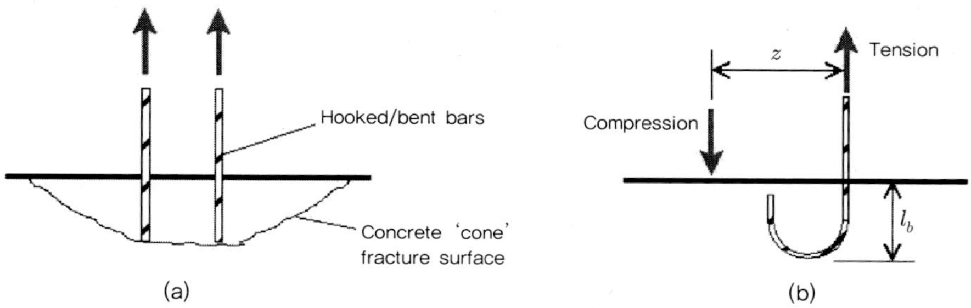

Figure 6.1-17 Cone failure hooked bars

The concrete cone failure mode may be modified when the tension force in the hooked or bent bar forms part of a moment couple (Figure 6.1-17b).

For more details reference should be made to information on cast-in anchors in the fib No. 58. "Design of anchorages in concrete. Guide to good practice."

7) Eurocode 2 : Design of concrete structures Part 1-1 : General rules and rules for buildings BS EN 1992-1-1 : 2004

(1) 개요

Eurocode 2(2004)는 fib Model Code 1990을 바탕으로 실무적인 설계기준을 제공하고 있다. 특히 Eurocode 2는 ACI 318과 ACI 318을 근간으로 하고 있는 여러 설계기준과 달리 하중의 종류(인장, 압축), 직선/갈고리의 구분 없이 하나의 식으로 표현한 후 여러 보정계수를 곱하여 산정한다.

기본정착길이($l_{b,rqd}$)를 이론적으로 산정한 후 갈고리 유무, 콘크리트 피복두께, 횡보강철근의 영향을 고려하여 설계정착길이(l_{bd})를 산정한다.

(2) 갈고리 철근 상세

갈고리를 형성하기 위한 굽힘가공에서 내면 지름의 치수는 철근의 휨균열과 갈고리 내부의 콘크리트 파괴를 방지하기 위해 충분히 커야 한다. Eurocode 2에서는 철근지름 16mm를 기준으로 2가지의 굽힘가공 내면 지름을 규정하고 있다. 최소 내면 지름은 철근지름 16mm 이하에서는 4ϕ, 16mm 초과 철근에서는 7ϕ이다.

굽힘가공은 철근에 큰 소성변형이 작용하기 때문에 용접된 철근은 용접부의 손상이나 철근의 휨균열이 발생할 수 있다. 굽힘가공 안쪽으로 철근이 용접된 경우에는 최소 지름을 5ϕ로 한다. 굽힘가공 바깥쪽으로 용접된 경우에는 굽힘부에서 용접부까지의 거리가 철근지름의 3배 이상이면 굽힘가공 내면 최소 지름을 5ϕ로 하고, 그 외 경우는 굽힘가공 내면 최소 지름을 20ϕ로 한다. 용접철근의 최소 내면 지름은 다음 그림과 같다.

Minimum mandrel diameter	
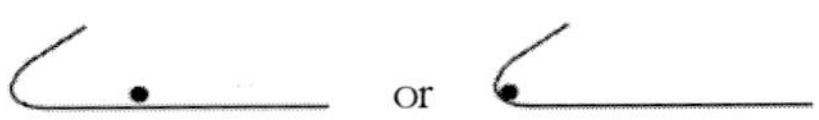	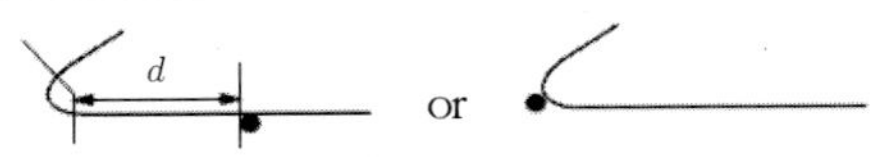
5ϕ	$d \geq 3\phi$: 5ϕ $d > 3\phi$ or welding within the curved zone : 20ϕ
Note : The mandrel size for welding within the curved zone may be reduced to 5ϕ where the welding is carried out in accordance with EN ISO 17660 Annex B	

그림 3.18 Eurocode 2의 용접철근의 갈고리 굽힘가공 최소 내면 지름

표준갈고리의 연장길이는 5ϕ로 ACI 318에 비해 많이 짧다. 표준갈고리 상세는 다음 그림과 같다.

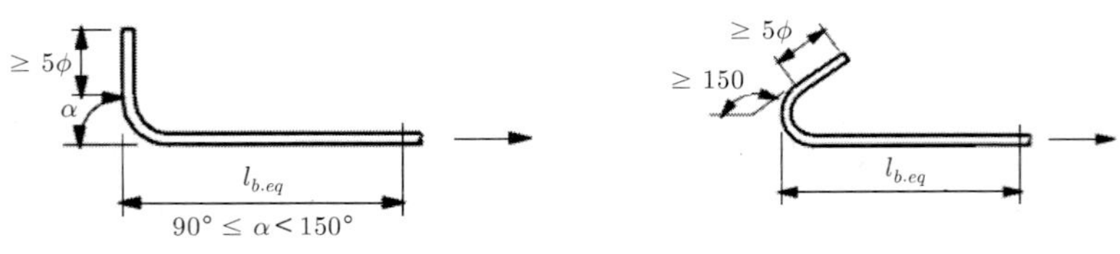

그림 3.19 Eurocode 2의 갈고리 연장길이 치수

(3) 설계정착길이(l_{bd})와 등가정착길이($l_{b,eq}$)

Eurocode 2에서는 ACI 318과 달리 갈고리 철근의 기본정착길이($l_{b,rqd}$)와 설계정착길이(l_{bd})에 갈고리 길이를 포함한다. 이러한 개념은 허용응력설계법(allowable stress design)에서 정착길이 산정에 사용되던 개념으로 극한상태의 파괴양상과 무관하게 사용하중상태에서의 평균부착응력 개념을 이용한 설계법이다.

표준갈고리를 사용하는 경우에는 설계정착길이(l_{bd}) 대신 등가정착길이($l_{b,eq}$)를 사용할 수 있는데, 이 길이는 ACI 318에서 사용하는 표준갈고리 철근의 정착길이와 동일하다. 그림 3.20에서 기본정착길이, 설계정착길이, 표준갈고리의 등가정착길이 등에 대한 정의를 나타내고 있다. 갈고리 굽힘부가 포함된 경우 철근의 중심선을 기준으로 길이를 산정한다.

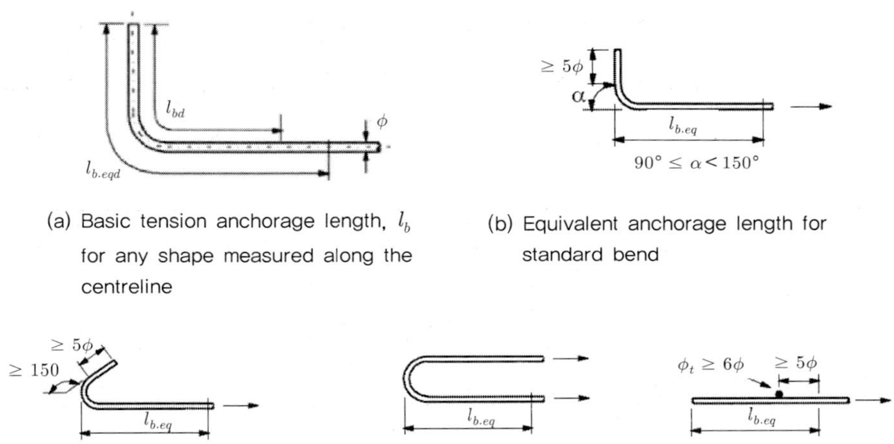

(a) Basic tension anchorage length, l_b for any shape measured along the centreline

(b) Equivalent anchorage length for standard bend

(c) Equivalent anchorage length for standard hook

(d) Equivalent anchorage length for standard loop

(e) Equivalent anchorage length for welded transverse bar

그림 3.20 Eurocode 2에서 기본정착길이, 설계정착길이, 등가정착길이 정의

(4) 기본정착길이($l_{b,rqd}$)

기본정착길이($l_{b,rqd}$)는 fib Model Code 2010과 동일하게 극한부착강도(f_{bd})와 철근 설계강도(σ_{sd})의 관계를 이용하여 다음과 같이 산정한다.

$$l_{b,rqd} = \frac{\phi}{4}\frac{\sigma_{sd}}{f_{bd}} \tag{3.11}$$

이형철근의 극한부착강도는 콘크리트 인장강도에 5% 분위수의 안전율을 고려한 후 철근 위치와 방향, 철근지름의 영향을 고려하여 다음 식으로 산정한다. 이 식은 fib Model Code

90을 근거로 산정된 식으로 전술한 fib Mode Code 2010과 철근 표면계수, 지름계수, 강종계수가 상이하다.

$$f_{bd} = 2.25\eta_1\eta_2 f_{ctd} \tag{3.12}$$

여기서, 사용된 기호의 설명은 다음과 같다.

f_{ctd} : 콘크리트 설계인장강도 $f_{ctd} = \alpha_{ct} f_{ctk,0.05}/\gamma_c$

α_{ct} : 인장강도에 대한 장기하중의 영향과 하중의 종류에 따른 악영향을 고려한 보정계수. 1.0을 추천

γ_c : 콘크리트에 대한 부분안전계수. 장기하중 1.5, 단기하중 1.2

$f_{ctk,0.05}$: 콘크리트 특성인장강도. 평균인장강도에 5% 분위수 안전율을 적용한 강도. $f_{ctk,0.05} = 0.7 f_{ctm}$ 으로 산정하며, 다음 표와 같다. 단, 고강도콘크리트에서 취성적 거동을 고려하여 별도로 검증되지 않은 경우에는 공시체강도 60MPa(큐브강도 75MPa)까지만 적용한다.

f_{ck} (MPa)	12	16	20	25	30	35	40	45	50	55	60
$f_{ck,cube}$ (MPa)	15	20	25	30	37	45	50	55	60	67	75
$f_{ctk,0.05}$	1.1	1.3	1.5	1.8	2.0	2.2	2.5	2.7	2.9	3.0	3.1

η_1 : 철근방향 및 위치계수. 그림 3.21 참조. 좋은 부착조건 = 1.0 : 수평면에서 45도 이상 기울어진 철근 또는 수평면에서 45도 이하 기울어진 철근으로 바닥면에서 250mm 이내이거나 위에서 아래로 콘크리트가 타설될 때 콘크리트 상부면에서 300mm 이하에 위치한 철근. 그 외 부착조건과 슬립폼(slip form) 거푸집을 사용한 경우 = 0.7

η_2 : 철근 지름 계수. $\eta_2 = 1.0$ for $\phi \le 32$mm, $\eta_2 = (132-\phi)/100$ for $\phi > 32$mm

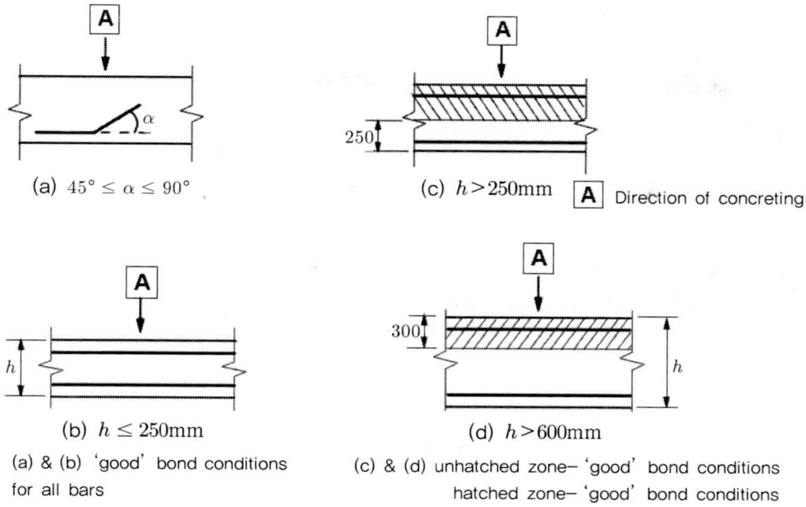

그림 3.21 Eurocode 2에서 철근 방향 및 위치 계수 η_1의 정의

(5) 설계정착길이(l_{bd})

설계정착길이는 기본정착길이에 갈고리 유무, 피복두께와 횡보강철근의 영향을 고려하여 산정하며, 최소 정착길이($l_{b,\min}$)보다는 길어야 한다. 설계정착길이는 다음 식으로 산정한다.

$$l_{bd} = \alpha_1\alpha_2\alpha_3\alpha_4\alpha_5 l_{b,rqd} \ge l_{b,\min} \tag{3.13}$$

여기서, 사용된 기호의 설명은 다음과 같다.

α_1 : 갈고리 유무 계수. 갈고리 철근으로 최소 피복두께 또는 철근 순간격의 반이 철근 지름의 3배 이상인 경우 0.7. 그 외 갈고리 철근과 직선철근 1.0

α_2 : 피복두께 및 순간격의 영향. $0.7 \le \alpha_2 = 1 - 0.15(c_d - \phi)/\phi \le 1.0$

c_d : 최소 피복두께 또는 철근 순간격의 반. 그림 3.22 참조

α_3 : 횡보강철근의 영향. $0.7 \le \alpha_3 = 1 - K\lambda \le 1.0$

K : 횡방향철근의 형태에 따른 계수. 그림 3.23 참조

λ : 횡보강철근의 영향 계수. $\lambda = (\Sigma A_{st} - \Sigma A_{st,\min})/A_s$

ΣA_{st} : 설계정착길이(l_{bd}) 구간에 배근된 횡보강철근의 총 단면적

$\Sigma A_{st,\min}$: 최소 횡보강철근 단면적. 보의 경우 $0.25A_s$, 슬래브의 경우 0

A_s : 정착되는 철근 중 최대 지름 1가닥 철근의 단면적

α_4 : 용접철근의 영향. 갈고리 철근에서는 0.7

α_5 : 횡방향 압축응력의 영향. $0.7 \leq \alpha_5 = 1 - 0.04p \leq 1.0$

p : 극한상태에서의 횡방향 압력[MPa]

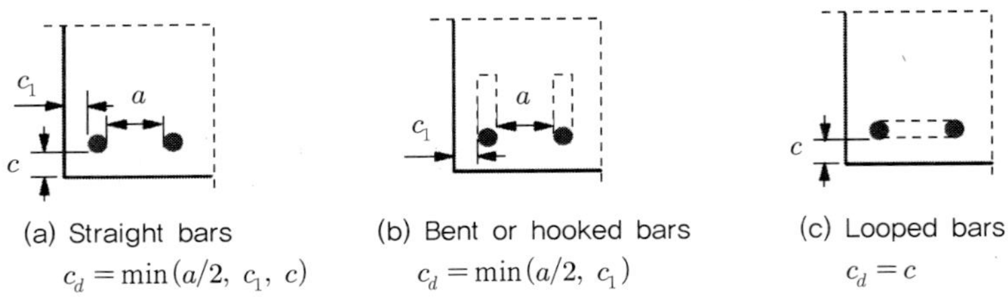

그림 3.22 Eurocode 2에서 c_d값의 정의

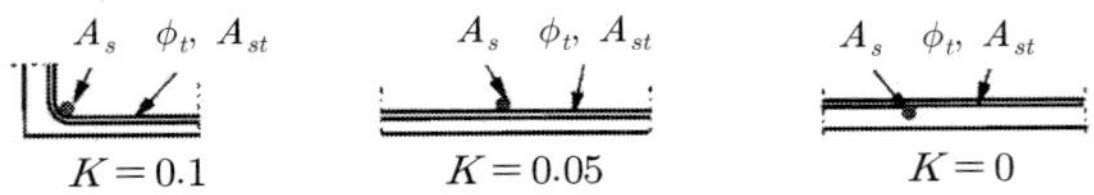

그림 3.23 Eurocode 2에서 K값의 정의

설계정착 길이산정에는 여러 수정계수가 사용되는데, 수정계수 α_2, α_3, α_5의 곱은 0.7보다 커야 한다. 최소 정착길이($l_{b,\min}$)는 기본정착길이의 0.3배, 철근지름의 10배, 100mm 중 가장 큰 값으로 한다.

(6) 등가정착길이($l_{b,eq}$)

설계정착길이는 갈고리를 포함한 길이이다. 실무에서는 갈고리 철근이 묻히는 깊이가 중요하므로 갈고리 끝선까지의 수평 투영길이가 중요하다. Eurocode 2에서는 이를 등가정착길이로 정의하고, 기본정착길이($l_{b,rqd}$)에 갈고리 형상계수 α_1만 고려하여 다음 식으로 산정한다.

$$l_{b,eq} = \alpha_1 l_{b,rqd} \tag{3.14}$$

등가정착길이는 갈고리 연장길이를 무시하고 설계정착길이 보다 항상 길게 된다.

Code

8.3 Permissible mandrel diameters for bent bars

(1) P The minimum diameter to which a bar is bent shall be such as to avoid bending cracks in the bar, and to avoid failure of the concrete inside the bend of the bar.

(2) In order to avoid damage to the reinforcement the diameter to which the bar is bent (Mandrel diameter) should not be less than $\phi_{m,\min}$.

Note : The values of $\phi_{m,\min}$ for use in a Country may be found in its National Annex. The recommended values are given in Table 8.1N.

Table 8.1N : Minimum mandrel diameter to avoid damage to reinforcement

a) for bars and wire

Bar diameter	Minimum mandrel diameter for bends, hooks and loops(see Figure 8.1)
$\phi \leq 16\text{mm}$	4ϕ
$\phi > 16\text{mm}$	7ϕ

b) for welded bent reinforcement and mesh bent after welding

Minimum mandrel diameter	
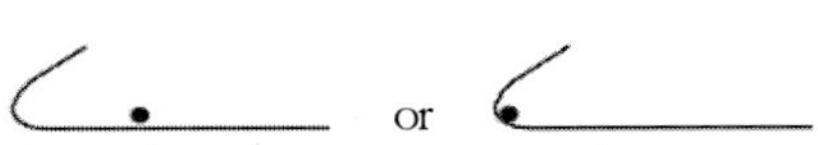	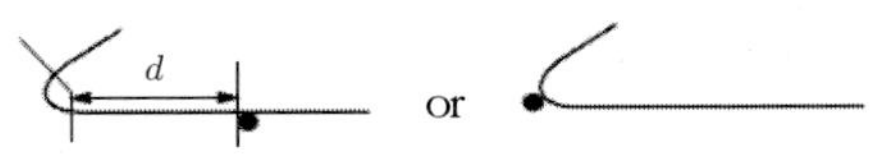
5ϕ	$d \geq 3\phi$: 5ϕ $d > 3\phi$ or welding within the curved zone : 20ϕ
Note : The mandrel size for welding within the curved zone may be reduced to 5ϕ where the welding is carried out in accordance with EN ISO 17660 Annex B	

(3) The mandrel diameter need not be checked to avoid concrete failure if the following conditions exist :

- the anchorage of the bar does not require a length more than 5ϕ past the end of the bend ;

- the bar is not positioned at the edge (plane of bend close to concrete face) and there is a cross bar with a diameter $\geq\phi$ inside the bend.
- the mandrel diameter is at least equal to the recommended values given in Table 8.1N.

Otherwise the mandrel diameter, $\phi_{m,\min}$, should be increased in accordance with Expression (8.1)

$$\phi_{m,\min} = F_{bt}((1/a_b)+1/(2\phi))/f_{cd} \tag{8.1}$$

where :

F_{bt} is the tensile force from ultimate loads in a bar or group of bars in contact at the start of a bend

a_b for a given bar (or group of bars in contact) is half of the centre-to-centre distance between bars (or groups of bars) perpendicular to the plane of the bend. For a bar or group of bars adjacent to the face of the member, a_b should be taken as the cover plus $\phi/2$

The value of f_{cd} should not be taken greater than that for concrete class C55/67.

8.4 Anchorage of longitudinal reinforcement

8.4.1 General

(1) P Reinforcing bars, wires or welded mesh fabrics shall be so anchored that the bond forces are safely transmitted to the concrete avoiding longitudinal cracking or spalling. Transverse reinforcement shall be provided if necessary.

(2) Methods of anchorage are shown in Figure 8.1 (see also 8.8 (3)).

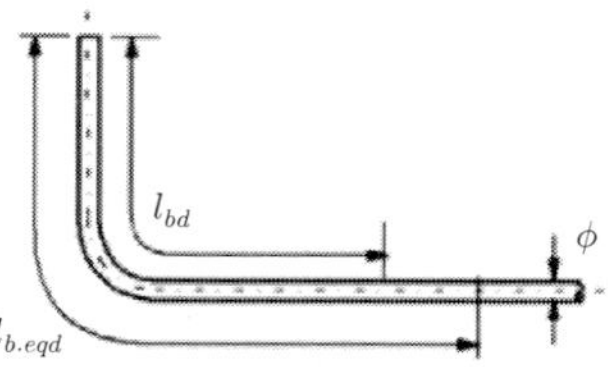

(a) Basic tension anchoragd length, l_b for any shape measured along the centrelind

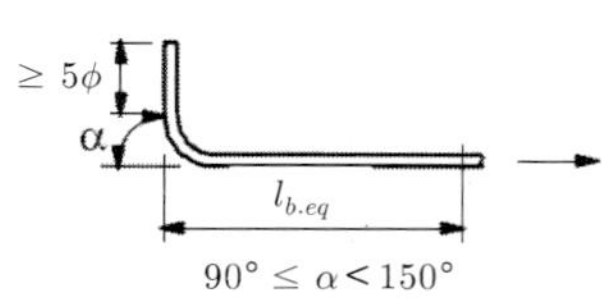

(b) Equivalent anchorage length for standard bened

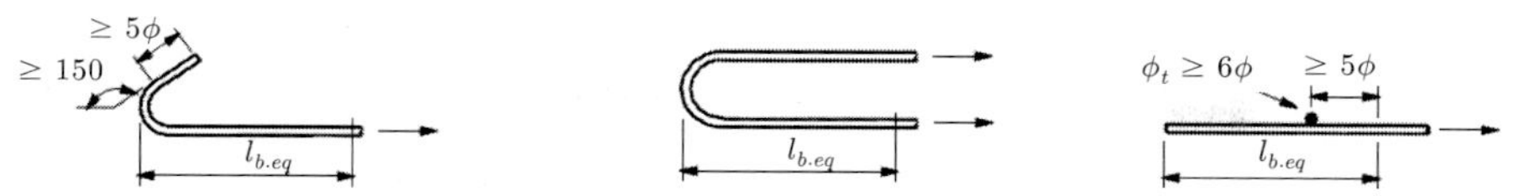

(c) Equivalent anchorage length for standard hook

(d) Equivalent anchorage length for standard loop

(d) Equivalent anchorage length for welded transverse bar

Figure 8.1 Methods of anchorage other than by a straight bar

(3) Bends and hooks do not contribute to compression anchorages.

(4) Concrete failure inside bends should be prevented by complying with 8.3 (3).

(5) Where mechanical devices are used the test requirements should be in accordance with the relevant product standard or a European Technical Approval.

(6) For the transmission of prestressing forces to the concrete, see 8.10.

8.4.2 Ultimate bond stress

(1) P The ultimate bond strength shall be sufficient to prevent bond failure.

(2) The design value of the ultimate bond stress, f_{bd}, for ribbed bars may be taken as :

$$f_{bd} = 2,25\eta_1\eta_2 f_{ctd} \tag{8.2}$$

where :

f_{ctd} is the design value of concrete tensile strength according to 3.1.6 (2)P. Due to the increasing brittleness of higher strength concrete, $f_{ctk,0,05}$ should be limited here to the value for C60/75, unless it can be verified that the average bond strength increases above this limit

η_1 is a coefficient related to the quality of the bond condition and the position of the bar during concreting (see Figure 8.2) :

$\eta_1 = 1,0$ when 'good' conditions are obtained and

$\eta_1 = 0,7$ for all other cases and for bars in structural elements built with slip-forms, unless it can be shown that 'good' bond conditions exist

η_2 is related to the bar diameter :

$\eta_2 = 1,0$ for $\phi \leq 32$mm

$\eta_2 = (132 - \phi)$ for $\phi > 3$mm

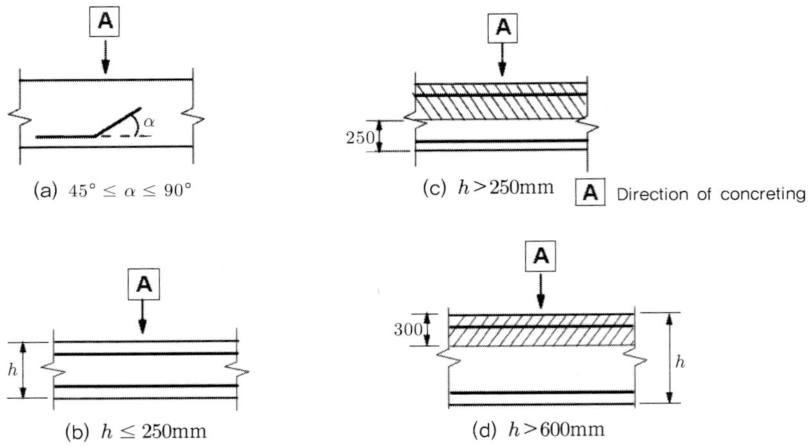

(a) & (b) 'good' bond conditions for all bars

(c) & (d) unhatched zone– 'good' bond conditions
hatched zone– 'good' bond conditions

Figure 8.2 Description of bond conditions

8.4.3 Basic anchorage length

(1) P The calculation of the required anchorage length shall take into consideration the type of steel and bond properties of the bars.

(2) The basic required anchorage length, $l_{b,rqd}$, for anchoring the force $A_s\sigma_{sd}$ in a straight bar assuming constant bond stress equal to f_{bd} follows from :

$$l_{b,rqd} = (\phi/4)(\sigma_{sd}/f_{bd}) \tag{8.3}$$

Where σ_{sd} is the design stress of the bar at the position from where the anchorage is measured from.

Values for f_{bd} are given in 8.4.2.

(3) For bent bars the basic anchorage length, $l_{b,rqd}$, and the design length, l_{bd}, should be measured along the centre-line of the bar (see Figure 8.1a).

8.4.4 Design anchorage length

(1) The design anchorage length, l_{bd}, is :

$$l_{bd} = \alpha_1\alpha_2\alpha_3\alpha_4\alpha_5 l_{b,rqd} \geq l_{b,\min} \tag{8.4}$$

where α_1, α_2, α_3, α_4 and α_5 are coefficients given in Table 8.2 :

α_1 is for the effect of the form of the bars assuming adequate cover (see Figure 8.1).

α_2 is for the effect of concrete minimum cover (see Figure 8.3)

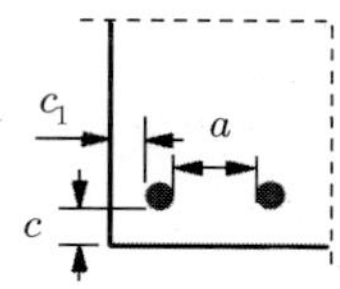

(a) Straight bars
$c_d = \min(a/2,\ c_1,\ c)$

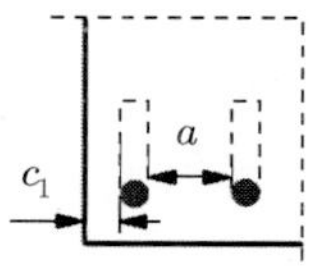

(b) Bent or hooked bars
$c_d = \min(a/2,\ c_1)$

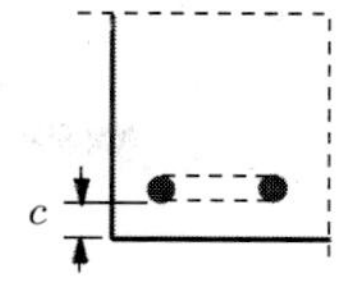

(c) Looped bars
$c_d = c$

Figure 8.3 Values of c_d for beams and slabs

α_3 is for the effect of confinement by transverse reinforcement

α_4 is for the influence of one or more welded transverse bars ($\phi_t > 0.6\phi$) along the design anchorage length l_{bd} (see also 8.6)

α_5 is for the effect of the pressure transverse to the plane of splitting along the design anchorage length

The product $(\alpha_2\alpha_3\alpha_5) \geq 0.7$ (8.5)

$l_{b,rqd}$ is taken from Expression (8.3)

$l_{b,\min}$ is the minimum anchorage length if no other limitation is applied :

- for anchorages in tension : $l_{b,\min} \geq \max\{0.3l_{b,rqd}\ ;\ 10\phi\ ;\ 100\text{mm}\}$ (8.6)
- for anchorages in compression : $l_{b,\min} \geq \max\{0.6l_{b,rqd}\ ;\ 10\phi\ ;\ 100\text{mm}\}$ (8.7)

(2) As a simplified alternative to 8.4.4 (1) the tension anchorage of certain shapes shown in Figure 8.1 may be provided as an equivalent anchorage length, $l_{b,eq}$. $l_{b,eq}$ is defined in this figure and may be taken as :

- $\alpha_1 l_{b,rqd}$ for shapes shown in Figure 8.1b to 8.1d (see Table 8.2 for values of α_1)
- $\alpha_4 l_{b,rqd}$ for shapes shown in Figure 8.1e (see Table 8.2 for values of α_4).

where

α_1 and α_4 are defined in (1)

$l_{b,rqd}$ is calculated from Expression (8.3)

Table 8.2 Values of α_1, α_2, α_3, α_4 and α_5 coefficients

Influencing factor	Type of anchorage	Reinforcement bar	
		In tension	In compression
Shape of bars	Straight	$\alpha_1=1.0$	$\alpha_1=1.0$
	Other than straight [see Figure 8.1(b), (c) and (d)]	$\alpha_1=0.7$ if $c_d>3\phi$ otherwise $\alpha_1=1.0$ (see Figure 8.3 for values of c_d)	$\alpha_1=1.0$
Concrete cover	Straight	$\alpha_1=1-0.15(c_d-\phi)/\phi$ ≥ 0.7 ≤ 1.0	$\alpha_2=1.0$
	Other than straight [see Figure 8.1(b), (c) and (d)]	$\alpha_1=1-0.15(c_d-3\phi)/\phi$ ≥ 0.7 ≤ 1.0 (see Figure 8.3 for values of c_d)	$\alpha_2=1.0$
Confinement by transverse reinforcement not welded to main reinforcement	All types	$\alpha_3=1.0-K\lambda$ ≥ 0.7 ≤ 1.0	$\alpha_3=1.0$
Confinement by welded transverse reinforcement*	All types, position and sizes as specified in Figure 8.1(e)	$\alpha_4=0.7$	$\alpha_4=0.7$
Confinement by transverse pressure	All types	$\alpha_5=1-0.04\rho$ ≥ 0.7 ≤ 1.0	-

where :

$\lambda=(\Sigma A_{st}-\Sigma A_{st,\min})/A_s$

ΣA_{st} : cross-section area of the transverse reinforcement along the design anchorage length l_{bd}

$\Sigma A_{st,\min}$: cross-section area of the minium transverse reinforcement $=0.25A_s$ for beams and 0 for slabs

A_s : area of a single anchored bar with maximum bar diameter

K : values shown in Figure 8.4

ρ : transverse pressure [MPa] at ultimate limit state alion l_{bd}

* See also 8.6 : For direct supports l_{bd} may be taken less than l_b provided that there is at least one transverse wire welded withed within the support. This should be at least 15mm from the face of the support.

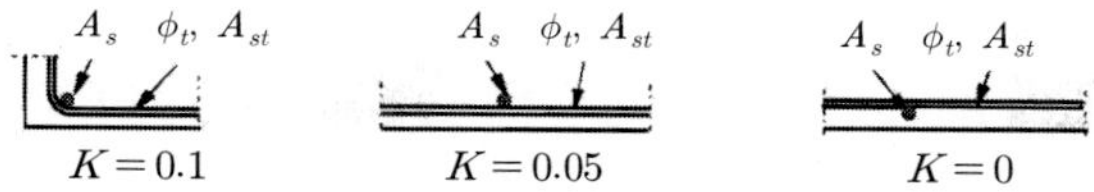

Figure 8.4 Values of K for beams and slabs

Commentary
None

8) CSA-A23.3-04 (R2010) Design of Concrete Structures

캐나다 콘크리트 구조물의 설계규준인 CSA A23.3 Design of Concrete Structures (Reaffirmed 2010)에서는 기본정착길이 l_{hb} 산정식에서 f_y를 직접 고려하지 않고, 항복강도가 400MPa이 아닌 철근에 대해 보정계수를 곱하는 방법으로 산정한다. 이 식은 ACI 318-95까지 사용하던 식이며, 현재 ACI 318-14의 식과 표현의 차이일 뿐 정착길이는 동일하다.

캐나다에서는 SI단위를 사용하는데, 다음 2가지 상세치수는 ACI 318과 상이하다.

(a) 12.5.3(b)의 피복두께에 따른 보정계수에서 갈고리 평면에 수직방향인 측면 피복두께를 60mm 이상으로 규정하고 있으나 ACI 318M-11에서는 65mm로 규정하고 있다.

(b) 12.5.4에서 횡보강 철근을 추가해야 하는 피복의 하한값으로 60mm를 규정하고 있으나 ACI 318M-11에서는 65mm로 규정하고 있다.

ACI 318에서는 US-customary unit을 기본으로 하기 때문에 단위 환산에 따른 차이이며, 특별한 이론적 배경은 없다.

Code
12.5 Development of standard hooks in tension 12.5.1 Tension development length Except as specified in Clause 12.13, the development length, l_{dh}, for deformed bars in tension terminating in a standard hook as defined in Clause 6.6.2.2 of CSA A23.1 (reprinted in Annex A) shall be computed as the product of the basic development length, l_{hb}, specified in Clause 12.5.2 and the applicable modification factor or factors specified in Clause 12.5.3, but shall be not less than $8d_b$ or 150mm, whichever is greater.

12.5.2 Basic development length

The basic development length, l_{hb} , for a hooked bar with f_y equal to 400MPa shall be $100d_b/\sqrt{f_c'}$.

12.5.3 Factors modifying hook development length

The basic development length, l_{hb}, shall be multiplied by the following factor(s), as applicable :

(a) For bars with f_y other than 400MPa ········· $f_y/400$

(b) For 35M or smaller bars where the side cover (normal to plane of hook) is not less than 60mm, and for 90° hooks where the cover on the bar extension beyond the hook is not less than 50mm ········· 0.7

(c) For 35M or smaller bars where the hook is enclosed vertically or horizontally within at least three ties or stirrup ties spaced along a length at least equal to the inside diameter of the hook at a spacing not greater than $3d_b$, where d_b is the nominal diameter of the hooked bar ········· 0.8

(d) Where anchorage or development for f_y is not specifically required for reinforcement exceeding that required by analysis ········· $A_{s\,required}/A_{s\,provided}$

(e) For structural low-density concrete ········· 1.3

(f) For epoxy-coated reinforcement ········· 1.2

12.5.4 Confinement of hooks

For bars being developed by a standard hook at the ends of members where both the side cover and the top (or bottom) cover over the hook is less than 60mm, the hook shall be enclosed within at least three ties or stirrup ties spaced along a length at least equal to the inside diameter of the hook at a spacing not greater than $3d_b$, where d_b is the nominal diameter of the hooked bar. For this case, the factor specified in Clause 12.5.3(c) shall not apply.

12.5.5 Development of bars in compression

Hooks shall not be considered effective in developing bars in compression.

Commentary
None

9) 日本建築學會 鐵筋コンクリート構造計算規準·同解說(2010)

일본에서는 토목학회와 건축학회에서 각각 콘크리트구조기준을 편찬하고 있으며, 다음은 일본 건축학회의 기준에 대한 사항이다.

(1) 정착길이 산정방법

일본 건축구조물에 사용되는 갈고리 정착길이(l_{ab})는 fib와 Eurocode와 마찬가지로 부착강도(f_b)를 이용하여 철근에 요구되는 설계강도(σ_t)를 발현하기 위한 정착길이를 산정하는 기본 개념을 따르고 있다.

$$k_1 f_b l_{ab} \pi d_b = \sigma_t \frac{\pi d_b^2}{4} \rightarrow l_{ab} = k_2 \frac{\sigma_t d_b}{f_b} \tag{3.15}$$

$$\rightarrow l_{ab} = \alpha \frac{S \sigma_t d_b}{10 f_b}$$

사용된 기호의 설명은 다음과 같다.

α : 횡방향 철근 배근 여부에 따른 계수. 횡방향 철근으로 구속된 경우는 1.0. 그 이외의 경우는 1.25

S : 정착길이의 보정계수. 갈고리 또는 기계적 정착은 내진상세와 비내진상세 중 캔틸레버 부재의 경우 0.7, 그 외의 경우 0.5

σ_t : 단기 허용응력 또는 장기응력만 작용하는 경우에 실제 작용응력의 1.5배

f_b : 기준 쪼갬파괴강도(=부착강도).

일본 건축학회 기준에서는 보정계수 S를 이용하여 갈고리 유무의 영향을 고려하는데, 갈고리 철근의 정착길이는 직선 철근정착길이의 56%(0.7/1.25, 내진상세와 비내진상세 중 캔틸레버) 또는 50%(0.5/1.0, 그 외 상세)가 된다. 국내 콘크리트구조기준 또는 ACI 318에서는 갈고리 정착길이가 직선정착길이의 40%임에 비해 조금 더 긴 정착길이를 요구하고 있다. 일본은 매우 강한 지진이 빈번하게 발생하는 지역으로 철근정착에 보다 엄격한 기준을 적용하는 것으로 판단된다.

일본에서는 허용응력설계개념을 적용하여 정착길이를 통해 발현해야 하는 강도(σ_t)로 단기 허용응력 또는 실제응력의 1.5배 값을 사용한다. 여기서 단기 허용응력은 설계기준강도와 동일하다. 횡방향철근이 배근된 경우 정착길이를 0.8(1.0/1.25)배로 감소시켜 주며, 이 비율은 콘크리트구조기준 및 ACI 318과 동일하다.

(2) 갈고리 철근 상세

일본 건축학회 기준에서는 ACI 318 및 이를 참조하는 여러 설계기준과 다른 굽힘부 내면 지름을 규정하고 있다. 철근 강종과 철근 지름에 따라 세분화되어 있으며, ACI 318에 비해 작은 내면 지름을 규정하고 있다. 예를 들어 국내에서 많이 사용되는 D25 SD400의 경우 내면지름은 $5d_b$ 인데, 콘크리트구조기준에서는 $6d_b$를 요구하고 있다. 그림 3.24는 콘크리트구조기준과 일본건축학회 갈고리 내면 지름 규정을 비교한 그래프이다.

표 3.7 표준갈고리 굽힘부 내면 지름

굽힘 각도	철근 강종	철근 지름	굽힘부 내면 지름
180° 135° 90°	SD 295A SD 295B SD 345	D16 이하	$3d_b$ 이상
		D19 ~ D41	$4d_b$ 이상
	SD 390	D41 이상	$5d_b$ 이상
90° *	SD 490	D25 이하	
		D29 ~ D41	$6d_b$ 이상

주 d_b : 정착되는 철근의 공칭지름

* : SD 490을 90°를 초과하여 구부리는 경우에는 굽힘시험을 실시한다.

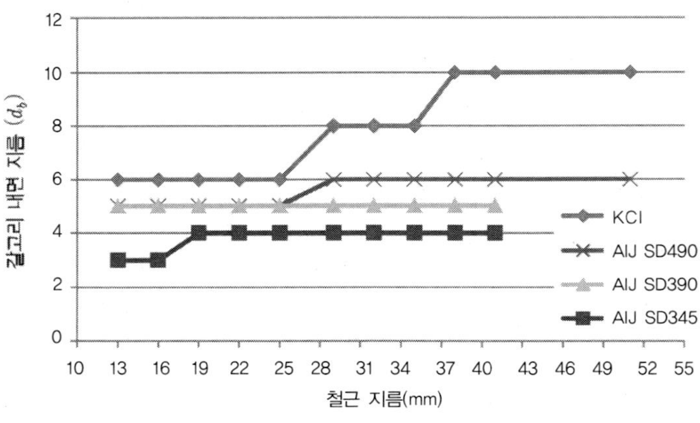

그림 3.24 콘크리트구조기준과 일본건축학회 기준의 갈고리 내면 지름 비교

갈고리를 형성하기 위한 굽힘 가공에서 내면 지름의 치수는 철근의 휨균열과 갈고리 내부의 콘크리트 파괴를 방지하기 위해 충분히 커야 한다. 철근의 휨균열은 철근의 연신율과 관계가 있으며 갈고리 최외측면의 변형률은 그림 3.25 및 식 (3.16)과 같이 산정할 수 있다.

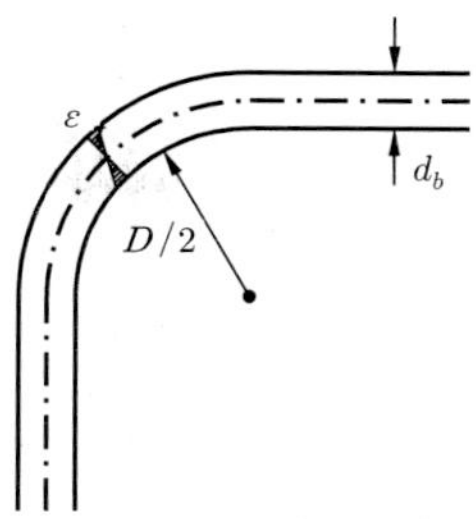

그림 3.25 갈고리 굽힘부의 변형률

$$\varepsilon_t = \frac{0.5d_b}{\frac{D}{2}+0.5d_b} = \frac{0.5}{\frac{D}{2d_b}+0.5} \tag{3.16}$$

굽힘부 내면 지름이 작을수록 최외측면에 발생하는 변형률이 커진다. 이 변형률은 굽힘 가공에 따른 철근의 파괴 방지를 위해 요구되는 연신율과 같다. 그림 3.26은 식 (3.16)에 따라 산정된 굽힘부 최외측면의 변형률이다. 콘크리트구조기준에 따르면 최대 14.3%의 연신율이 필요하며, 일본 건축학회 기준에 따르면 SD345 강종은 최대 25%, SD390과 SD490 강종은 최대 16.7%의 연신율이 필요하다.

SD 490강종에서는 90도 표준갈고리만 적용되며, 90도를 초과하는 굽힘 가공을 위해서는 별도의 굽힘시험을 통해 적용 가능 여부를 확인해야 한다. 국내 철근과 일본 철근의 갈고리 상세 규정이 상이하므로 국내 고강도철근의 갈고리 적용 가능 여부를 일본 기준으로 평가할 수는 없다.

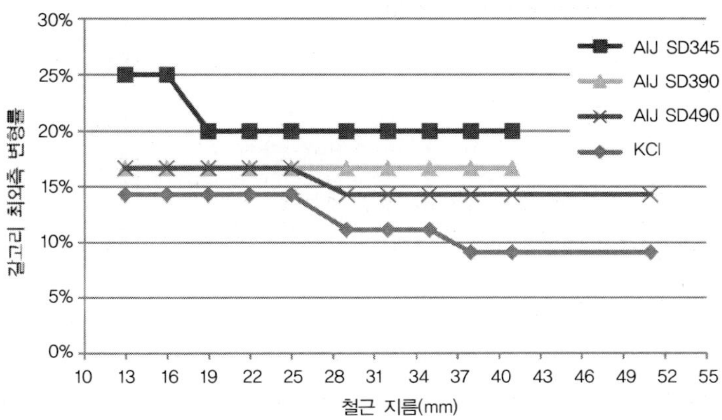

그림 3.26 콘크리트구조기준과 일본건축학회 기준의 갈고리 굽힘부 최외측 변형률 비교

갈고리 굽힘부 연장길이는 콘크리트구조기준 및 ACI 318에 비해 90도 표준갈고리에서 짧다. 표 3.8에 갈고리 굽힘부 연장길이를 비교하였다.

표 3.8 주철근 표준갈고리 굽힘부 연장길이

굽힘 각도	콘크리트구조기준	日本建築學會
90°	$12d_b$	$8d_b$
135°	-	$6d_b$
180°	$4d_b$	$4d_b$

갈고리 정착의 측면 피복두께는 정착길이 보정계수 S에 따라 2가지로 구분되며, 짧은 정착길이를 적용하는 경우 $0.5d_b$ 혹은 15mm 이상 더 큰 측면 피복두께를 요구한다. 일반적으로 갈고리 철근은 정착되는 부재의 주철근 안쪽에 배치되므로(예를 들어, 보 주철근을 기둥에 정착시키는 경우 기둥 주철근 안쪽으로 보 주철근을 배치), 피복두께는 [정착 부재 피복두께 40mm]+[정착 부재 횡방향철근 10mm]+[정착 부재 주철근 지름]이 된다. 따라서 표 3.9에 요구되는 측면 피복두께를 어렵지 않게 만족시킬 수 있다.

표 3.9 표준갈고리 측면 피복두께

$S=0.5$인 경우	$2d_b$ 이상 혹은 65mm 이상
$S=0.7$인 경우	$1.5d_b$ 이상 혹은 50mm 이상

(3) 상세 규정

보 주철근을 기둥에 정착시키는 경우에는 갈고리를 기둥 치수의 0.75배 이상 위치시켜야 한다. 이 규정은 그림 3.27과 같이 접합부 내에 형성된 압축 스트럿에 갈고리를 위치시켜 접합부 전단성능과 갈고리 정착성능을 향상시키기 위한 방법이다. 갈고리가 기준에서 요구하는 정착길이를 만족하더라도 충분히 깊게 정착되지 않아 압축 스트럿에 위치하지 않을 경우에는 콘크리트 콘 파괴가 발생될 수 있으며, 이 경우 정착강도는 매우 낮아진다.

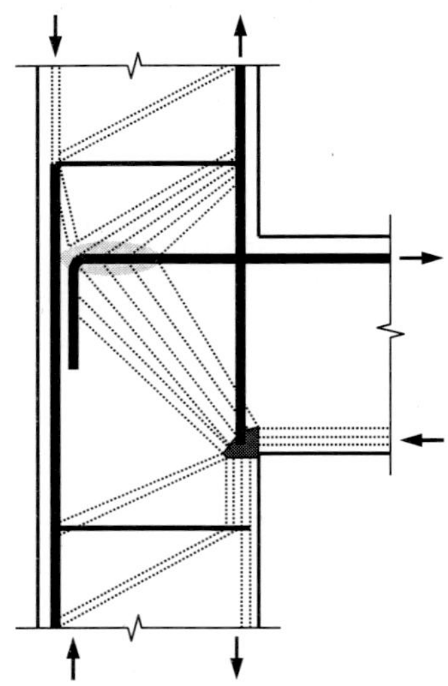

그림 3.27 보-기둥 접합부의 압축 스트럿과 갈고리의 위치

용접철망은 주로 슬래브와 벽체와 같이 면 부재에 사용되며, 주로 슬래브와 벽체를 지지하는 보 또는 기둥에 정착된다. 그림 3.28과 같이 슬래브에 사용된 용접철망이 보에 정착되는 경우 정착되는 보강재의 횡방향으로 사용된 첫 번째 철근은 위험단면에서 50mm 이상이어야 하며, 가장 먼 철망은 위험단면에서 150mm 이상이어야 한다.

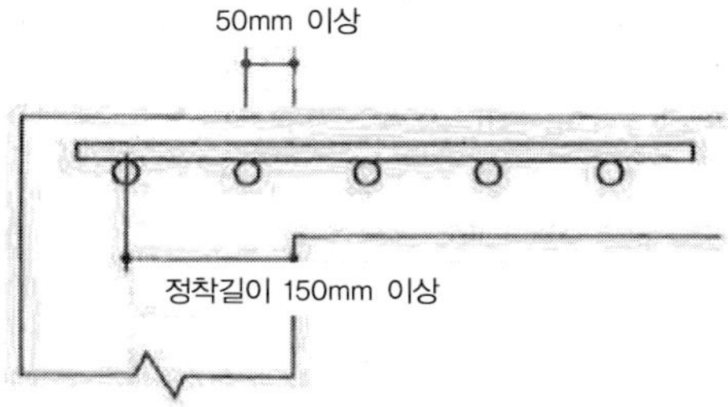

그림 3.28 용접철망의 정착

Code
17条 **定着** 1. **定着** (1) 一般事項 本条は，定着破壊に対する安全性の確保を目標とし.異形鉄筋の仕口への定着を対象とする. 異形鉄筋の仕口への定着は.（17.1）式により必要定着長さl_{ab}以上の定着長さl_aを確保する.通し配筋定着する場合は後述の(4)による. $$l_a \geq l_{ab} \qquad (17.1)$$ (2) 定着長さl_a 直線定着する場合の定着長さl_aは，定着起点から当該鉄筋端までの長さとする[図17.1].本条2.に規定する標準フックを鉄筋端に設ける場合は.定着起点からフックまでの投影定着長さをl_aとする[図17.2]. 信頼できる機械式定着具を鉄筋端に設ける場合は，定着起点から定着具突起までの長さをl_aとする[図17.2].

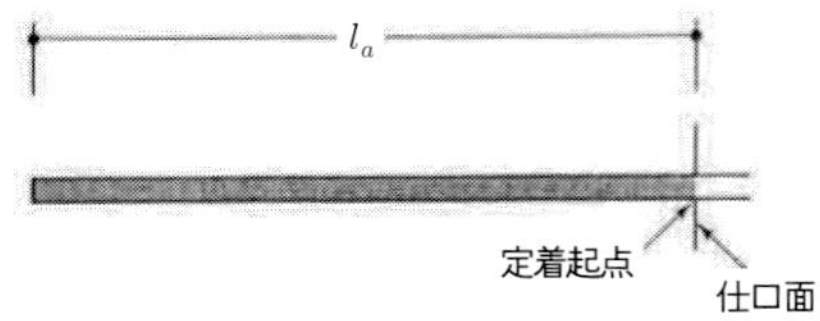

図 17.1　直線定着する場合

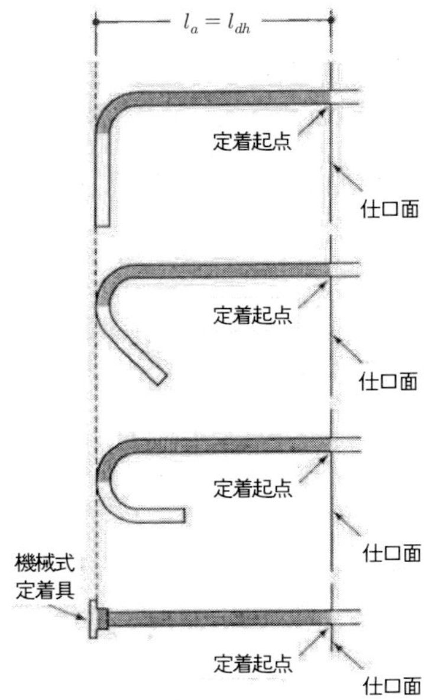

図 17.2　標準フック等を設ける場合

⑶ 必要定着長さl_{ab}

異形鉄筋による引張鉄筋の必要定着長さl_{ab}は，(17.2)式より算定する．

$$l_{ab} = \alpha \frac{S\sigma_t d_b}{10 f_b} \tag{17.2}$$

記号 f_b：付着割裂の規準となる強度で，16条の表16.1のうち「その他の鉄筋」欄の数値

σ_t：仕口面における鉄筋の応力度.当該鉄筋の短期許容応力度を用いることを原則とする．設計で長期応力のみ負担すると考えた部材にあっては，当該鉄筋の存在応力度の1.5倍を用いてよい．

d_b：異形鉄筋の呼び名に用いた数値（mm）

α：横補強筋で拘束されたコア内に定着する場合は1.0，それ以外の場合は1.25とする．

S：必要定着長さの修正係数で，表17.1による．

表 17.1　必要定着長さの修正係数

<table>
<tr><th colspan="3">種 類</th><th>S</th></tr>
<tr><td rowspan="4">直線定着</td><td colspan="2">耐震部材(柱, 大梁, 耐震壁, 基礎など)</td><td rowspan="2">1.25</td></tr>
<tr><td rowspan="2">非耐震部材(小梁, スラブ, 非構造壁など)</td><td>片持形式</td></tr>
<tr><td>上記以外</td><td rowspan="2">1.0</td></tr>
<tr><td colspan="2">その他の部材</td></tr>
<tr><td rowspan="4">標準フックまたは信頼できる機械式定着具</td><td colspan="2">耐震部材(柱, 大梁, 耐震壁, 基礎など)</td><td rowspan="2">0.7</td></tr>
<tr><td rowspan="2">非耐震部材(小梁, スラブ, 非構造壁など)</td><td>片持形式</td></tr>
<tr><td>上記以外</td><td rowspan="2">0.5</td></tr>
<tr><td colspan="2">その他の部材</td></tr>
</table>

(4) 通し配筋定着する場合の制限

純ラーメン部分の柱梁接合部内を通して配される梁および柱主筋の径は, (17.3)式を満たすことを原則とする.ただし主筋の降伏が生じない部材では.これを緩和してよい.

$$\frac{d_b}{D} \leq 3.6\frac{1.5+0.1F_c}{f_t} \tag{17.3}$$

記号 D：当該鉄筋が通し配筋される部材の全せい(mm)

F_c：コンクリートの設計基準強度(N/mm^2)

f_t：当該鉄筋の短期許容引張応力度(N/mm^2)

(5) 定着に関する構造規定

1) 引張応力を受ける鉄筋の直線定着長さは原則として300mm以上とする.
2) 折曲げ定着の場合は原則として投影定着長さを$8d_b$かつ150mm以上とする.ただし設計で長期応力のみ負担すると考えた部材で特別な配慮をした場合はこの限りでない.
3) 折曲げによる梁主筋の柱への定着および柱主筋の梁への定着における投影定着長さは, 仕口部材断面全せいの0.75倍以上を基本とし接合部パネルゾーン側へ折り曲げることを原則とする.ただし仕口部材断面せいが十分に大きい場合, あるいは, 特別な配慮をした場合はこの限りでない.
4) 機械式定着具は横補強筋で拘束されたコア内で用いることを原則とする.
5) 特殊な定着箇所においては, 応力が無理なく伝達されるようなディテールとする.
6) 圧縮応力のみを受ける鉄筋の仕口への定着は, 原則として投影定着長さを$8d_b$以上とする.

7) 部材固定端における溶接金網の定着では，仕口面から最外端の横筋までの長さを横筋間隔に50mmを加えた長さ以上かつ150mm以上とする.

2. 標準フック

本条によって定着の検定を行う折曲げ定着筋の標準フックの余長は，90° 折曲げの場合鉄筋径の8倍以上，135° 折曲げの場合は鉄筋径の6倍以上，180° 折曲げの場合は鉄筋径の4倍以上とする.折曲げ部の折曲げ内法直径の最小値は，表17.2による.また，標準フックの鉄筋側面からコンクリート表面までの側面かぶり厚さの最小値は，表17.3による.

表 17.2 標準フックの内法直径

<table>
<tr><th>折曲げ角度</th><th>鉄筋種類</th><th>鉄筋径による区分</th><th>鉄筋の折曲げ内法直径(D)</th></tr>
<tr><td rowspan="3">180°
135°
90°</td><td rowspan="2">SD 295A
SD 295B
SD 345</td><td>D16 以下</td><td>$3d_b$ 以上</td></tr>
<tr><td>D19 ~ D41</td><td>$4d_b$ 以上</td></tr>
<tr><td>SD 390</td><td>D41 以下</td><td rowspan="2">$5d_b$ 以上</td></tr>
<tr><td rowspan="2">90° *</td><td rowspan="2">SD 490</td><td>D25 以下</td></tr>
<tr><td>D29 ~ D41</td><td>$6d_b$ 以上</td></tr>
</table>

[注] d_b：定着する鉄筋の公称直径

* SD 490を90° を超えて折り曲げる場合は，曲げ試験を行う

表 17.3 標準フックの側面かぶり厚さ

S=0.5とする場合	$2d_b$ 以上かつ65mm 以上
S=0.7とする場合	$1.5d_b$ 以上かつ50mm 以上

Code(한국어 번역)

17조 정착

1. 정착

(1) 일반사항

본 규정은 정착 파괴에 대한 안전성 확보를 목표로 한다. 이형철근의 위험단면에서부터의 정착을 대상으로 한다.

이형철근의 정착은 식 (17.1)과 같이 최소 정착길이 l_{ab} 이상의 정착길이를 확보해야 한다. 관통 배근으로 정착되는 경우에는 (4)의 제한 사항을 만족시켜야 한다.

$$l_a \geq l_{ab} \tag{17.1}$$

(2) 정착길이 l_a

직선 정착할 경우 정착길이는 정착 시작점에서 해당 철근 끝까지의 길이로 [그림 17.1]과 같다. 2조에 규정된 표준갈고리로 정착하는 경우는 정착 시작점에서 갈고리 끝까지 투영된 정착길이를 l_a로 한다[그림 17.2]. 신뢰할 수 있는 기계적 정착들을 철근 끝에 부착하는 경우는 정착 시작점에서 정착판 전면까지 길이를 l_a로 한다[그림 17.2].

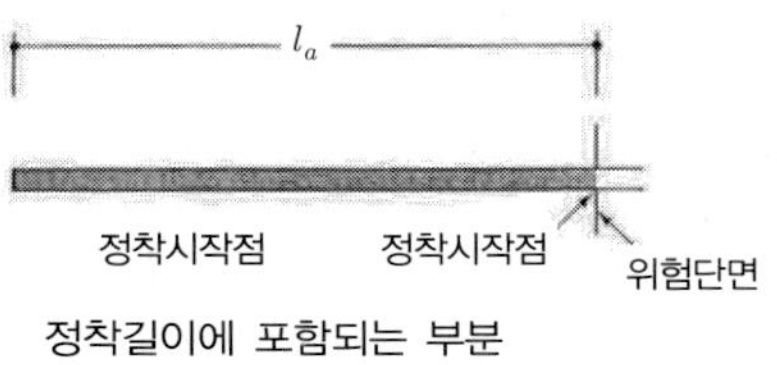

그림 17.1 직선정착의 경우

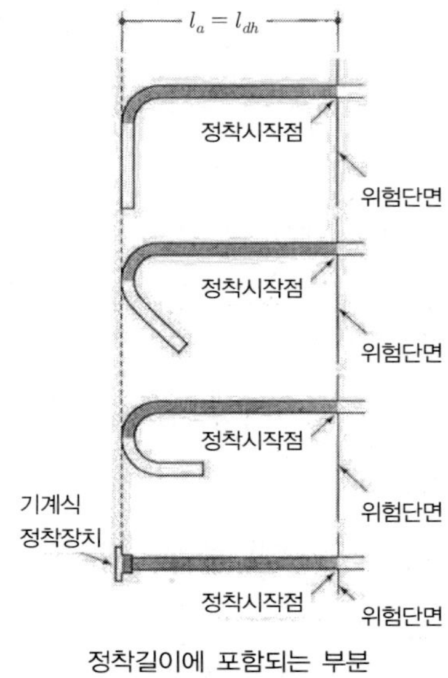

그림 17.2 표준갈고리 등이 있는 경우

(3) 최소 정착길이 l_{ab}

인장을 받는 이형철근의 최소 정착길이 l_{ab}는 식 (17.2)로 산정한다.

$$l_{ab} = \alpha \frac{S\sigma_t d_b}{10 f_b} \tag{17.2}$$

기호 f_b : 부착에 의한 기준 쪼갬파괴강도로, 16조의 표 16.1에 따른다.

σ_t : 위험단면에서의 철근 응력으로 철근의 단기 허용응력을 원칙적으로 사용한다. 설계에서 장기 응력만 부담한다고 판단되는 부재에 대해서는 해당 철근에 작용하는 실제 응력의 1.5배를 사용할 수 있다.

d_b : 이형철근의 공칭지름(mm)

α : 횡방향 철근으로 구속된 경우는 1.0, 그 이외의 경우는 1.25로 한다.

S : 최소 정착길이의 보정계수로 표 17.1에 따른다.

표 17.1 최소 정착길이의 보정계수

<table>
<tr><th colspan="3">종 류</th><th>S</th></tr>
<tr><td rowspan="4">직선 정착</td><td colspan="2">내진부재(기둥, 큰보, 내진벽, 기초 등)</td><td rowspan="2">1.25</td></tr>
<tr><td rowspan="2">비내진부재(작은보, 슬래브, 비구조벽 등)</td><td>캔틸레버 형식</td></tr>
<tr><td>그 외</td><td rowspan="2">1.0</td></tr>
<tr><td colspan="2">그외 기타 부재</td></tr>
<tr><td rowspan="4">표준갈고리 또는 신뢰할 수 있는 기계적 정착</td><td colspan="2">내진부재(기둥, 큰보, 내진벽, 기초 등)</td><td rowspan="2">0.7</td></tr>
<tr><td rowspan="2">비내진부재(작은보, 슬래브, 비구조벽 등)</td><td>캔틸레버 형식</td></tr>
<tr><td>그 외</td><td rowspan="2">0.5</td></tr>
<tr><td colspan="2">그외 기타 부재</td></tr>
</table>

(4) 관통 배근으로 정착되는 경우의 제한사항

순수 라멘구조의 기둥-보 접합부에 연결되는 보와 기둥의 주철근 지름은 식 (17.3)을 만족시켜야 한다. 다만, 주철근이 항복하지 않는 경우에는 이를 완화할 수 있다.

$$\frac{d_b}{D} \leq 3.6\frac{1.5+0.1F_c}{f_t} \tag{17.3}$$

기호 D : 해당 철근이 배근되는 부재의 전체 높이(mm)

F_c : 콘크리트의 설계기준강도($\mathrm{N/mm^2}$)

f_t : 해당 철근의 단기허용인장응력($\mathrm{N/mm^2}$)

(5) 정착에 관한 구조상세

1) 인장을 받은 철근의 직선정착길이는 원칙적으로 300mm 이상으로 한다.
2) 갈고리 정착의 경우는 원칙적으로 투영된 정착길이를 $8d_b$ 또는 150mm 이상으로 한다. 단, 설계에서 장기하중만 작용하는 부재에서는 이 규정을 적용하지 않을 수 있다.
3) 갈고리로 보 주철근을 기둥에 정착시키거나 기둥 주철근을 보에 정착시키는 경우 투영된 정착길이는 정착되는 부재 전체 치수의 0.75배 이상으로 하고, 접합부 안쪽으로 갈고리를 구부리는 것을 원칙으로 한다. 단, 정착되는 부재 단면성이 충분히 클 경우 혹은 특별한 설계를 적용하는 경우에는 이 규정을 적용하지 않을 수 있다.
4) 기계적 정착들은 횡방향 철근으로 구속된 경우에 이용하는 것을 원칙으로 한다.
5) 특수한 정착이 사용된 곳에서는 응력이 무리 없이 전달되는 상세가 필요하다.

6) 압축응력만 받는 철근의 정착은 원칙적으로 투영된 정착길이를 $8d_b$ 이상으로 한다.

7) 부재 고정단으로 정착되는 용접철망은, 첫 번째 횡방향철근의 위치는 위험단면에서 50mm 이상이며, 가장 먼 횡방향 철근은 위험단면에서 150mm 이상이어야 한다.

2. 표준갈고리

본 규정은 구부린 후 갈고리 꼬리 연장길이가 90° 갈고리는 철근 지름의 8배, 135° 갈고리는 철근 지름의 6배 이상, 180° 갈고리는 철근 지름의 4배 이상인 표준갈고리를 대상으로 한다. 굽힘부 내면 지름의 최소값은 표 17.2에 따르고, 표준갈고리 철근의 측면피복두께의 최소값은 표 17.3에 따른다.

표 17.2 표준갈고리 굽힘부 내면 지름

굽힘 각도	철근 강종	철근 지름	굽힘부 내면 지름
180° 135° 90°	SD 295A SD 295B SD 345	D16 이하	$3d_b$ 이상
		D19 ~ D41	$4d_b$ 이상
	SD 390	D41 이하	$5d_b$ 이상
90° *	SD 490	D25 이하	
		D29 ~ D41	$6d_b$ 이상

주 d_b : 정착되는 철근의 공칭지름

* : SD 490을 90°를 초과하여 구부리는 경우에는 굽힘시험을 실시한다.

표 17.3 표준갈고리 측면 피복두께

$S = 0.5$인 경우	$2d_b$ 이상 혹은 65mm 이상
$S = 0.7$인 경우	$1.5d_b$ 이상 혹은 50mm 이상

Commentary

None

10) JSCE Standard Specifications for Concrete Structures (2007)

일본에서는 토목학회와 건축학회에서 각각 콘크리트구조기준을 편찬하고 있으며, 다음은 일본 토목학회의 기준에 대한 사항이다.

(1) 정착길이 산정방법

일본 토목구조물에 사용되는 갈고리 정착길이(l_d)는 fib와 Eurocode와 마찬가지로 부착강도(f_{bod})를 이용하여 철근에 요구되는 설계강도(f_{yd})를 발현하기 위한 정착길이를 산정하는 기본적인 개념을 따르고 있다.

$$\frac{1}{\alpha} f_{bod} l_d \pi \phi = f_{yd} \frac{\pi \phi^2}{4} \rightarrow l_d = \alpha \frac{f_{yd}}{4 f_{bod}} \phi \tag{3.17}$$

사용된 기호의 설명은 다음과 같다.

α : 횡방향 철근량(k_c)에 따른 계수

k_c	$k_c \leq 1.0$	$1 < k_c \leq 1.5$	$1.5 < k_c \leq 2.0$	$2.0 < k_c \leq 2.5$	$2.5 < k_c$
α	1.0	0.9	0.8	0.7	0.6

$$k_c = \frac{c}{\phi} + \frac{15 A_t}{s\,\phi}$$

f_{yd} : 설계항복강도

$$f_{bod} = \frac{f_{bok}}{\gamma_c} = \frac{0.28 f_{ck}'^{\,2/3}}{1.3} = 0.215 f_{ck}'^{\,2/3}$$: 설계 부착강도

c : 콘크리트 피복두께와 순간격의 반 중 작은 값

A_t : 예상 쪼갬파괴면을 가로질러 배근된 횡방향 철근량

s : 횡방향 철근의 중심 배근 간격

식 (13.17) 로 산정된 기본정착길이에 갈고리 철근에 대해서는 철근지름의 10배를 뺀 값을 정착길이로 한다. 따라서 갈고리 정착길이는 다음 식 (3.18)과 같다.

$$l_d = \alpha \frac{f_{yd}}{4 f_{bod}} \phi - 10\phi \tag{3.18}$$

다른 설계기준과 동일하게 갈고리 철근은 압축에는 유효하지 않다. 해석에서 요구되는 철근량(A_{sc})보다 더 많은 철근이 배근(A_s)된 경우에는 배근량 비율(A_{sc}/A_s)을 곱하여 정

착길이를 축소할 수 있으나 축소된 정착길이는 기본정착길이의 1/3배 혹은 철근 지름의 10배 이상이어야 한다.

(2) 갈고리 철근 상세

일본 토목학회 기준에서는 90°, 135°, 180° 3종의 표준갈고리 형상을 규정하고 있으며, ACI 318 및 이를 참조하는 여러 설계기준과 다른 굽힘부 내면 지름을 규정하고 있다.

철근 강종과 철근 지름에 따라 세분화된 일본 건축학회와 달리 강종으로만 구분되어 있으며, 일본 건축학회 기준보다 큰 내면 지름을 요구하고 있다. 지름에 따라 세분화된 ACI 318 또는 콘크리트구조기준에 비해 일본 토목학회 규정은 대체로 작은 내면 지름을 규정하고 있으나 가는 지름의 고강도철근에 대해서만 ACI 318보다 큰 내면 지름을 규정하고 있다. 그림 3.29는 콘크리트구조기준과 일본 건축학회 및 일본 토목학회의 갈고리 내면 지름 규정을 비교한 그래프이다.

표 3.10 갈고리 내면 반지름

Type		Inside radius of bars (r)	
		Longitudinal bars	Stirrups and ties
Deformed bar	SD295A, B	2.5ϕ	2.0ϕ
	SD345	2.5ϕ	2.0ϕ
	SD390	3.0ϕ	2.5ϕ
	SD490	3.5ϕ	3.0ϕ

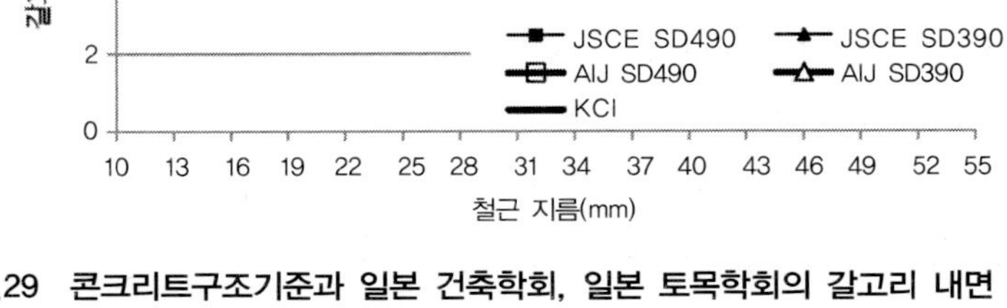

그림 3.29 콘크리트구조기준과 일본 건축학회, 일본 토목학회의 갈고리 내면 지름 비교

갈고리 굽힘부 연장길이는 일본 건축학회와 달리 ACI 318과 동일한 갈고리 굽힘부 연장길이를 규정하고 있다. 표 3.11에 갈고리 굽힘부 연장길이를 비교하였다.

표 3.11 주철근 표준갈고리 굽힘부 연장길이

굽힘 각도	콘크리트구조기준	日本土木學會	日本建築學會
90°	$12d_b$	$12d_b$	$8d_b$
135°	-	$6d_b$	$6d_b$
180°	$4d_b$	$4d_b$	$4d_b$

Code

13.6 Development of Reinforcement

13.6.1 General

(1) In order to achieve their full strength, reinforcing bars shall be firmly anchored in concrete so that the bar ends are not pulled out of the concrete.

(2) Ends of the reinforcing bars shall be sufficiently embedded into concrete by the matter shown as below.

(ⅰ) Bars are developed through bond stress between the reinforcement and the concrete.

(ⅱ) Bars are developed by provision of a hook.

(iii) Bars are developed by suitable mechanical device.

(3) If the method described in Item (2) (i) or (ⅱ) is used, basically the shapes of standard hooks shall be in accordance with Section 13.6.2, and the development length shall be calculated in accordance with Section 13.6.3, and the bar ends shall be anchored taking into consideration the type of structure or member, the state of loading, arrangement of reinforcement, the state of stress at the anchoring location, etc.

(4) If a method other than those mentioned in Item (3) is used, the method shall satisfy the required anchoring performance taking into consideration the type of structure or member, the state of loading, arrangement of reinforcement, the state of stress at the anchoring location, etc.

(5) Longitudinal reinforcement shall be anchored in view of the stress state of the reinforcing bars in the anchoring zone and the characteristics of the member.

13.6.2 Standard hooks

(1) Standard hooks are defined as semi-circle hooks, rectangular hooks, and acute-angled hooks.

(2) The configurations of standard hooks shall be as specified in Items (i) to (iii) below (see Fig. 13.6.1).

(i) Semicircle hook is defined as one having the end of the bar bent through 180 degrees and has a straight extension which measures neither less than 4 times bar diameter nor less than 60mm.

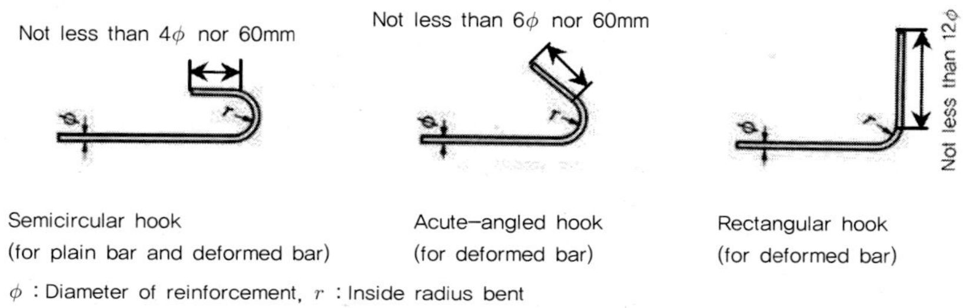

Fig. 13.6.1 Configuration of hook at free end of bar

(ii) Acute-angled hook is defined as one having the end of the bar bent through 135 degrees and has a straight extension which measures neither less than 6 times bar diameter nor less than 60mm.

(iii) Rectangular hook is defined as one having the end of the bar bent through 90 degrees and has a straight extension which measures not less than 12 times bar diameter.

(3) Standard hooks for the longitudinal reinforcement shall satisfy the requirements specified in Items (i) to (iii) below.

(i) When using plain bars as longitudinal reinforcement, the semicircular hook shall be used as the standard hook.

(ii) Inside radius of bend for hook shall not be less than that given in Table 13.6.1, where is diameter of the bar.

(4) Standard hooks for stirrups and hoops shall satisfy the requirements specified in Items (i) to (v) below.

(i) A standard hook shall be provided at the end of stirrups, ties and hoops.

(ii) In cases stirrups, ties and hoops are made using plain bars, semicircular hooks shall be used.

(iii) In cases stirrups are made using deformed bars, rectangular or acute-angled hooks can be used.

(iv) In case ties are made using deformed bars, semicircular or acute-angled hook shall be used.

(v) Inside radius of bend for stirrups and ties shall not be less than the values shown in Table 13.6.1. For stirrups made with bars of diameter less than 10mm, however, inside radius of bend may be taken as 1.5, where is diameter of the bar.

Table 13.6.1 Inside radius of bend for hook

Type		Inside radius of bars(r)	
		Longitudinal bars	Stirrups and ties
Plain bar	SR235	2.0ϕ	1.0ϕ
	SR295	2.5ϕ	2.0ϕ
Deformed bar	SD295A, B	2.5ϕ	2.0ϕ
	SD345	2.5ϕ	2.0ϕ
	SD390	3.0ϕ	2.5ϕ
	SD490	3.5ϕ	3.0ϕ

13.6.3 Basic development length

(1) Basic development length (l_d) shall be calculated using Eq. (13.6.1) and modified by Items (i) to (iii) below. However, modified l_d shall not be less than 20ϕ.

$$l_d = \alpha \frac{f_{yd}}{4f_{bod}} \phi \tag{13.6.1}$$

where, ϕ : diameter of reinforcement

f_{yd} : design tensile yield strength of reinforcement

f_{bod} : design bond strength of concrete, which may be obtained using Eq. (5.3.2), assuming γ_c to be 1.3, and with the condition that $f_{bod} \leq$ 3.2N/mm^2.

α =1.0(in case of $k_c \leq 1.0$)

=0.9(in case of $1 < k_c \leq 1.5$)

=0.8(in case of $1.5 < k_c \leq 2.0$)

=0.7(in case of $2.0 < k_c \leq 2.5$)

=0.6(in case of $2.5 < k_c$)

where, $k_c = \dfrac{c}{\phi} + \dfrac{15A_t}{s\phi}$

c : concrete cover of reinforcing bar or half of the clear distance between reinforcement, whichever is smaller.

A_t : area of transverse reinforcement arranged perpendicular to the assumed splitting failure surface

s : distance between the centers of transverse reinforcement

(i) Basic development length, l_d, is given by Eq. (13.6.1). Basic development length, provided with standard hooks, may be reduced by 10ϕ.

(ii) The basic development length in compression reinforcement may be taken as 0.8 of that obtained as shown in accordance with Eq. (13.6.1). It shall not be reduced in case of using standard hooks.

(iii) In cases the anchored reinforcing bar is located at a depth less than 300mm from the concrete surface, and at an angle less than 45 degrees from the horizontal, the basic development length shall be give by Item (i) or (ii).

(2) In cases when the provided area of steel (A_s) is larger than the amount required from computations (A_{sc}), the development length, l_o, may be estimated using Eq. (13.6.2).

$$l_o \geq l_d(A_{sc}/A_s) \tag{13.6.2}$$

where, $l_o \geq l_d/3$, $l_o \geq 10\phi$, ϕ : diameter of reinforcement

(3) Development length in the case of reinforcement, which is bent in the anchored portion shall be taken as given below (see in Fig. 13.6.2).

(i) In cases when the inside radius of bend is not less than 10 times the diameter of the bar, the entire length of the reinforcement including the bent portion shall be considered effective.

(ii) In cases when the inside radius of bend is less than 10 times the diameter of the bar and the straight portion beyond the bend extends more than 10 times diameter of the bar, the straight portion shall be considered effective.

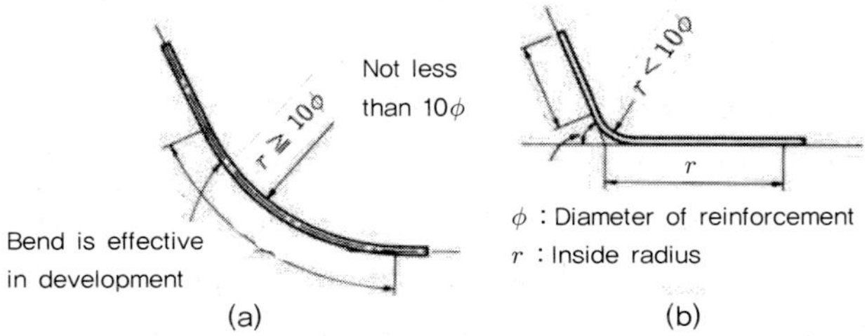

Fig. 13.6.2 Development length of reinforcement with bend

Commentary

13.6.1 General

(1) In reinforced concrete, reinforcing bars and concrete must act together in resisting external loads. Thus, under the action of external loads, the anchorage of reinforcement in concrete is very important. Since the effects of local bond can be neglected with sufficient anchorage of reinforcement, only the anchorage of ends of the bars is described in this section.

(2) In order to allow development of the full strength of reinforcing bars, either the end of the bars should be sufficiently embedded in the concrete, or provisions for hooks, appropriately made, so that the reinforcing bars do not get simply pulled out of the concrete.

Hooks may not be provided in the anchored regions in the case of deformed bars, but sufficient reinforcement in the perpendicular direction should be provided to enable development of bond. However even when deformed bars are used, it is recommended that hooks are provided in cases such as fixed end in members, both ends of tensile reinforcement in footing, tensile reinforcement at free end of cantilever beam, to ensure that even onset of large cracks does not cause the bars to be pulled out.

(3) If the bar ends are anchored by the method described in Item (2) (i) or (ii) and no special examination is conducted, the reinforcing bars may be anchored in accordance with the Design : Standards, Part 5, of this Specification.

(4) For example, other anchoring methods are shown below.

(a) Out of specification such as, high-strength reinforcing bars, large diameter reinforcing bars, special deformed bars, etc. These are embedded in concrete with the development length.

(b) Ends of reinforcing bars with special bend configurations

(c) End of bars welded with steel plate, nut, metal, and so on. In addition, end of bars welded into steel members.

(d) The development length is shortened by improving the bond strength between reinforcing bars concrete.

If an anchoring method other than those described in Item (3) is used, the method must satisfy the required performance according to the type of structure and load characteristics. In general, performance requirements include those listed below. Anchoring performance details and verification methods shall be in accordance with the Recommendations for Design, Fabrication and Evaluation of Anchorages and Joints in Reinforcing Bars (2007).

1) Static load capacity

2) High-stress cyclic load capacity

3) High-cycle load capacity

4) Reliability attributable to construction

5) Others (performance at low temperature, etc.)

(5) The anchoring of longitudinal reinforcement varies depending on the stress state of reinforcing bars in the anchoring region and the characteristics of the member. It is therefore necessary to determine the development length of reinforcing bars, taking into consideration the influence of these factors. If no special examination is conducted, the Design : Standards, Part 5, of this Specification should be followed.

13.6.2 Standard hooks

(2) The length of the straight extension of the hook has been determined to ensure that the hook is effective and to facilitate the making hook. For reinforcement bent at less than 90 degrees, provisions in Section 13.6.3 should be followed.

(3) The inside radius of bend of hooks here is slightly greater than that specified for the bending test in JIS G 3112 "Steel Bars for Concrete Reinforcement", considering the need to appropriately distribute concrete, and ensuring that the reinforcement is not damaged and that the hooks are effective. The fracture of reinforcing bars may be occurred with the small inside radius of bend. The radius of bend of hook shall not be less than the verified value described in this section.

(i) The bond strength between plain steel bars and concrete is considerably lower than that between deformed steel bars and concrete and varies widely depending on the surface properties of plain bars, the properties of the concrete around the plain bars, etc. According to pull-out test results, reinforced concrete members reinforced with hookless plain bars usually fail because of the slipping out of reinforcing bars. For these reasons, semicircular hooks must be installed at the ends of plain bars in order to achieve reliable anchoring.

(4) Ties serve to confine the core concrete and to prevent buckling of the longitudinal reinforcing bars. In order to satisfy the required performance, the ties shall be arranged at close intervals, and anchored sufficiently.

(5) Smaller inside radius of bend for stirrups and ties have been provided for facilitating the arrangement of reinforcing bars within the cross section. It is necessary to ensure that the reinforcing bars are not damaged by bending.

13.6.3 Basic development length

(2) The development length should be calculated using the basic development length l_d determined on the basis of the size of the bars and their arrangement, and the strength of the concrete, and modified in taking into consideration the actual condition of use.

In cases that the amount of reinforcement exceeds that required by computation, the basic development length may be reduced. However a certain minimum basic development length, l_o, should be determined to ensure the safety for additional forces.

3.1.5 갈고리 철근정착 규정 비교

갈고리 철근의 정착길이 산정방법은 크게 2가지 부류로 구분된다.

첫 번째는 ACI 318 방법으로 실험 자료에 근거하여 정착길이를 산정하는 방법이며, 두 번째 방법은 일본과 유럽에서 사용하는 기본부착강도를 이용하여 이론적 방법으로 정착길이를 산정하는 방법이다. 두 번째 방법은 갈고리의 지압효과를 고려하는 방법에 따라 다시 2가지로 구분되는데, 산정된 기본정착길이에 특정한 값을 공제하는 방법(fib Model Code 2010, 일본 토목학회)과 1보다 작은 계수를 곱하는 방법으로 구분된다.

각 기준이 사용하는 방법을 3가지의 기본 형태로 구분하여 다음 표 3.12에 정리하였다.

표 3.12 갈고리 철근정착길이 산정 방법의 분류

방법	기본 형태	기준	
		국내	국외
1	$\frac{0.24\beta f_y}{\lambda\sqrt{f_c'}}d_b$	KCI KBC KHBDC KEPIC SNB KEPIC SNC	ACI 318 ACI 352 AASHTO LRFD ASME ACI 349 CSA
2-1	$\left(\frac{\alpha f_{yd}}{4f_{bd}}-\beta\right)\phi$	-	fib MC2010 日本土木學會
2-2	$l_{b,rqd}=\alpha\frac{\sigma_{sd}}{4f_{bd}}\phi$	KHBDC(LSD)	EC 2 日本建築學會

국내・외 주요 설계기준의 갈고리 철근정착 규정을 비교하면 다음과 같다.

기준	정착길이		정착강도 영향 인자 고려 방법				최소 정착길이
	기본식	기호설명	피복두께 영향	횡보강철근 영향	초과철근	기타	
KCI 2017	$\frac{0.24\beta f_y}{\lambda\sqrt{f_c'}}d_b$	-β : 에폭시 도막철근 1.2 그 외 철근 1.0 -λ : 경량콘크리트 0.75, 일반 콘크리트 1.0	피복두께 계수 0.7 35mm 이하 철근, 측면피복두께 70mm 이상, 후면피복두께 50mm 이상	횡보강철근 영향계수 0.8 35mm 이하 철근에서 정착영역에 $3d_b$ 이하 간격으로 수직 또는 수평으로 횡보강된 경우	$\left(\frac{소요 A_s}{배근 A_s}\right)$	–	max{$8d_b$; 150mm}
KBC 2016	$\frac{0.24\beta d_b f_y}{\lambda\sqrt{f_{ck}}}$	상동	상동	상동	상동	–	상동
KHBDC 2010	$\frac{100 d_b}{\sqrt{f_{ck}}}$	경량콘크리트 1.3 에폭시 도막철근 1.2	상동	상동	상동	$\frac{f_y}{400}$	상동
KHBDC LSD 2015	$l_0 = \alpha_1\alpha_2\alpha_3\alpha_5 l_{b,rqd}$ $l_{b,rqd} = (\phi/4)(\sigma_{sd}/f_{bd})$ $f_{bd} = 2.25\eta_1\eta_2 f_{ctd}$ $f_{ctd} = f_{ctk,0.05}/\gamma_c$ $f_{ctk,0.05} = 0.7 f_{ctm}$	α_1 =0.7 : 피복두께와 철근 순가격의 절반이 3ϕ 이상인 갈고리 철근	$\alpha_2 = 1 - \frac{0.15(C_d - \phi)}{\phi}$ $0.7 \le \alpha_2 \le 1.0$ C_d : 최소피복두께 또는 철근 순간격의 절반	$\alpha_3 = 1 - K\lambda$ $0.7 \le \alpha_3 \le 1.0$ K : 횡방향 철근 형태에 따른 계수 $\lambda = (\Sigma A_{st} - \Sigma A_{st,\min})/A_s$	–	$\alpha_5 = 1 - 0.04p$ $0.7 \le \alpha_5 \le 1.0$ $\alpha_6 = 0.7/\alpha_1$: KCI2017의 표준갈고리 형상과 피복두께 조건을 만족하는 경우 $\alpha_6 = 0.5/\alpha_1$: KCI2017의 표준갈고리 형상과 횡철근 조건을 만족하는 경우 $\alpha_6 = 0.4/\alpha_1$: KCI2017의 표준갈고리 형상과 피복두께 조건, 횡철근 조건을 모두 만족하는 경우	max{$0.3 l_{b,rqd}$; 10ϕ ; 100mm}
KEPIC SNB 2012	$\frac{100 d_b}{\sqrt{f_{ck}}}$	–	피복두께 계수 0.7 36mm 이하 철근, 측면피복두께 64mm 이상, 후면피복두께 50mm 이상	횡보강철근 영향계수 0.8 36mm 이하 철근에서 정착영역에 $3d_b$ 이하 간격으로 수직 또는 수평으로 횡보강된 경우	$\left(\frac{소요 A_s}{배근 A_s}\right)$	$\frac{f_y}{400}$	max{$8d_b$; 150mm}
KEPIC SNC 2010	$\frac{0.24\psi_e f_y}{\sqrt{f_c'}}d_b$	-ψ_e : 에폭시 도막철근 1.2, 그 외 철근 1.0	피복두께 계수 0.7 36mm 이하 철근, 측면피복두께 65mm 이상, 후면피복두께 50mm 이상	횡보강철근 영향계수 0.8 36mm 이하 철근에서 정착영역에 $3d_b$ 이하 간격으로 수직 또는 수평으로 횡보강된 경우	$\left(\frac{소요 A_s}{배근 A_s}\right)$	–	max{$8d_b$; 150mm}

기준	정착길이		정착강도 영향 인자 고려 방법				최소 정착길이
	기본식	기호설명	피복두께 영향	횡보강철근 영향	초과철근	기타	
ACI 318-14	$\left(\frac{0.24\psi_e\psi_c\psi_r f_y}{\lambda\sqrt{f_c'}}\right)d_b$	-ψ_e : 에폭시 도막 철근 1.2, 그 외 철근 1.0 -λ : 경량콘크리트 0.75, 일반 콘크리트 1.0	ψ_c : 피복두께 계수 0.7 36mm 이하 철근, 측면피복두께 65mm 이상, 후면피복두께 50mm 이상	ψ_r : 횡보강철근 영향 계수 0.8 36mm 이하 철근에서 정착영역에 $3d_b$ 이하 간격으로 수직 또는 수평으로 횡보강된 경우	$\left(\frac{소요A_s}{배근A_s}\right)$	–	max{$8d_b$; 150mm}
ACI 352R-02	Type 1 : $\frac{f_y d_b}{4.2\sqrt{f_c'}}$	Type 1 중약진 지역	상동	상동	–	–	상동
	Type 2 : $\frac{f_y d_b}{6.2\sqrt{f_c'}}$	Type 2 강진 지역 (위험단면은 기둥 후프철근 외곽부터)	상동	–	–	–	상동
AASHTO LRFD BDS 2012	$\frac{100\,d_b}{\sqrt{f_{ck}}}$	경량콘크리트 1.3 에폭시 도막철근 1.2	상동	횡보강철근 영향계수 0.8 36mm 이하 철근에서 정착영역에 $3d_b$ 이하 간격으로 수직 또는 수평으로 횡보강된 경우	$\left(\frac{소요A_s}{배근A_s}\right)$	$\frac{f_y}{420}$	상동
ASME Sec. Ⅲ Div. Ⅱ 2013	$\frac{100\,d_b}{\sqrt{f_{ck}}}$	–	상동	상동	상동	상동	상동
ACI 349-13	$\frac{0.24\psi_e f_y}{\lambda\sqrt{f_c'}}d_b$	-ψ_e : 에폭시 도막 철근 1.2, 그 외 철근 1.0 -λ : 경량콘크리트 0.75, 일반 콘크리트 1.0	상동	상동	상동	–	상동
fib MC 2010	$\left(\frac{\alpha_1 f_{yd}}{4f_{bd}} - 15\right)\phi$	- 기본부착강도 $f_{bd,0} = \eta_1\eta_2\eta_3\eta_4 (f_{ck}/25)^{0.5}/\gamma_c$ - 설계부착강도 $f_{bd} = (\alpha_2+\alpha_3) f_{bd,0} - 2p_{tr}/\gamma_c$	–	–	$\alpha_1 = \left(\frac{소요A_s}{배근A_s}\right)$	–	max{$0.3\phi f_{yd}/(4f_{bd})$; 10ϕ ; 100mm}
EC 2 2004	$l_0 = \alpha_1\alpha_2\alpha_3\alpha_5 l_{b,rqd}$ $l_{b,rqd} = (\phi/4)(\sigma_{sd}/f_{bd})$ $f_{bd} = 2,25\eta_1\eta_2 f_{ctd}$ $f_{ctd} = f_{ctk,0.05}/\gamma_c$ $f_{ctk,0.05} = 0.7f_{ctm}$	α_1 =0.7 : 피복두께와 철근 순 가격의 절반이 3ϕ 이상인 갈고리 철근	$\alpha_2 = 1 - \frac{0.15(c_d-\phi)}{\phi}$ $0.7 \le \alpha_2 \le 1.0$ c_d : 최소피복두께 또는 철근 순 간격의 반	$\alpha_3 = 1 - K\lambda$ $0.7 \le \alpha_3 \le 1.0$ K : 횡방향 철근 형태에 따른 계수 $\lambda = (\Sigma A_{st} - \Sigma A_{st,\min})/A_s$	–	$\alpha_5 = 1 - 0.04p$ $0.7 \le \alpha_5 \le 1.0$	max{$0.3l_{b,rqd}$; 10ϕ ; 100mm}

기준	정착길이		정착강도 영향 인자 고려 방법				최소 정착길이
	기본식	기호설명	피복두께 영향	횡보강철근 영향	초과철근	기타	
CSA R2010	$\frac{100\,d_b}{\sqrt{f_{ck}}}$	경량콘크리트 1.3 에폭시 도막철근 1.2	피복두께 계수 0.7 36mm 이하 철근, 측면피복두께 60mm 이상, 후면피복두께 50mm 이상	횡보강철근 영향계수 0.8 36mm 이하 철근에서 정착영역에 $3d_b$ 이하 간격으로 수직 또는 수평으로 횡보강된 경우	$\left(\frac{소요A_s}{배근A_s}\right)$	$\frac{f_y}{400}$	max{$8d_b$; 150mm}
AIJ 2010	$\alpha\frac{S\sigma_t d_b}{10f_b}$	S=0.7 : 내진부재, 캔틸레버 비내진 부재 S=0.5 : 그 외 $f_b = \frac{F_c}{40}+0.9$: 부착에 의한 기준쪼갬파괴강도 상단근의 경우 0.8를 추가로 곱한다.	–	α : 횡철근으로 구속된 경우 1.0 그 이외의 경우 1.25	–	–	–
JSCE 2007	$\left(\alpha\frac{f_{yd}}{4f_{bod}}-10\right)\phi$	$f_{bod}=0.215{f_{ck}'}^{2/3}$	–	α : 횡방향 철근량 (k_c)에 따른 계수 $k_c=\frac{c}{\phi}+\frac{15A_t}{s\,\phi}$ α=1.0 : $k_c \le 1.0$ α=0.9 : $1 < k_c \le 1.5$ α=0.8 : $1.5 < k_c \le 2.0$ α=0.7 : $2.0 < k_c \le 2.5$ α=0.6 : $2.5 < k_c$ c : 콘크리트 피복두께와 순간격의 절반 중 작은값 A_t : 예상 쪼갬파괴면을 가로질러 배근된 횡방향 철근량 s : 횡방향 철근의 중심 배근 간격	$\left(\frac{소요A_s}{배근A_s}\right)$	–	max{$0.3l_d$; 10ϕ}

3.2 확대머리철근정착

3.2.1 확대머리철근의 파괴 특성

확대머리철근의 정착강도는 그림 3.30과 같이 정착판 전면에서 발생하는 지압력과 정착길이에서 발현되는 부착력으로 구성된다. 지압력과 부착력은 모두 철근과 콘크리트 사이의 상대변위로 인해 발현된다. 철근마디 또는 지압판 전면에 형성되는 쐐기(wedge)로 인해 지압력과 부착력은 철근축에 평행하게 발생하지 않고 철근축에 일정방향으로 기울어져 작용한다. 이 부착력과 지압력을 철근축에 평행한 방향과 직각방향의 분력으로 구분할 수 있다. 철근축에 평행한 방향의 분력은 철근의 정착력을 발현시키게 되고, 철근축에 직각방향 분력은 철근 주변의 콘크리트를 밖으로 밀어내는 힘으로 작용하여 결국 철근 주변의 콘크리트에 인장응력을 유발한다. 이 인장응력에 의해 확대머리철근 주변의 콘크리트가 탈락되어 파괴에 이르게 된다.

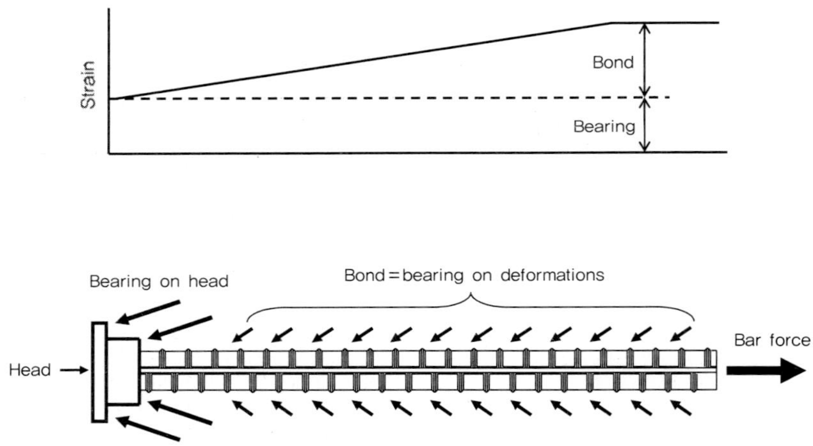

그림 3.30 확대머리철근의 정착강도 발현

3.2.2 외부 보-기둥 접합부에 정착된 확대머리철근의 파괴 유형

외부 보-기둥 접합부는 철근이 매우 과밀하게 배근되는 부재로 확대머리철근을 가장 효과적으로 적용할 수 있는 부재이다. 3.1.1절에서 설명한 것처럼 외부 보-기둥 접합부에는 CCT절점이 형성되는데, 이 절점 영역에 정착판이 위치하면 매우 높은 정착강도를 지니게 된다. 따라서 외부 보-기둥 접합부는 확대머리철근의 적용에 가장 유리한 부재이다.

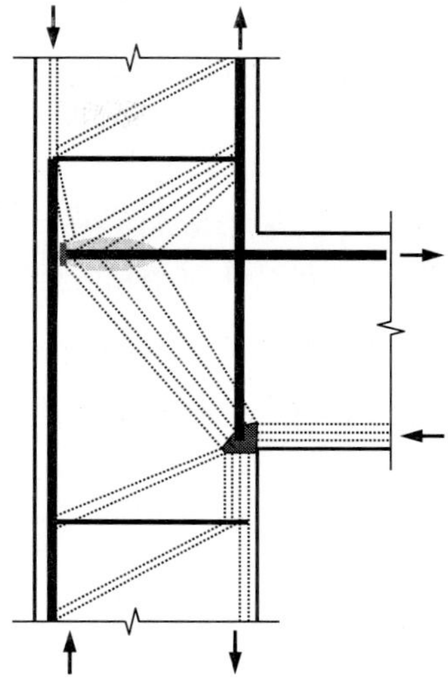

그림 3.31 확대머리철근이 정착된 외부 보-기둥 접합부의 응력상태

확대머리철근의 사용으로 인해 발생 가능한 접합부 파괴를 분류하고 각 파괴 유형별 정착강도를 예측할 수 있다. 외부 접합부에서 보 주근의 정착으로 유발될 수 있는 파괴유형은 그림 3.32와 같이 정리할 수 있다. 각 파괴유형을 간단히 설명하면 다음과 같다.

(a) 측면파열파괴 : 갈고리 철근 설계기준의 배경이 되는 파괴 유형과 동일한 파괴

(b) 콘크리트 콘 파괴 : 파괴영역에 반력이 존재하지 않을 경우 콘 모양의 파괴

(c) 접합부 전단파괴 : 철근의 인장력으로 유발된 접합부 전단하중에 의한 접합부 파괴

(d) 뽑힘파괴 : 정착판이 매우 작은 경우 철근이 뽑히는 파괴

(e) 쪼갬파괴 : 철근 열을 따라 수평으로 쪼갬 균열이 발생하는 파괴

이러한 파괴유형은 갈고리 철근에서도 동일하게 발생할 수 있다.

각 파괴 유형별 발생조건, 거동특성, 그리고 기존 이론식을 이용한 내력평가 방법을 설명한다.

1) 측면파열파괴 (side-face blowout)

확대머리철근이 정착된 기둥의 측면에 직각방향 보가 없을 때, 측면피복이 충분하지 않으면 그림 3.32(a)와 같이 정착판에 집중된 지압력에 의해 정착판 주변 콘크리트가 폭발적으로 탈락하면서 확대머리철근의 정착내력이 상실된다.

갈고리 정착에 비해 확대머리철근은 정착판에 의한 지압력이 크기 때문에 ACI 352R-02(2002)에서는 측면피복두께가 $3d_b$보다 작을 경우는 정착되는 확대머리철근의 설계항복강

도의 1/4 이상을 발현하는 횡구속철근을 배근하도록 규정하고 있다. 또한 측면 피복두께가 $3d_b$ 이상인 경우에는 ACI 318 Appendix D에 따라 측면파열파괴강도를 산정하여 정착강도를 평가해야 한다.

측면 파열파괴강도는 앵커에 관한 연구에서 주로 수행되었다. 확대머리철근의 인발시험과 외부 접합부실험에서도 동일한 현상이 관찰되었으며, 앵커의 측면파열파괴강도 평가식을 기본으로 예측할 수 있다. Furche and Eligehausen(1991)의 연구결과를 확대머리철근이 정착된 접합부에 적용하면 1단 배근된 확대머리철근의 정착강도는 식 (3.19)와 같이 평가할 수 있다.

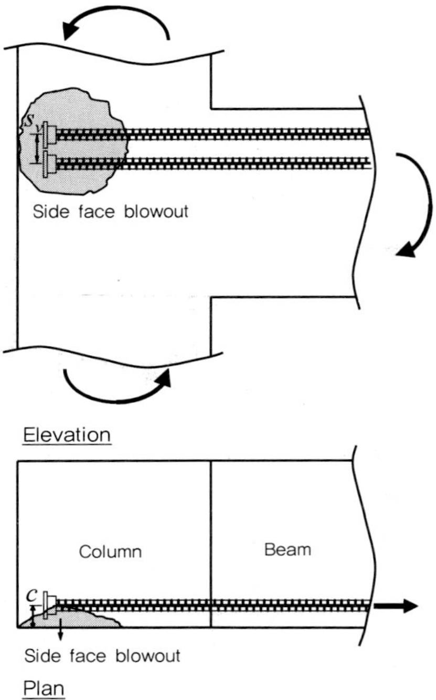

(a) 측면파열파괴
(side-face blowout)

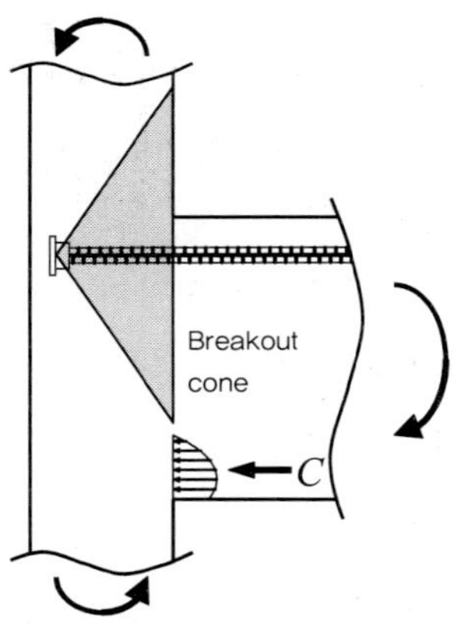

(b) 콘크리트 콘 파괴
(concrete breakout)

그림 3.32 확대머리철근의 정착에 의해 발생 가능한 외부접합부 파괴유형

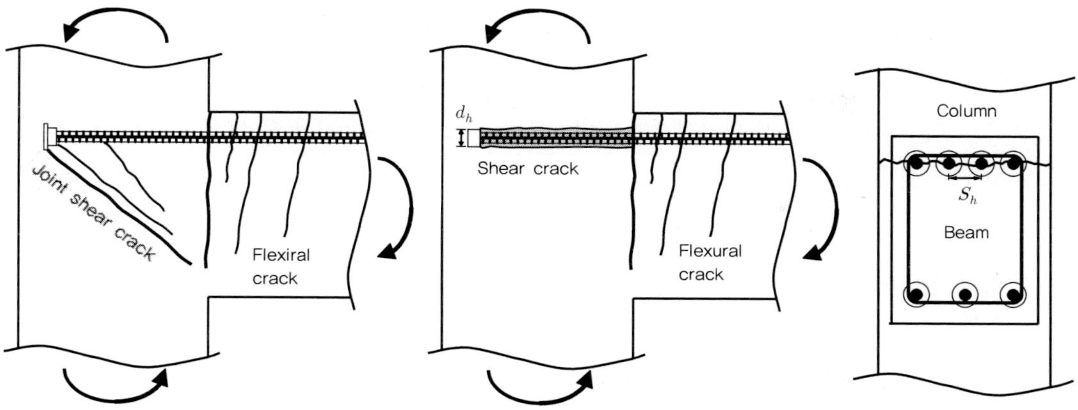

(c) 접합부 전단파괴 (joint shear) (d) 뽑힘파괴 (pull-out) (e) 쪼갬파괴 (splitting)

그림 3.32 확대머리철근의 정착에 의해 발생 가능한 외부접합부 파괴유형(계속)

$$f_{sf1} = 16.8c\frac{\sqrt{A_{brg}}}{A_b}\sqrt{f_{ck}} = 19.0\frac{c}{d_b}\sqrt{k}\sqrt{f_{ck}} \tag{3.19}$$

여기서, f_{sf1}은 1단 배근된 확대머리철근의 측면파열파괴강도(MPa), c는 확대머리철근 중심에서부터 측면피복두께(mm)이며, k는 순지압면적과 철근단면적의 비율이다.

식 (3.19)를 통해 측면파열파괴는 측면피복두께, 정착판의 순지압면적과 철근단면적 비의 제곱근, 그리고 콘크리트 압축강도의 제곱근에 비례함을 알 수 있다. 측면 피복두께는 측면파열파괴를 직접적으로 방지하는 역할을 한다. 순지압면적과 철근단면적 비의 제곱근은 정착판과 철근 지름의 비율을 의미하며, 정착판에서 유발된 지압에 의한 측면 방향 분력의 크기를 감소시킨다. 측면파열파괴는 콘크리트 인장강도에 의존하기 때문에 콘크리트 압축강도의 제곱근에 비례한다.

그림 3.32(a)와 같이 철근 중심 사이의 간격을 s_v로 2단 배근하면, 파괴면적이 중첩되어 정착강도 f_{sf2}는 식 (3.20)과 같이 저하된다.

$$f_{sf2} = 9.48\frac{c}{d_b}(1+\frac{s_v/d_b}{6c/d_b})\sqrt{k}\sqrt{f_{ck}} \tag{3.20}$$

측면파열파괴가 발생할 때 얇은 피복두께에 비해 손상되는 면적이 매우 넓기 때문에 상하 철근단 사이 중심간격이 피복두께의 6배가 되지 않으면 강도가 저하된다. 그러나 만일 측면피복두께가 충분한 경우에는 2단 배근에도 측면파열파괴에 앞서 철근의 항복이 발생할 수 있다.

일반적으로 기둥폭은 보폭보다 넓고, 최외단 보 주근은 최외단 기둥 주근 안쪽에 위치하기 때문에 ACI 318-11에서 요구하는 $2d_b$, 그리고 ACI 352R-02에서 기준으로 하는 $3d_b$ 측면 피복두께는 어렵지 않게 확보할 수 있다. 그러나 ACI 318-11에서 규정된 2단 배근 상하단 사이 순간격 $4d_b$는 ACI 318-11의 최소 순간격 $1d_b$ (또는 25mm)에 비해 과도하며 일반적인 보 설계를 고려할 때 비현실적이다. 따라서 2단 배근된 경우는 식 (3.20)과 같이 측면피복두께와 상하단 간격을 같이 고려하여 정착강도를 평가하는 것이 타당하다.

2) 콘크리트 콘 파괴(concrete breakout)

확대머리철근이 얕게 정착되고 보가 높으면 보의 휨에 의해 유발된 압축응력이 확대머리철근을 구속하지 못한다. 무한히 큰 콘크리트 블록에서 확대머리철근이 인발될 때와 유사하게 접합부에서도 그림 3.32(b)와 같이 콘크리트 원추체로 파괴가 발생한다. 콘크리트파괴강도는 앵커의 강도평가식을 이용하여 예측이 가능하지만 콘크리트 인장강도에만 의존하기 때문에 매우 낮다.

콘크리트 콘 파괴를 방지하기 위해서는 보 높이를 고려하여 확대머리철근의 정착길이를 결정하는 것이 바람직하다. 정착길이의 1.5배 이내에 압축응력이 작용하면 접합부의 압축스트럿에 의해 콘크리트 파괴는 구속되고, 다른 유형의 파괴로 변경된다. 보 단면에서 모멘트의 팔길이를 $0.9d$로 가정하면, 식 (3.21)의 정착길이를 확보하여 콘크리트 콘 파괴를 방지할 수 있다.

$$l_{dt} \geq \frac{0.9d}{1.5} = 0.6d \tag{3.21}$$

여기서, d는 보의 유효깊이(mm)이다.

3) 접합부(joint shear failure)

접합부 전단파괴는 강한 지진하중이 작용할 때 충분한 전단보강근이 확보되지 않거나 접합부의 치수가 작은 경우에 그림 3.32(c)와 같이 발생한다. 우리나라에서는 접합부 전단을 설계단계에서 검토하지 않는다. 그러나 작은 접합부에 많은 보 철근을 정착시킬 경우 접합부 전단파괴가 다른 파괴에 선행된다. 두께가 작은 부재에 철근을 정착시키는 것이 확대머리철근의 개발 배경 중 하나이지만 접합부 전단내력을 검토하지 않고 확대머리철근을 적용하면 전체 구조물에 큰 위험을 야기할 수 있다.

접합부 전단강도는 강진지역에서 주로 연구가 수행되어 왔다. 미국, 일본, 뉴질랜드 등의 강진지역에서는 보 주근을 배근할 때 정착길이와 무관하게 최대한 기둥 후면까지 정착시키도록 규정하고 있기 때문에 접합부 전단강도는 정착과 별도 항목으로 평가되어 왔다. 그러나 접합부 전단력이 보 주근의 정착력으로 인해 야기되므로 접합부 전단파괴 또한 정착에 의한 파괴로 분류할 수 있다. ACI 352R(2002)의 Type1 접합부 전단강도 평가방법에서 강도감소계수를 제외한 식 (3.22)를 이용하여 식 (3.23)과 같이 정착강도식을 만들 수 있다.

$$V_n = 0.083\gamma\sqrt{f_{ck}}\,b_j\,l_{dt} = V_u = T - V \tag{3.22}$$

$$f_{js} = \frac{0.083\gamma\sqrt{f_{ck}}\,b_j\,l_{dt}}{A_s(1-0.9d/l_c)} \tag{3.23}$$

여기서, f_{js}는 접합부 전단파괴에 의한 정착강도(MPa), V_n은 접합부 전단강도(N), γ는 접합부의 종류에 따른 전단강도계수 b_j는 접합부 유효폭(mm)으로 보폭이 기둥폭보다 작은 경우 기둥폭과 보폭의 평균이며 기둥폭이 작은 경우 기둥폭이고 보와 기둥의 중심이 일치하지 않는 경우 ACI 352R(2012)를 참조하고, T는 접합부에 작용하는 인장력(N), V_{col}은 기둥 전단력(N), A_s는 보 철근량(mm^2), l_c는 층간 기둥 중심간격(mm)이다.

4) 뽑힘파괴(pull-out)

확대머리철근에는 정착판이 있기 때문에 뽑힘파괴가 발생할 가능성은 거의 없다. 콘크리트용 앵커설계법 중 헤드스터드의 뽑힘파괴강도식에 최소 (순지압면적)/(철근단면적)값 4를 적용하여 안전측으로 요구되는 콘크리트 강도를 설계할 수 있다. 식 (3.24)는 순지압면적이 철근단면적의 4배인 경우 뽑힘파괴를 방지하기 위한 최소 콘크리트 강도를 나타낸다.

$$f_p = 8kf_{ck} \ge f_y \rightarrow f_{ck} \ge \frac{f_y}{32} \tag{3.24}$$

여기서, f_p는 뽑힘파괴에 의한 정착강도(MPa)이다.

콘크리트구조기준(2012)에서 허용하고 있는 철근의 최대 인장강도 600MPa을 적용하여 뽑힘파괴가 발생하지 않을 최소 콘크리트강도를 산정하면 18.8MPa이 된다. 따라서 확대머리철근의 뽑힘파괴는 발생하지 않는다.

3.2.3 확대머리철근 적용 시 고려사항

갈고리 철근은 오랜 기간 실무에서 충분한 검증이 이뤄졌기 때문에 현행 설계기준의 안전성이 확보되었다. 그러나 확대머리철근은 적용 부위에 따라 파괴양상이 달라질 수 있으며, 정착강도도 달라진다. 외부 보-기둥 접합부가 아닌 부재에 적용된 사례를 통해 확대머리철근의 적용 시 주의사항을 정리하였다.

1) 최상부 외부 보-기둥 접합부(Knee joint)

일명 Knee joint라고 불리는 최상부 외부 보-기둥 접합부는 측면뿐 아니라 상부면도 자유면이기 때문에 피복콘크리트의 조기 탈락이 우려된다. 갈고리 철근정착에 익숙한 실무기술자들은 위험단면인 기둥면에서부터 설계정착길이를 확보하기만 하면 철근의 정착강도가 발현될 것으로 기대하지만, 최상부 외부 보-기둥 접합부에서는 확대머리철근의 정착강도가 많이 저하된다.

최상부 외부 보-기둥 접합부에서 보 상부 주철근으로 확대머리철근을 사용할 경우 닫힘모멘트(closing moment) 작용 시 확대머리철근을 위쪽으로 밀어내는 힘이 작용한다. 겹침이음되는 철근의 프라잉거동과 동일하게 보의 휨변형에 의해 철근에 인장력이 발생하기 때문에 확대머리철근 위쪽의 피복콘크리트는 쉽게 탈락된다. 더불어 정착판의 지압과 정착길이의 부착에 의해서도 Tension Ring현상에 의해 피복콘크리트를 밀어내는 힘이 발생한다. 갈고리 철근에서는 갈고리 꼬리가 접합부 내부로 정착되어 있기 때문에 이렇게 상부콘크리트를 밀어내는 힘에 저항할 수 있다. 확대머리철근에서만 발생하는 현상으로 최상부 외부 보-기둥 접합부에서는 보 상부 주철근으로 확대머리철근을 적용하는데 주의가 필요하다. 그림 3.33은 실험(Chun et al., 2007)을 통해 정착 상세 및 보강 상세에 따른 거동을 보여주고 있다. JCT #11은 보 주철근으로 갈고리 철근을 사용한 상세이며, JMT #11-1은 확대머리철근을 보 주철근으로 사용하였다. 접합부에는 수평방향의 횡보강철근 외에 ACI 352R-02에 따라 수직방향의 U형 보강근을 추가 배치하였다. JMT #11-2는 JMT #11-1 상세에 보 상단 주철근 위에 횡보강 철근을 1열 추가 배치하고, 기둥 주철근을 보 주철근 위로 올린 상세이다. 실험결과 확대머리철근으로 배근한 JMT #11-1이 갈고리 철근을 적용한 접합부보다 강도와 변형능력이 떨어졌다. 횡방향 변위각 4%에서 균열 사진을 비교해 보면, JMT #11-1은 상부 피복 콘크리트가 심하게 손상된 것을 알 수 있다. 횡보강철근을 1열 더 보강한 JMT #11-2는 갈고리철근보다 강도와 변형능력에서 더 우수한 거동을 보였다.

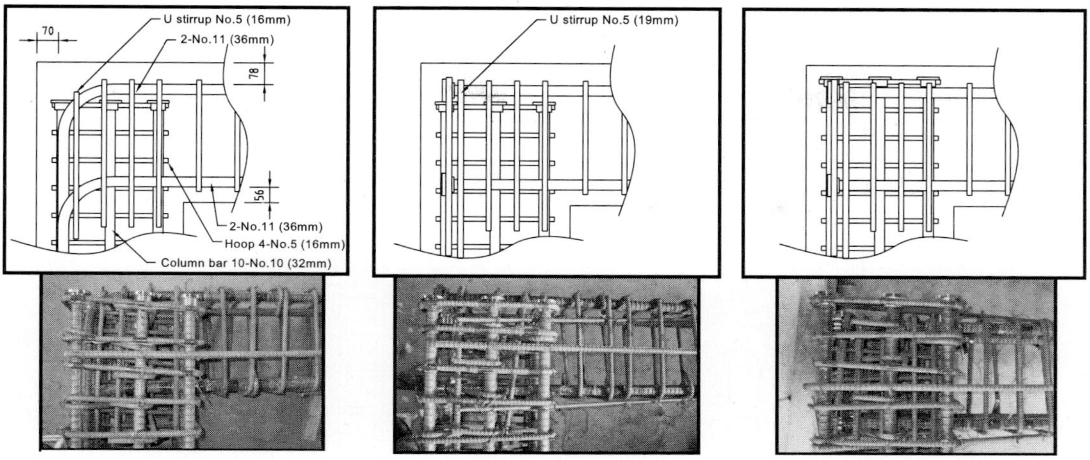

• JCT #11 • JMT #11–1 • JMT #11–2

(a) 실험체 상세

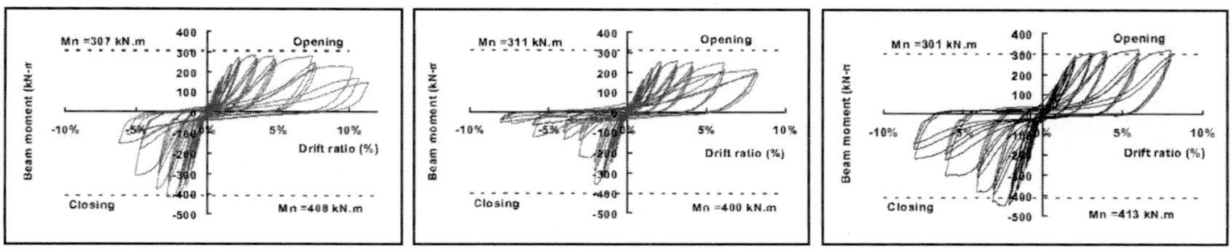

• JCT #11 • JMT #11–1 • JMT #11–2

(b) 하중–변위 곡선

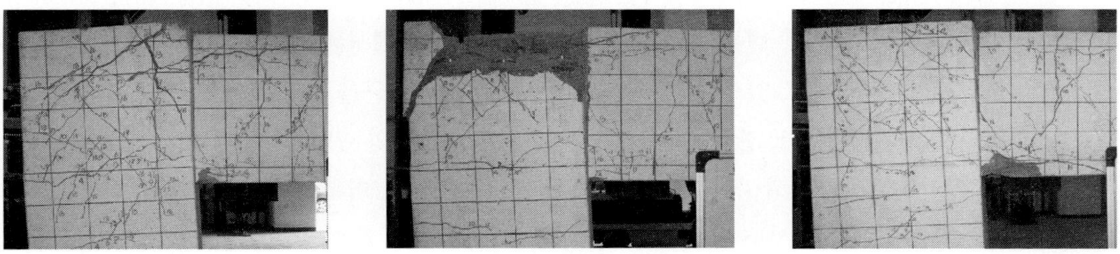

• JCT #11 • JMT #11–1 • JMT #11–2

(c) 파괴 사진

그림 3.33 최상부 외부 보–기둥 접합부의 거동

이러한 거동 차이를 그림 3.34에서 설명하였다. 보 상단 주철근 위쪽의 상부 피복콘크리트는 횡구속되지 않은 영역이다. 확대머리철근의 프라잉거동과 지압/부착에 의해 유발된 콘크리트 인장응력에 의해 상부 콘크리트는 탈락되고, 더불어 상부 주철근의 정착력도 상실하게 된다. 이러한 현상을 방지하기 위해서는 상부 콘크리트의 탈락을 방지해야 하며, 이를 위해 횡보강철근을 1열 더 보강해 주어야 한다.

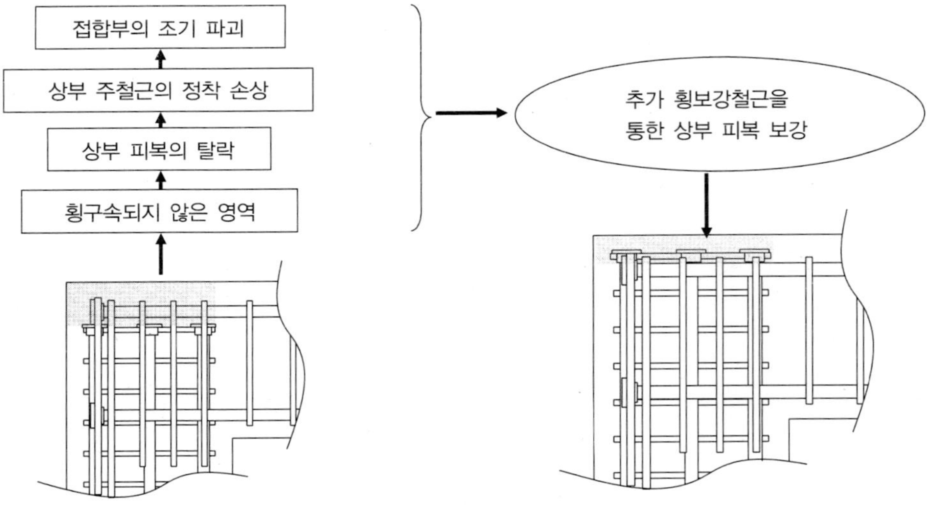

그림 3.34 확대머리철근이 정착된 최상부 외부 보-기둥 접합부의 손상 원인과 보강 방안

2) 확대머리철근을 이용한 겹침이음

ACI 318-11의 확대머리철근정착길이 산정식은 UT Austin에서 수행된 확대머리철근 겹침이음 실험을 통해 개발되었다. 그러나 ACI 318-11에서는 확대머리철근을 이용한 겹침이음에 대해 구체적인 설명이 없다. 전통적으로 정착길이는 순수 휨을 받는 보의 겹침이음 실험을 통해 개발되었다. 이음과 정착은 콘크리트 인장강도에 의존하기 때문에 파괴유형이 매우 취성적이고 강도의 변동성도 크다. 따라서 설계기준에서는 매우 안전측으로 정착길이와 이음길이를 규정하고 있으며, 응력이 낮은 부분에서 철근을 잇도록 규정하고 있다.

갈고리 철근을 이용한 겹침이음에서 설명한 것처럼 보의 휨변형에 의해 유발된 프라잉거동과 지압/부착에 의해 유발된 콘크리트 인장응력으로 피복콘크리트가 탈락하게 된다. 확대머리철근정착판의 성능이 제대로 발현되기 전에 피복콘크리트가 탈락하기 때문에 큰 효과를 기대하기 어렵다. 확대머리철근의 짧은 정착길이를 이용하여 프리캐스트 패널의 접합부에 적용을 기대하고 있지만, 실제 적용은 매우 어려운 상황이다.

확대머리철근의 정착강도를 향상시키기 위해서는 스터럽을 촘촘히 배근하여 확대머리철근의 프라잉거동을 방지하고 피복콘크리트의 탈락을 억제해야 한다.

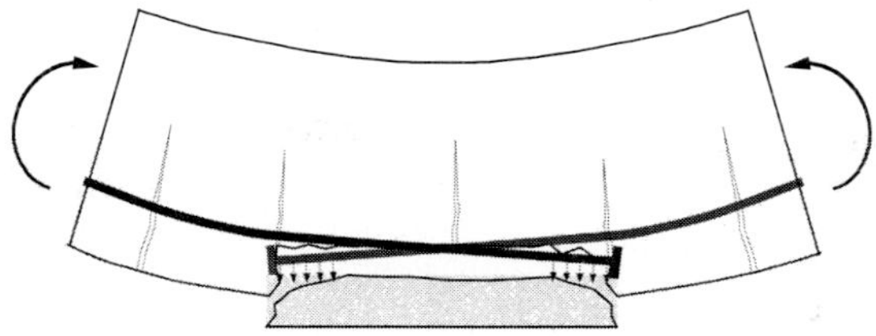

그림 3.35 확대머리철근을 이용한 겹침이음

3.2.4 확대머리철근 국내 설계기준

2008년 미국 콘크리트학회(ACI) 설계기준(ACI 318-08)에 확대머리철근의 정착길이 설계식이 처음 신설되었으며, 국내에서는 2012년 발간된 콘크리트구조기준(2012)에 처음 도입되었다. 2018년 발간된 콘크리트구조 학회기준(KCI 2017)에서는 확대머리철근의 적용부위와 파괴유형을 구별하여 정착길이 설계식을 규정하였다.

이전에는 미국 콘크리트학회 접합부 위원회에서 발간된 ACI 352 (2002)에 보-기둥 접합부에 적용된 확대머리철근의 정착상세가 규정되어 있었으며, 전단보강철근에 사용된 확대머리철근은 ACI 421(1999, 2008)에 따라 설계하였다. 확대머리철근은 철근지름이 클수록 적용 효과가 우수하므로, 원전구조물과 LNG저장탱크와 같은 대형 구조물에 효과적으로 적용될 수 있다. 원전구조물 설계기준인 한국전력기준과 ASME(2010) 및 ACI 349(2013)에서도 확대머리철근의 적용을 허용하고 있다. 유럽의 콘크리트구조기준인 fib Model Code(2010)에서는 앵커와 유사한 방법으로 확대머리철근을 규정하고 있다. 日本建築學會에서 발간한 鐵筋コンクリート構造計算規準·同解說(2010)에서는 확대머리철근의 정착길이를 갈고리 철근과 동일하게 규정하고 있다.

여러 기준에서 확대머리철근과 기계적 정착이라는 표현이 혼용되어 사용되고 있다. 이 책에서는 각 기준에서 사용하는 용어를 최대한 유지하되 가급적 확대머리철근으로 표현하였다.

1) 콘크리트구조 학회기준(KCI 2017)

2018년에 개정된 콘크리트구조기준은 적용 부위가 중간층 접합부인 경우와 그 외 경우로 나눠서 구분하였다. 또한 3.2.2절에서 구분한 중간층 접합부에 적용된 확대머리철근의 파괴 유형에 따른 정착강도를 고려하여 정착길이 설계식을 구성하였다. 2017년 제정된 KS D 3871를 만족시키는 확대머리철근에서는 뽑힘파괴가 발생할 수 없다. 갈고리철근이 사용되는 경우에 비해 확대머리철근이 적용되는 경우 부재 치수에 비해 많은 철근을 배치할 수 있으므로 접합부 전단파괴가 유발될 가능성이 높다. 따라서 기본정착길이는 측면파열파괴를 근거로 산정하고, 콘크리트 콘 파괴와 접합부 전단파괴는 별도 검토하도록 규정하였다. 국내외 실험결과를 반영하여 적용 가능한 철근강도(SD600)와 지름(57mm), 콘크리트 강도(70MPa)로 범위를 확장하였다.

ACI 318-14에서 고려하지 않은 측면피복두께 및 횡보강철근의 영향도 실험적으로 규명하여 정착길이 설계식에 고려되어 있다.

기준

8.2.6 확대머리 이형철근 및 기계적 인장 정착

(1) 인장을 받는 확대머리 이형철근의 정착길이 l_{dt}는 정착 부위에 따라 다음 (2) 또는 (3)으로 구할 수 있다. 다만, 이렇게 구한 정착길이 l_{dt}는 항상 $8d_b$ 또한 150 mm 이상이어야 한다. 또한 다음 조건을 만족해야 한다.

① 확대머리의 순지압면적(A_{brg})은 $4A_b$ 이상이어야 한다.

② 확대머리 이형철근은 경량콘크리트에 적용할 수 없으며, 보통중량콘크리트에만 사용한다.

(2) 최상층을 제외한 부재 접합부에 정착된 경우

$$l_{dt} = 0.22\frac{\beta f_y d_b}{\psi\sqrt{f_{ck}}} \tag{8.2.5}$$

$$\psi = 0.6 + 0.3\frac{c_{so}}{d_b} + 0.38\frac{K_{tr}}{d_b} \le 1.375 \tag{8.2.6}$$

여기서, β는 도막계수로 에폭시 도막 확대머리 이형철근과 아연-에폭시 이중 도막 확대머리 이형철근은 1.2를 사용하고, 아연도금 또는 도막되지 않은 확대머리 이형철근은 1.0을 사용한다. ψ는 측면피복과 횡보강철근에 의한 영향계수이고, c_{so}는 철근표면에서의 측면피복두께이며, K_{tr}은 확대머리 이형철근을 횡구속한 경우에 8.2.2에 따라 산정하고, $1.0d_b$보다 큰 경우 $1.0d_b$를 대입한다.

식 (8.2.5)를 적용하기 위해서는 다음의 ①부터 ⑤까지 조건을 만족시켜야 한다.

① 철근 순피복두께는 $1.35d_b$ 이상이어야 한다.

② 철근 순간격은 $2d_b$ 이상이어야 한다.

③ 확대머리의 뒷면이 횡보강철근 바깥면부터 50 mm 이내에 위치해야 한다.

④ 확대머리 이형철근이 정착된 접합부는 지진력저항시스템별로 요구되는 전단강도를 가져야 한다.

⑤ $d/l_{dt} > 1.5$인 경우는 22.4.2에 따라 설계한다. 여기서, d는 확대머리 이형철근이 주철근으로 사용된 부재의 유효높이이다.

(3) (2) 외의 부위에 정착된 경우

$$l_{dt} = 0.24 \frac{\beta f_y d_b}{\sqrt{f_{ck}}} \tag{8.2.7}$$

단, 8.2.2에 따라 산정된 K_{tr}값이 $1.2d_b$ 이상이어야 한다. 또한 식 (8.2.7)을 적용하기 위해서는 다음의 ①과 ② 조건을 만족시켜야 한다.

① 순피복두께는 $2d_b$ 이상이어야 한다.

② 철근 순간격은 $4d_b$ 이상이어야 한다.

(4) 압축력을 받는 경우에 확대머리의 영향을 고려할 수 없다.

(5) 철근의 설계기준 항복강도가 발휘될 수 있는 어떠한 확대머리 이형철근도 정착방법으로 사용할 수 있다. 이 경우 확대머리 이형철근의 적합성을 보증하는 실험과 해석결과를 책임구조기술자에 제시하여 승인을 받아야 한다. 정착내력은 확대머리 정착판의 지압력과 최대 응력점부터 확대머리 정착판까지 부착력의 합으로 이루어질 수 있다.

해설

8.2.6 확대머리 이형철근 및 기계적 인장 정착

(1) 확대머리 이형철근에 관한 표준 KS D 3871이 2017년에 제정되었으며, 이 규정은 KS D 3871(2017)에 적합한 확대머리 이형철근의 정착에 적용한다. 2012년 콘크리트 구조기준에 제정된 확대머리 이형철근정착은 2017년 개정에서 정착 부위에 따라 정착길이 산정방법이 이원화되었다. 확대머리 이형철근의 정착 파괴양상은 정착 부위에 따라 다르며, 정착강도도 큰 차이를 보였다(Chun, 2015 ; Chun 등, 2017 ; Shao 등, 2016). 2017년 개정에서는 설계 제한 사항 중 철근지름과 설계기준 항복강도(김정엽 등, 2017 ; 정형석, 2016 ; Chun 등, 2017 ; Kang 등, 2009), 철근 순간격과 피복두께(Chun 등, 2017), 콘크리트 압축강도(Chun 등, 2017 ; Shao 등, 2016)가 개정되었다. 경량콘크리트에 정착된 확대머리 이형철근에 관한 연구가 없기 때문에 확대머리 이형철근은 경량콘크리트에 사용할 수 없다. 도막 확대머리 이형철근에 관한 연구

자료는 없으나 확대머리 이형철근의 정착강도는 확대머리 정착판 지압의 기여가 크기 때문에 도막 확대머리 이형철근의 사용을 허용한다.

확대머리 이형철근에서 콘크리트로 힘의 전달이 확대머리의 지압력과 정착길이 부착력의 조합으로 이루어진다. 반면, 제22장에서 규정하고 있는 앵커의 정착(anchorage)은 확대머리에 의한 지압력만으로 힘이 전달되는 경우를 뜻한다.

확대머리 이형철근의 정착길이 l_{dt}는 해설 그림 8.2.6.1과 같이 위험단면에서 확대머리의 지압면까지 길이이다.

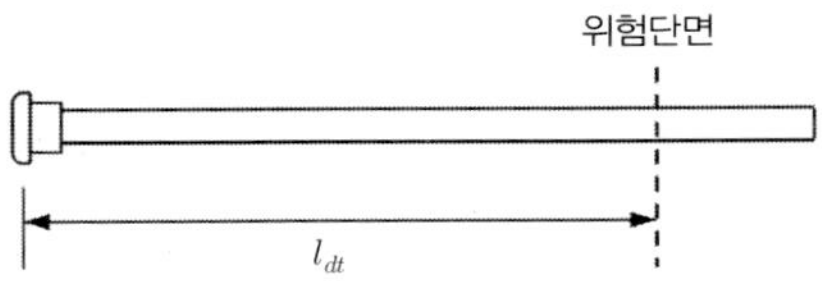

해설 그림 8.2.6.1 확대머리 이형철근정착길이의 정의

이 절에서 규정된 순피복두께와 철근 순간격은 확대머리에서 산정하는 것이 아니라 철근 표면부터 산정한다. 확대머리는 철근의 일부분이므로 5.4의 최소 피복두께와 2.2.1(2)④ 굵은골재 최대치수 규정은 확대머리를 기준으로 산정한다. 확대머리를 같은 위치에 두지 않고 어긋나게 위치시킴으로써 콘크리트 충전성을 향상시킬 수 있다.

이 절의 규정들은 전단력 저항에 사용되는 스터드나 헤드스터드 설계에는 적용되지 않는다.

(2) 해설 그림 8.2.6.2(a)와 같이 상하 수직부재가 있는 접합부에 확대머리 이형철근이 수평부재 주철근으로 정착된 경우 인접부재 또는 접합부 횡보강철근이 접합부를 구속하고 확대머리가 접합부 압축 스트럿에 위치하면 확대머리 이형철근은 매우 높은 정착강도를 가진다(하상수 등, 2007 ; Chun 등, 2007 ; Kang 등, 2010 ; Wallace 등, 1998). 이 부위에 정착된 확대머리 이형철근이 설계강도를 발현하기 전에 발생될 수 있는 파괴유형은 측면파열파괴와 접합부 전단파괴이다. 측면파열파괴는 자유면에 인접하여 정착된 확대머리 이형철근에서 발생되며, 식 (8.2.5)는 측면파열파괴(Chun 등, 2017 ; Shao 등 2016)를 바탕으로 개발되었다. 측면파열파괴는 묻힘길이, 콘크리트 압축강도, 측면피복두께, 확대머리 이형철근에 횡방향으로 배근된 보강철근에 영향을 받는다. 확대머리 이형철근을 구속하는 횡보강철근은 해설 그림

8.2.6.2(b)와 같이 측면파열파괴가 발생되는 면에 직각방향으로 정착되어야 한다. 식 (8.2.5)의 배경이 되는 실험(Chun 등, 2017 ; Shao 등, 2016)에 사용된 각 영향인자의 최대값 또는 최소값으로 각 영향인자의 제한값이 설정되었다. 실험결과(Chun 등 2017)에 의하면 철근 순피복두께가 $1d_b$인 경우에도 충분한 정착길이 또는 횡보강철근을 배치하면 설계강도를 발현시킬 수 있으나 안전하고 실용적인 설계를 위하여 $1.35d_b$로 제한하였다.

최상층에서 좌우로 연속된 수평부재와 접합된 수직부재의 주철근으로 확대머리 이형철근이 사용된 경우 식 (8.2.5)에 따라 정착길이를 산정할 수 있다.

보 또는 슬래브의 주철근으로 사용된 확대머리 이형철근이 수직부재에 정착될 때 해설 그림 8.2.6.2(a)의 기둥에 정착된 예와 같이 확대머리는 접합부의 중심을 넘어서 기둥 철근과의 간섭이 없는 바깥면까지 최대한 연장되어 계산된 l_{dt}보다 긴 정착길이를 갖도록 배근하여야 한다.

확대머리 이형철근의 설계강도가 발현될 때까지 접합부 전단파괴를 방지하기 위하여 적절한 접합부 횡보강철근이 배치되어야 하며, 작용하는 접합부 전단력에 저항할 수 있는 접합부 전단강도를 갖춰야 한다. 특수모멘트골조는 21.5.3에 따른 전단강도를 검토해야 한다. 보통모멘트골조와 중간모멘트골조의 접합부는 다음 공칭전단강도값(ACI 352 2002)을 사용할 수 있다.

① 3면 또는 서로 반대방향의 2면이 구속된 경우 : $1.7\sqrt{f_{ck}}A_j$

② 기타의 경우 : $1.25\sqrt{f_{ck}}A_j$

각 접합면의 3/4이 인입되는 부재와 접합되어 있으면 그 면은 구속되어 있다고 본다.

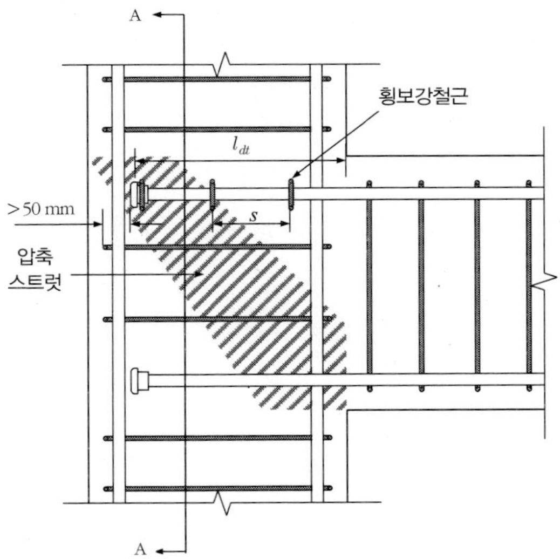

(a) 측면도

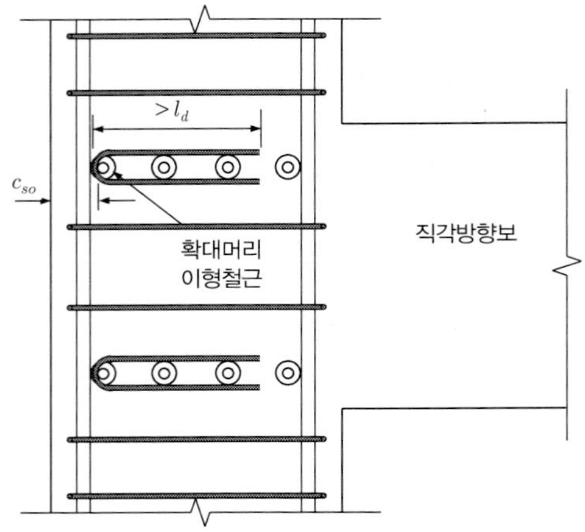

(b) A–A단면도

해설 그림 8.2.6.2 접합부에 정착된 확대머리 이형철근

확대머리 이형철근이 주철근으로 사용된 부재의 유효높이 d가 l_{dt}의 1.5배 이상인 경우에는 인장을 받는 앵커의 콘크리트 파괴와 유사하게 파괴되므로 22.4.2에 따라 설계한다.

측면파열파괴가 예상되는 면을 향하여 확대머리 이형철근이 2단 이상으로 배근된 사례에 대한 연구가 보고되지 않았다. 이 경우는 22.4.4(2)를 참고할 수 있다.

(3) 최상부 모서리 접합부에 보 주철근으로 정착된 확대머리 이형철근(Chun 등, 2007 ; McConnell과 Wallace, 1994 ; Wallace 1998)과 접합부가 아닌 부위에서 정착(정형석 2016) 또는 이음된 확대머리 이형철근(이용택, 2008 ; 이용택 등, 2008 ; Chun, 2015)은 확대머리 주변의 피복콘크리트가 쉽게 탈락되어 낮은 정착강도를 지닌다. 횡보강철근이 배치되지 않은 확대머리 이형철근은 매우 취성적인 파괴를 보이므로(Chun, 2015) 이런 부위에 정착된 확대머리 이형철근에는 반드시 횡보강철근을 배치해야 한다. 해설 그림 8.2.6.3은 이 경우에 적용되는 횡보강철근 상세를 보여주고 있다. 파괴 예상면에 걸쳐진 철근으로 K_{tr}을 산정하며, 파괴 예상면에서부터 충분한 정착길이를 가져야 한다. 확대머리 이형철근의 쪼갬파괴 영향면적은 일반 철근의 영향면적보다 넓기 때문에 확대머리 이형철근의 피복두께가 순간격의 반보다 작은 경우에도 파괴 예상면을 해설 그림 8.2.6.3으로 가정한다.

순피복두께와 철근 순간격이 작은 경우 정착강도가 매우 낮기 때문에 비현실적인 정착길이가 필요하므로 적용 가능한 정착길이를 확보하기 위해 최소 순피복두께와 철근 순간격을 설정하였다.

(4) 압축을 받는 이형철근의 정착에 확대머리가 명확하게 효과적이라는 자료는 없다.

(5) 8.2.6(1)에서 (3)의 규정을 만족시키지 못하는 경우에도 요구되는 인장력을 지지할 수 있음을 실험적으로 증명한 확대머리 이형철근 또는 기계적 정착은 사용될 수 있다.

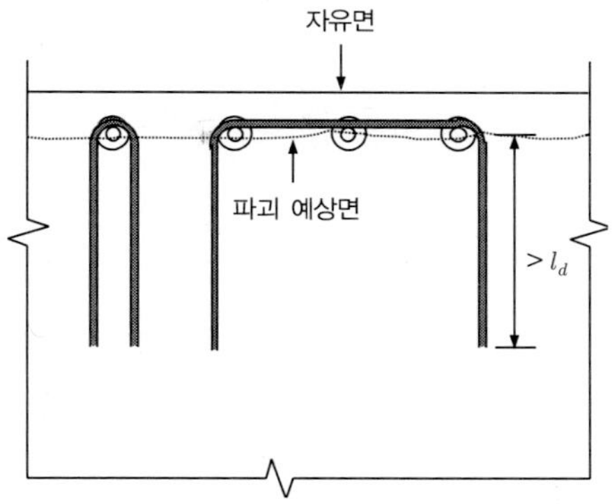

해설 그림 8.2.6.3 식 (8.2.7)이 적용되는 경우의 횡보강철근 상세

2) 콘크리트구조기준(2012)

2012년에 개정된 콘크리트구조기준은 ACI 318-08을 근간으로 제정되었다. 설계기준에 대한 상세한 설명은 3.2.5절을 참고하고, 본 절에서는 ACI 318-14와의 차이점에 대해서만 설명한다.

ACI 318의 철근 순간격 $4d_b$ 규정은 과도하게 엄격한 규정으로, 보-기둥 접합부와 같이 철근이 과밀하게 배근되는 부재에는 완화될 필요가 있다. 따라서 접합부에 정착된 확대머리철근의 국내 연구결과(하상수 외 2007, 천성철, 이성호 2009, Kang et al. 2010, Chun et al. 2007)를 반영하여 접합부의 상하에 기둥이 있는 보-기둥 접합부의 보 주근으로 사용되고 접합부의 횡보강근이 체적비 0.3% 이상 배근되며 확대머리 뒷면이 횡보강근 바깥면에서부터 50mm 이내에 위치하면 철근 순간격을 $2.5d_b$로 완화시켰다. 설계기준 해설의 그림 8.2.6.1은 철근 순간격을 $2.5d_b$로 할 수 있는 예를 보여주고 있다. 확대머리가 횡구속된 코어의 후면까지 최대한 연장되면 접합부에 압축 스트럿(strut)이 적절히 형성되어 접합부의 성능과 확대머리철근의 정착성능이 모두 향상된다. 이 규정에서 횡보강근량은 하상수 외(2007), 천성철, 이성호(2009), Kang et al.(2010), Chun et al.(2007), 일본 건축학회(2010)의 결과에 근거하며, 철근 순간격은 하상수 외(2007), 천성철, 이성호(2009), Kang et al.(2010), Chun et al.(2007)의 연구결과에 따랐다. 확대머리의 위치는 ACI 352(2002)를 참고하였다. 2012년 기준 개정 시에는 확대머리철근에 관한 KS 표준이 정립되지 않았기 때문에 성능시험 방법도 규정되어 있지 않았다. 따라서 콘크리트구조기준 해설에 시험방법이 설명되어 있었다.

기준

8.2.6 확대머리 이형철근 및 기계적 인장 정착

(1) 확대머리 이형철근의 인장에 대한 정착길이는 다음과 같이 구할 수 있다.

$$l_{dt} = 0.19\frac{\beta f_y d_b}{\sqrt{f_{ck}}} \tag{8.2.5}$$

여기서, β는 에폭시 도막철근은 1.2, 다른 경우는 1.0이며, 정착길이는 $8d_b$, 또한 150mm 이상이어야 한다. 식 (8.2.5)를 적용하기 위해서는 다음의 ①부터 ⑦까지 조건을 만족시켜야 한다.

① 철근의 설계기준 항복강도는 400MPa 이하이어야 한다.

② 콘크리트의 설계기준 압축강도는 40MPa 이하이어야 한다.

③ 철근의 지름은 35mm 이하이어야 한다.

④ 보통중량콘크리트를 사용한다. 경량콘크리트에 적용 불가하다.

⑤ 확대머리의 순지압면적(A_{brg})은 $4A_b$ 이상이어야 한다.

⑥ 순피복두께는 $2d_b$ 이상이어야 한다.

⑦ 철근 순간격은 $4d_b$ 이상이어야 한다. 다만, 상하 기둥이 있는 보-기둥 접합부의 보 주철근으로 사용되는 경우 접합부의 횡보강철근이 0.3% 이상이고 확대머리의 뒷면이 횡보강철근 바깥면부터 50mm 이내에 위치하면 철근 순간격은 $2.5d_b$ 이상으로 할 수 있다.

(2) 확대머리 이형철근은 압축을 받는 경우에 유효하지 않다.

(3) 철근의 설계기준 항복강도가 발휘될 수 있는 어떠한 기계적 정착장치도 정착방법으로 사용할 수 있다. 이 경우 기계적 정착장치가 적합함을 보증하는 시험결과를 책임구조기술자에게 제시하여야 한다. 철근의 정착은 기계적 정착장치와 철근의 최대 응력점과 기계적 정착장치 사이의 묻힘길이 조합으로 이루어질 수 있다.

해설

8.2.6 확대머리 이형철근 및 기계적 인장정착

(1) 확대머리 이형철근과 기계적 정착에 의한 이형철근의 정착이 규정되어 있다. 여기서 정착은 이형철근에서 콘크리트로 힘의 전달이 확대머리의 지압력과 정착길이 부착력의 조합으로 이루어지는 것을 의미한다. 반면, 부록 II에서 규정하고 있는 앵커의 정착(anchorage)은 확대머리에 의한 지압력만으로 힘이 전달되는 경우를 뜻한다.

확대머리를 철근에 부착시키는 방법에 따라 순지압면적이 크게 감소하거나 철근의 리브와 마디가 손상될 우려가 있다. 확대머리를 철근에 부착시키는 다양한 방법 중 철근의 리브나 마디가 손상되는 길이가 확대머리의 지압면부터 $2d_b$를 넘는 경우도 있다. 식 (8.2.5)는 확대머리의 부착에 의해 철근 리브와 마디가 손상되는 길이가 $2d_b$를 넘지 않고, 이 부분의 지름이 $1.5d_b$를 넘지 않는 확대머리 이형철근을 사용한 실험에서 개발된 것이다. 따라서 이 형상을 만족시키지 않는 확대머리 이형철근의 정착에는 식 (8.2.5)를 사용할 수 없다. 확대머리를 철근에 부착시키는 부분의 지름이 $1.5d_b$를 넘지 않으면 순지압면적 계산에서 이 부분을 고려하지 않아도 된다.

확대머리 이형철근의 정착 규정은 부록 II 앵커 규정과 6.8 지압강도 규정을 고려하여 작성되었다.[8.2,8.3.] 이 절의 설계식은 부록 II에서 규정하고 있는 헤드앵커의 콘크리트파괴, 측면파열파괴, 뽑힘파괴가 모두 고려되어 있다. 보통중량콘크리트 사용, 최대 철근 지름, 그리고 철근항복강도의 상한값에 대한 제한은 설계식 개발에 사용된 실험 범위에 의해 결정되었다.[8.2~8.4]

확대머리 이형철근의 정착길이 l_{dt}는 해설 그림 8.2.6.1(a)와 같이 위험단면에서 확대머리의 지압면까지 길이이다.

인장을 받는 경우 확대머리 이형철근은 표준갈고리보다 짧은 정착길이가 요구된다. 순피복두께, 철근 순간격, 확대머리 치수의 최소값 제한은 이 절의 l_{dt} 산정식의 배경이 되는 실험에서 사용된 최소값들이다. 이 절에서 규정된 순피복두께와 철근 순간격은 확대머리에서 산정하는 것이 아니라 철근 표면부터 산정한다.[8.2~8.4]

확대머리는 철근의 일부분이므로 5.4의 최소 피복두께와 2.2.1(2)④ 굵은골재 최대치수 규정은 확대머리를 기준으로 산정한다. 확대머리를 같은 위치에 두지 않고 어긋나게 위치시킴으로써 콘크리트 충전성을 향상시킬 수 있다. 확대머리의 순지압면적이 $4A_b$보다 작은 확대머리 이형철근은 8.2.6(3) 규정에 따라 실험결과가 제공될 때 사용될 수 있다. 이 절의 규정들은 전단력 저항에 사용되는 스터드나 헤드스터드의 설계에는 적용되지 않는다.

에폭시 도막 확대머리 이형철근에 대해 표준갈고리 철근과 동일하게 보수적으로 1.2 계수가 사용된다. 콘크리트 강도의 상한값은 이 절에서 l_{dt} 산정식의 배경이 되는 실험에서 사용된 상한값이다.[8.2~8.4] 실험결과에 따르면 횡보강철근은 확대머리 이형철근의 정착에 큰 영향을 주지 않으므로 횡보강철근에 의해 정착길이가 짧아지는 표준갈고리 정착과 달리 확대머리 이형철근의 정착에는 횡보강철근의 영향이 제외되었다.[8.2~8.4] 그러나 횡보강철근은 확대머리 주변 콘크리트의 균열 확장을 제한하는 역할을 하므로 횡보강철근을 배근하는 것이 권장된다.

보 또는 슬래브의 주철근으로 사용된 확대머리 이형철근이 지지부재에 정착될 때 해설 그림 8.2.6.1(b)의 기둥에 정착된 예와 같이 확대머리는 횡구속된 코어를 넘어서 피복이나 기둥 철근과의 간섭이 없는 바깥면까지 최대한 연장되어 계산된 l_{dt} 보다 긴 정착길이를 갖도록 배근해야 한다. 확대머리를 기둥의 바깥면까지 연장하여 배근함으로써 접합부에 압축 스트럿이 적절히 형성될 수 있게 하여 접합부의 성능을 향상시킨다. 특히 상하 기둥이 있는 접합부에 정착된 경우 횡보강철근이 접합부를 구속하고 확대머리가 압축 스트럿에 위치하는 경우 철근 순간격을 $2.5d_b$까지 줄일 수 있다. 상하 기둥이 있는 접합부에 정착된 확대머리 이형철근의 규정에서 횡보강 철근량은 참고문헌 8.5~8.9, 철근 순간격은 참고문헌 8.5~8.8, 확대머리의 위치는 참고문헌 8.10을 참고하였다.

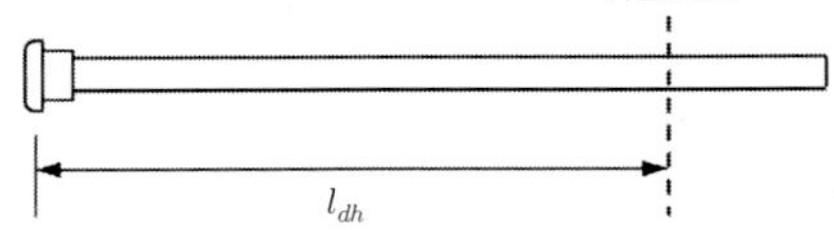

(a) 확대머리 이형철근정착길이의 정의

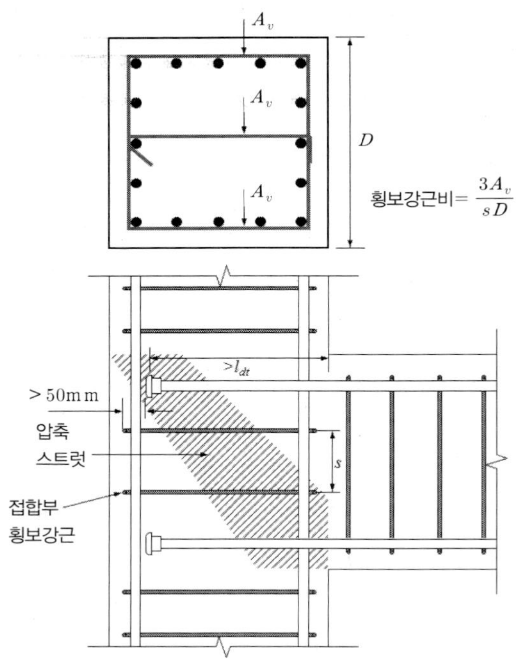

(b) 기둥에 정착된 확대머리 이형철근의 정착길이

해설 그림 8.2.6.1 확대머리 이형철근의 정착길이

철근의 설계기준 항복강도를 발현할 때까지 확대머리 또는 확대머리와 철근의 이음부는 파괴되지 않아야 한다.

확대머리를 용접으로 철근에 부착시키는 용접 확대머리 이형철근은 KS D 3504의 용접용 철근을 사용하여 제작한다. 용접 확대머리 이형철근은 용접부의 안전성을 검증하기 위해 용접부에 대해 굽힘시험을 해설 그림 8.2.6.2의 방법으로 실시한다. 철근 지름별 굽힘시험용 봉의 지름은 해설 표 8.2.6.1에 따른다.

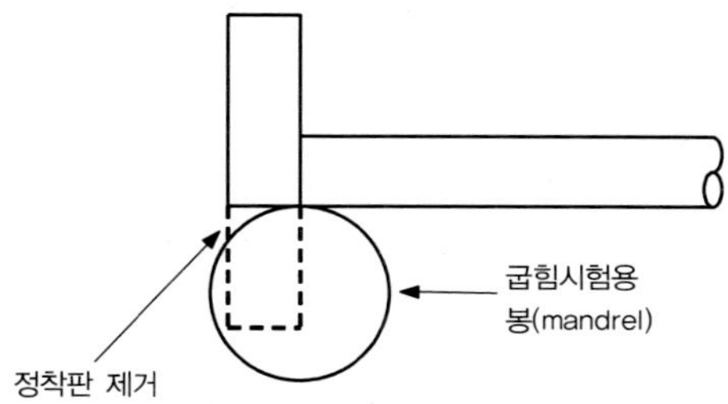

해설 그림 8.2.6.2 용접 확대머리 이형철근의 굽힘시험

해설 표 8.2.6.1 용접 확대머리 철근 굽힘시험용 봉의 지름

철근지름	굽힘시험용 봉의 지름
10, 13, 16	$3d_b$
19, 22, 25	$4d_b$
29, 32, 35	$6d_b$
41, 51	$8d_b$

모든 시험은 납품 전에 철근지름별로 2개씩 실시하고, 제조공장에서 생산주기별로 2개씩 실시한다. 여기서 생산주기는 작업이 시작되고 종료되는 시점을 의미한다. 자세한 시험방법은 참고문헌 8.11에 따른다.

(2) 압축을 받는 이형철근의 정착에 확대머리가 명확하게 효과적이라는 자료가 없다.

(3) 8.2.6(1) 또는 (2)의 규정을 만족시키지 못하는 경우에도 요구되는 인장력을 지지할 수 있음을 실험적으로 증명한 확대머리 이형철근 또는 기계적 정착은 사용될 수 있다.

3) 건축구조기준(KBC 2016)

2016년 개정된 건축구조기준에서는 2012년 콘크리트구조기준이 반영되어 있다.

기준

0508.2.6 확대머리 이형철근 및 기계적 인장 정착

(1) 확대머리 이형철근의 인장에 대한 정착길이는 다음과 같이 구할 수 있다.

$$l_{dt} = 0.19\frac{\beta f_y d_b}{\sqrt{f_{ck}}} \qquad (0508.2.5)$$

여기서, β는 에폭시 도막철근은 1.2, 다른 경우는 1.0이며, 정착길이는 $8d_b$, 또한 150mm 이상이어야 한다. 식 (0508.2.5)를 적용하기 위해서는 다음의 ①부터 ⑦까지 조건을 만족시켜야 한다.

① 철근의 설계기준 항복강도는 400MPa 이하이어야 한다.

② 콘크리트의 설계기준 압축강도는 40MPa 이하이어야 한다.

③ 철근의 지름은 35 mm 이하이어야 한다.

④ 경량콘크리트에 적용할 수 없으며, 보통중량콘크리트를 사용한다.

⑤ 확대머리의 순지압면적(A_{brg})은 $4A_b$ 이상이어야 한다.

⑥ 순피복두께는 $2d_b$ 이상이어야 한다.

⑦ 철근 순간격은 $4d_b$ 이상이어야 한다. 다만, 상하 기둥이 있는 보-기둥 접합부의 보 주철근으로 사용되는 경우 접합부의 횡보강철근이 0.3% 이상이고 확대머리의 뒷면이 횡보강철근 바깥면부터 50 mm 이내에 위치하면 철근 순간격은 $2.5d_b$ 이상으로 할 수 있다.

(2) 확대머리 이형철근은 압축을 받는 경우에 유효하지 않다.

(3) 철근의 설계기준 항복강도가 발휘될 수 있는 어떠한 기계적 정착장치도 정착 방법으로 사용할 수 있다. 이 경우 기계적 정착장치가 적합함을 보증하는 시험결과를 책임구조기술자에게 제시하여야 한다. 철근의 정착은 기계적 정착장치와 철근의 최대 응력점과 기계적 정착장치 사이의 묻힘길이 조합으로 이루어질 수 있다.

해설

0508.2.6 확대머리 이형철근 및 기계적 인장 정착

확대머리 이형철근의 정착길이 산정식은 콘크리트구조기준(2012)의 부록 II 콘크리트용 앵커에서 규정하고 있는 헤드앵커의 콘크리트 파괴, 측면파열 파괴, 뽑힘파괴 및 지압파괴를 고려하고 있다.

4) 도로교설계기준(2010)

확대머리철근정착의 사용은 허용하고 있지만, 정착길이 산정식과 상세는 규정하지 않고 있다. 확대머리철근정착을 사용하기 위해서는 시험을 통해 성능을 검증하도록 규정하고 있다.

기준
4.3.16 기계적 정착 4.3.16.1 기계적 정착장치 (1) 콘크리트에 손상을 주지 않고 철근의 강도를 발휘할 수 있는 어떠한 기계적 정착장치도 정착방법으로 사용할 수 있다. (2) (1)의 기계적 정착장치가 적합함을 보증하는 시험결과를 책임기술자에게 제시하여야 한다. 4.3.16.2 조합정착 철근의 정착은 기계적 정착장치와 철근의 최대응력점과 기계적 정착장치 사이의 추가 묻힘길이의 조합으로 이루어질 수 있다.
해설
없음.

5) 도로교설계기준(한계상태설계법, 2015)

확대머리철근정착의 사용은 허용하고 있지만, 정착길이 산정식과 상세는 규정하지 않고 있다. 확대머리철근정착을 사용하기 위해서는 시험을 통해 성능을 검증하도록 규정하고 있다.

기준
5.9.4 철근의 정착 5.9.4.8 기계적 장치에 의한 정착 콘크리트에 손상을 주지 않고 철근의 강도를 발휘할 수 있도록 설치한 어떠한 기계적 장치도 정착장치로 사용해도 좋다. 기계적 정착장치의 거동은 시험에 의해 입증되어야 한다. 철근의 정착은 기계적 장치와 철근의 최대 응력점과 기계적 정착장치 사이 철근의 추가 매입길이의 조합으로 이루어져도 좋다. 기계적 정착과 정착장치를 사용한다면 상세한 내용이 설계도서에 제시되어야 한다.
해설
없음.

6) 전력산업기술기준 격납구조(KEPIC SNB, 2012 추록)

원자력발전소 격납구조물 건설에 적용되는 기준인 대한전기협회(Korea Electric Association)의 전력산업기술기준(KEPIC, Korea Electric Power Industry Code)에서는 ASME Section Ⅲ Div. 2와 동일하게 규정하고 있다. 격납구조물에는 많은 설비가 설치되기 때문에 배관을 위한 개구부가 필요하다. 개구부 주변에서 철근은 응력집중을 완화시키기 위해 철근을 직선으로 끊지 않고 갈고리철근 또는 확대머리철근으로 정착시킨다. 격납구조물에는 요구되는 철근량이 많기 때문에 지름이 최대 57mm까지의 철근이 사용되는데, 갈고리 정착은 가공과 시공이 용이하지 않기 때문에 확대머리철근정착에 대한 요구가 높다.

확대머리철근정착의 사용을 허용하고 있으며, 정착판과 철근의 이음부는 철근설계기준 항복강도의 125%를 만족시키도록 요구하고 있다. 그러나 구체적인 설계식과 상세는 규정하지 않고 있다.

기준
SNB 3532 철근의 이음 및 정착 SNB 3532.1 인장이음 (2) 정착길이 (가) 관통부에서와 같이 2축 인장이 예상되는 위치에서 끝나는 철근은 이 철근의 힘이 충분히 다른 철근으로 전달되도록 갈고리, 절곡 또는 확실한 기계적 정착장치로 정착시켜야 한다. 이런 2축 인장구역의 철근정착길이는 1축 하중이 작용하는 구역에서 허용되는 최소 정착길이보다 적어도 25% 이상 증가시켜야 한다. 단부의 기계적 정착장치는 적어도 철근의 최소 항복강도의 125%를 유지할 수 있어야 한다. 다만, 공칭 온도철근의 경우에는 이러한 특별한 조치를 하지 않아도 무방하다. (다) 각 단면에서 계산된 철근의 인장력을 지탱하기 위해 그 단면에서 양 방향으로 매입정착길이나 단부정착 또는 이들의 조합에 의해 철근을 정착시켜야 한다. 인장철근에서는 철근의 정착을 위해 갈고리를 사용할 수 있다. 기계적 정착장치를 단부 정착에 전부 또는 일부분이라도 사용한 경우에는 정착계통이 적어도 철근의 최소항복강도의 125%를 발휘할 수 있어야 한다. (라) 단면을 가로질러 철근을 굽힘으로써 인장철근을 정착시킬 수 있다. 그리고 단면의 반대편 철근과 연속되게 만들거나 또는 철근의 필요강도를 발휘시킬 수 있는 기계적 정착장치에 의해 정착시킬 수 있다.

SNB 3533 철근의 정착 SNB 3533.1 방사 전단철근의 정착 (1) 방사 전단철근은 덮개요건과 다른 철근의 접근이 허용되는 한 최대한으로 단면의 압축과 인장면에 근접하여 배근해야 한다. 단부는 다음 중 한 가지 방법에 의해 정착시켜야 한다. (라) 철근의 소요강도를 조성할 수 있는 기계적 정착 방법
해설
없음.

7) 전력산업기술기준 철근콘크리트구조(KEPIC SNC, 2010)

격납구조물을 제외한 원자력발전소 건설에 적용되는 기준인 대한전기협회(Korea Electric Association)의 전력산업기술기준(KEPIC, Korea Electric Power Industry Code)에서는 ACI 349-06과 동일한 내용을 규정하고 있다. 2014년 발간된 ACI 349-13에서는 ACI 318-08에 따라 확대머리철근정착을 설계하도록 규정하고 있으나 ACI 349-06에서는 부착을 무시하고 정착판의 지압으로만 설계하는 콘크리트용 앵커설계법(Appendix D)에 따르도록 규정하고 있다.

KEPIC SNC에서는 ACI 349-06을 인용하여 콘크리트용 앵커설계법에 따라 확대머리철근 정착을 설계한다. 콘크리트용 앵커설계법에 따라 설계하면 철근 사이 간격이 좁은 경우 콘크리트 파괴강도(concrete breakout failure)가 매우 낮아 직선정착보다 더 긴 정착길이가 요구되어 설계가 불가능하다.

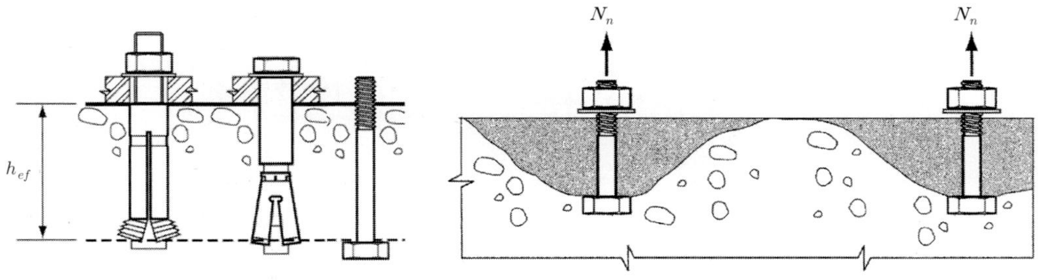

그림 3.36 앵커의 예와 콘크리트 파괴(concrete breakout failure)

기준
SNC 12.6 기계적 정착 SNC 12.6.1 콘크리트에 손상을 주지 않고 철근의 강도가 확보될 수 있는 경우에는 어떠한 기계적 장치도 정착장치로 사용될 수 있다. SNC 12.6.2 기계적 정착장치는 SNC APP. B에 따라 설계하여야 한다.
해설
R12.6 기계적 정착장치 기계적 정착장치는 일반적으로 철근의 최대 강도를 정착하도록 설계한다. SGB 2006년 하추록 SGB 12.6.3에 허용한 바와 같은 기계적 정착장치와 추가 철근의 묻힘길이 조합은 실험적 또는 상세한 해석적 분석 결과가 실제적인 경우에만 사용할 수 있다.

3.2.5 확대머리철근 국외 설계기준

1) ACI 318-14 Building Code Requirements for Concrete Structures

ACI 318 확대머리철근의 정착길이 설계식은 그림 3.37과 그림 3.38과 같이 Thompson (2002), Thompson et al.(2005, 2006a, 2006b)의 확대머리철근의 이음 실험과 CCT 절점 (Compression-Compression-Tension node) 실험, 그림 3.39와 그림 3.40의 DeVries(1996)가 수행한 측면파열실험과 인발실험을 통하여 확대머리철근의 정착강도를 평가하였다. 이중 Thompson이 수행한 겹침이음 실험은 정착부에서 발생하는 프라잉거동을 고려한 가장 보수적인 실험방법으로 정착길이별 정착강도를 표현한 그림 3.41에서 가장 낮은 강도를 보여주고 있다.

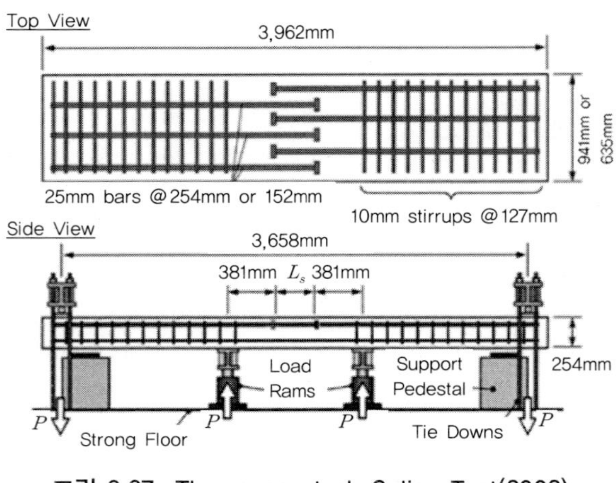

그림 3.37 Thompson et al. Splice Test(2002)

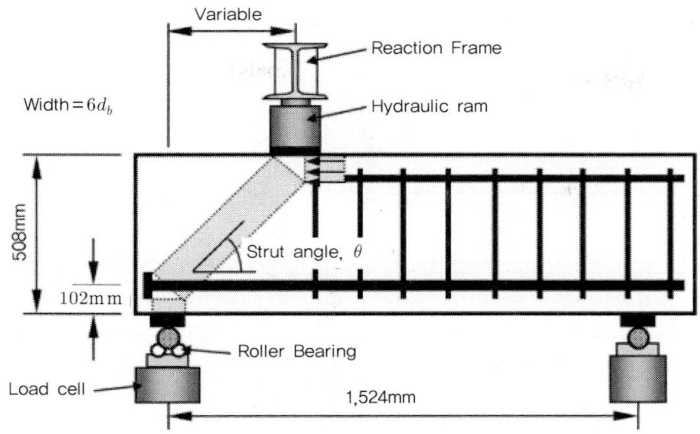

그림 3.38 Thompson et al. CCT test(2002)

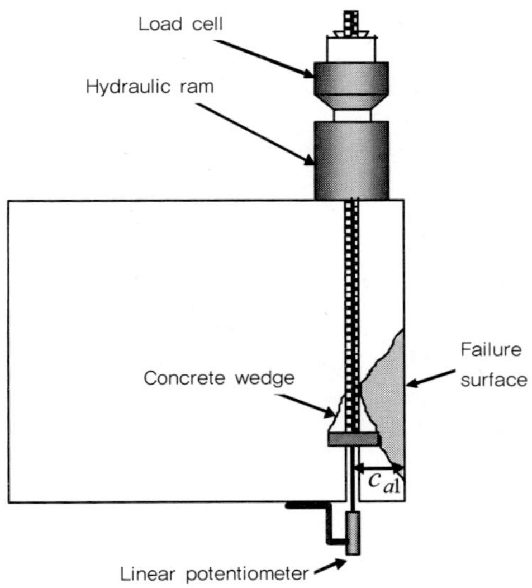

그림 3.39 DeVries et al. Side blowout test(1996)

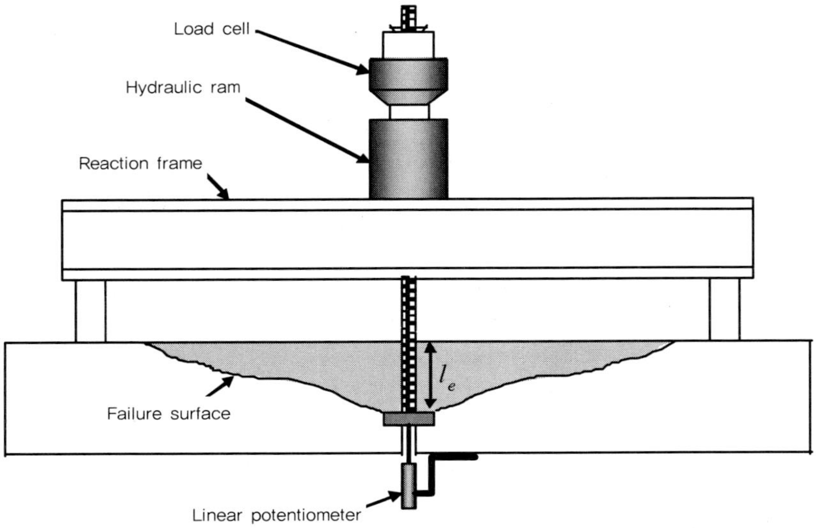

그림 3.40 DeVries et al. Shallow pullout test(1996)

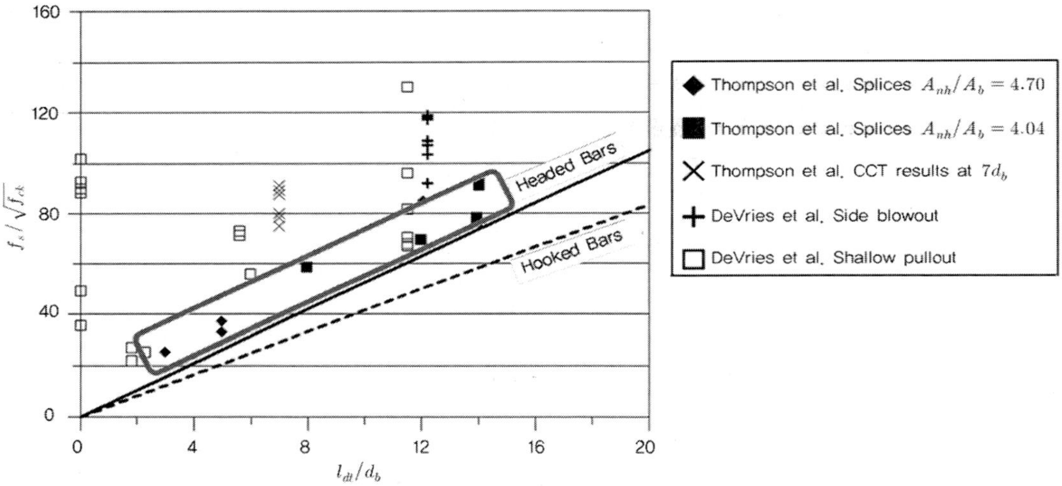

그림 3.41 정착길이별 정착강도평가(ACI 318B, 2006)

ACI 318의 확대머리철근정착길이 설계식은 인장을 받는 철근의 직선 정착길이 설계식 및 갈고리 정착길이 설계식과 동일한 형태인 $(f_y / \sqrt{f_{ck}})$에 그림 3.41 실험 자료의 기울기 하한값을 계수로 취하여 식 (3.25)로 표현된다. 계수값 0.19는 갈고리 정착길이 설계식 계수의 80%이다.

$$l_{dt} = \frac{0.19 f_y}{\sqrt{f_{ck}}} d_b = 0.8 l_{dh} = 0.8 \times \frac{0.24 f_y}{\sqrt{f_{ck}}} d_b \tag{3.25}$$

ACI 318 설계식은 전술한 실험들을 바탕으로 만들었기 때문에 실험에 사용된 상한 또는 하한값을 기준으로 다음의 제한 조건들이 적용된다.

(a) 철근항복강도 420MPa 이하

(b) 철근 지름 36mm 이하

(c) 일반 콘크리트 사용(경량콘크리트 적용 불가)

(d) 확대머리의 순지압면적이 철근 단면적의 4배 이상

(e) 철근에서 순피복두께는 철근 지름의 2배 이상

(f) 철근에서 순간격은 철근 지름의 4배 이상

(g) 콘크리트강도는 42MPa 이하

이 제한조건 중 철근 순간격 규정 $4d_b$는 일반적인 건축물에서 충족시키기 힘든 규정으로 대단면 부재에서만 만족시킬 수 있다. 확대머리철근이 좁은 폭을 갖는 구조물에서 철근 과밀배근을 해소하기 위해 개발된 점을 고려하면 ACI 318의 순간격 규정은 확대머리철근의 개발 목적에 부합하지 않는 규정으로 확대머리철근의 특징을 제대로 살릴 수 없다. 그리고 대구경 철근에서 확대머리철근의 효율성이 증대되는 특징을 고려하면 철근 지름 36mm 이하 규정 또한 개선될 필요성이 있다. 더불어 최근 고강도철근과 고강도 콘크리트의 적용이 활발해지므로 고강도 재료에 대한 적용성 평가 또한 향후 진행될 과제이다.

2011년에 ACI 318에서는 요구되는 철근량 대비 초과 배근량($A_{s\,required}/A_{s\,provided}$)에 의한 정착길이 감소 규정이 삭제되었다. 확대머리철근정착은 정착판의 지압과 부착의 조합으로 철근의 요구강도가 발현되는데, 정착판의 지압에 의해 콘크리트 콘 파괴(concrete breakout failure)가 발생될 수 있다. 콘크리트 파괴강도는 (ACI 318-14 D-6)식과 같이 정착길이(묻힘깊이)의 1.5제곱에 비례하기 때문에 정착길이가 짧아지는 경우 콘크리트 콘 파괴가 발생할 수 있다. 따라서 초과배근량에 의한 정착길이 감소 규정을 삭제하였다. 콘크리트 콘 파괴를 방지하기 위해서는 정착판을 가급적 기둥 뒷면에 배치하여 접합부에 형성되는 압축 스트럿 영역에 위치하도록 하는 것이 필요하다.

$$N_b = k_c \lambda \sqrt{f_{ck}}\, h_{ef}^{1.5} \qquad \text{(ACI 318-14 17.4.2.2a)}$$

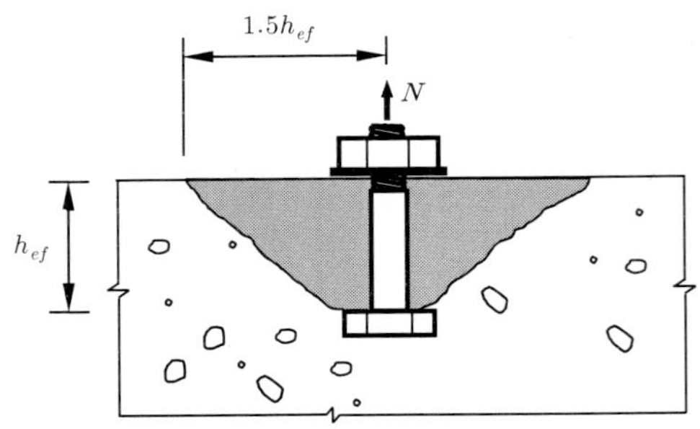

그림 3.42 인장을 받는 앵커의 콘크리트 파괴

Code
25.4.4.2 Development length l_{dt} for headed deformed bars in tension shall be the greatest of (a) through (c) : (a) $\left(\frac{0.19 f_y \psi_e}{\sqrt{f_c'}}\right) d_b$, with ψ_e given in 25.4.4.3 and value of f_c' shall not exceed 40MPa (b) $8d_b$ (c) 150mm 25.4.4.3 Modification factor ψ_e in 25.4.4.2(a) shall be 1.2 for epoxy-coated or zinc and epoxy dual-coated bars and 1.0 for uncoated or zinc-coated (galvanized) bars. 25.4.5 Development of mechanically anchored deformed bars in tension 25.4.5.1 Any mechanical attachment or device capable of developing f_y of deformed bars shall be permitted, provided it is approved by the building official in accordance with 1.10. Development of deformed bars shall be permitted to consist of a combination of mechanical anchorage plus additional embedment length of the deformed bars between the critical section and the mechanical attachment or device.
Commentary
R25.4.4.2 The provisions for developing headed deformed bars give the length of bar, ℓ dt, measured from the critical section to the bearing face of the head, as shown in Fig. R25.4.4.2a.

The upper limit on the value of f_c' in 25.4.4.2 for use in calculating l_{dt} is based on the concrete strengths used in the tests (Thompson et al. 2005, 2006a,b). Because transverse reinforcement has been shown to be largely ineffective in improving the anchorage of headed deformed bars (Thompson et al. 2005, 2006a,b), additional reductions in development length, such as those allowed for standard hooks with additional confinement provided by transverse reinforcement in 25.4.3.2, are not used for headed deformed reinforcing bars. Transverse reinforcement, however, helps limit splitting cracks in the vicinity of the head and for that reason is recommended.

Where longitudinal headed deformed bars from a beam or a slab terminate at a supporting member, such as the column shown in Fig. R25.4.4.2b, the bars should extend through the joint to the far face of the confined core of the supporting member, allowing for cover and avoidance of interference with column reinforcement, even though the resulting anchorage length exceeds l_{dt}. Extending the bar to the far side of the column core helps to transfer compressive forces (as identified in a strut-and-tie model) that are likely to form in such a connection and improves the performance of the joint.

Where closely spaced headed bars are used, the potential for concrete breakout failure exists. For joints as shown in Fig. R25.4.4.2c and R25.4.4.2d, concrete breakout failure can be precluded by providing anchorage length equal to or greater than $d/1.5$ (Eligehausen 2006b), as shown in Fig. R25.4.4.2c, or by providing reinforcement in the form of hoops and ties to establish a load path in accordance with strut-and-tie modeling principles, as shown in Fig. R25.4.4.2d. Strut-and-tie models should be verified in accordance with Chapter 23. Note that the strut-and-tie models illustrated in Fig. R25.4.4.2c and R25.4.4.2d rely on a vertical strut from a column extending above the joint. Beam-column joints at roof-level and portal frames are vulnerable to joint failure and should be properly detailed to restrain diagonal cracking through the joint and breakout of the bars through the top surface.

For cases where concrete breakout is not prevented, as shown in Fig. R25.4.4.2e, this failure mode should be considered in accordance with the provisions of Chapter 17.

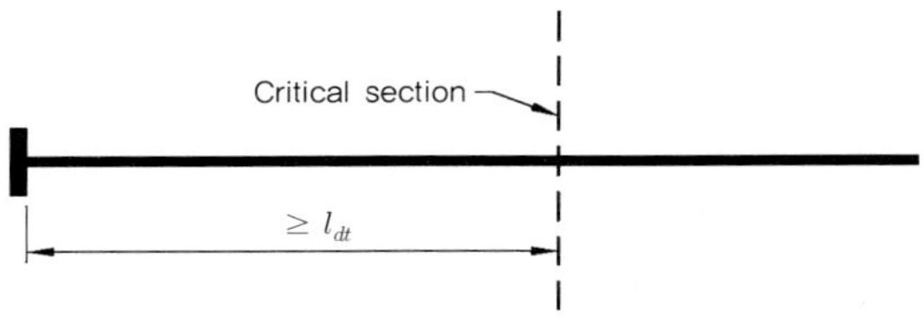

Fig. R25.4.4.2a Development of headed deformed bars

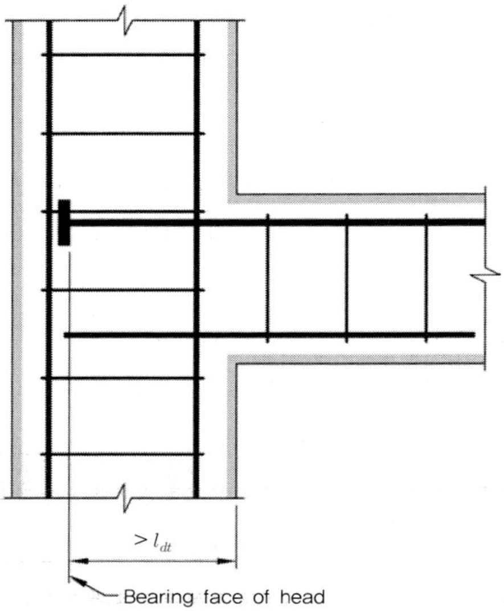

Fig. R25.4.4.2b Headed deformed bar extended to far side of column core with anchorage length that exceeds l_{dt}

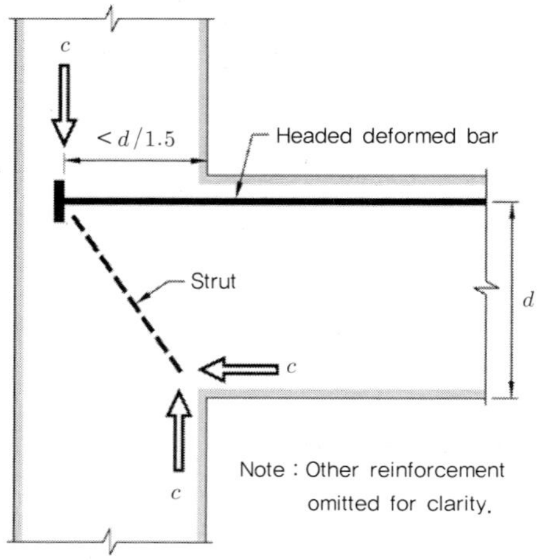

Fig. R25.4.4.2c Breakout failure precluded in joint by keeping anchorage length greater than or equal to d/1.5

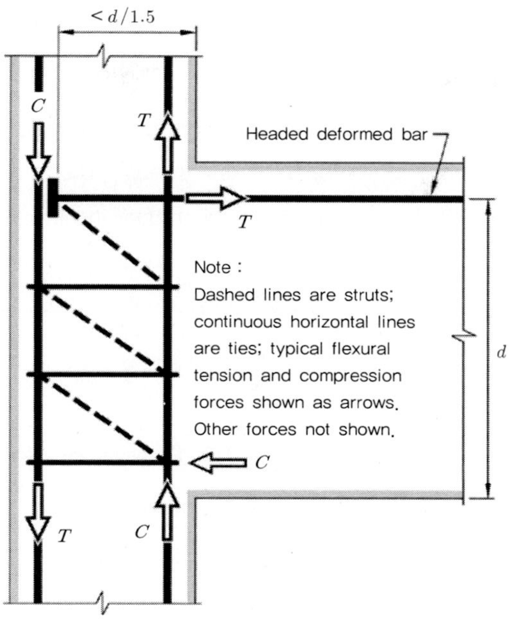

Fig. R25.4.4.2d Breakout failure precluded in joint by providing transverse reinforcement to enable a strut-and-tie mechanism.

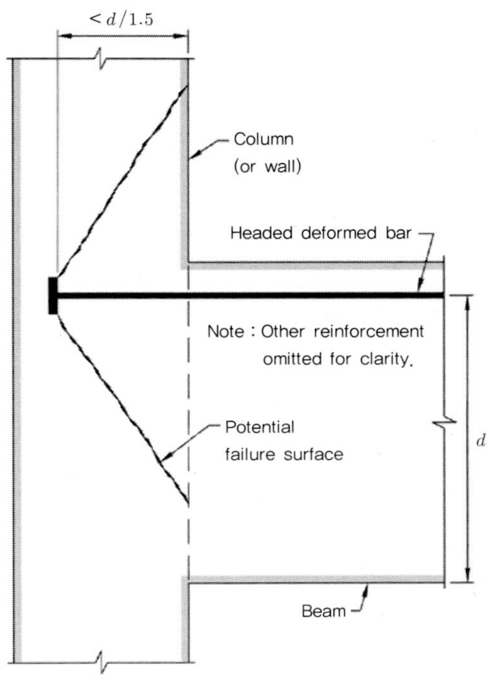

Fig. R25.4.4.2e Breakout failure not precluded; Chapter 17 provisions applicable.

R25.4.4.3 A 1.2 factor is conservatively used for epoxy coated headed deformed reinforcing bars, the same value used for epoxy-coated standard hooks.

R25.4.5 Development of mechanically anchored deformed bars in tension

R25.4.5.1 Anchorage of deformed bars through the use of mechanical devices within concrete that do not meet the requirements in 20.2.1.6, or are not developed in accordance with 25.4.4, may be used if tests demonstrate the ability of the head and bar system to develop or anchor the desired force in the bar, as described in this provision.

2) ACI 352R-02 Recommendations for Design of Beam-Column Connections in Monolithic Reinforced Concrete Structures

ACI 318 규정이 신설되기 전에는 ACI 352R 보고서에 수록된 보-기둥 접합부에 정착된 확대머리 철근 규정이 많이 사용되었다. 이 규정에 따르면 정착판 후면은 접합부 후프철근 외측면에서 50mm 이내에 위치시켜야 한다. 정착길이는 위험단면에서 확대머리 전면까지의 거리이며, 갈고리 정착길이의 3/4으로 규정하고 있다. 최소 정착길이는 $8d_b$ 또는 150mm 이상이어야 한다. 강진지역에 적용되는 접합부는 Type 2로 그 외 지역에 적용되는 접합부는 Type 1로 정의한다. 위험단면의 위치와 갈고리철근정착길이는 접합부 Type에 따라 상이하다. 다음 식은 수정계수를 고려하지 않은 정착길이 산정식이다. 접합부 Type, 위험단면, 갈고리철근정착길이(l_{dh}) 산정방법의 자세한 설명은 3.1.2절을 참조한다.

$$l_{dt} = \frac{3}{4} l_{dh} = \frac{3\alpha f_y d_b}{24.8\sqrt{f_c'}} \quad \text{(Type 2 접합부)} \tag{3.26}$$

$$l_{dt} = \frac{3}{4} l_{dh} = \frac{3\alpha f_y d_b}{16.8\sqrt{f_c'}} \quad \text{(Type 1 접합부)} \tag{3.27}$$

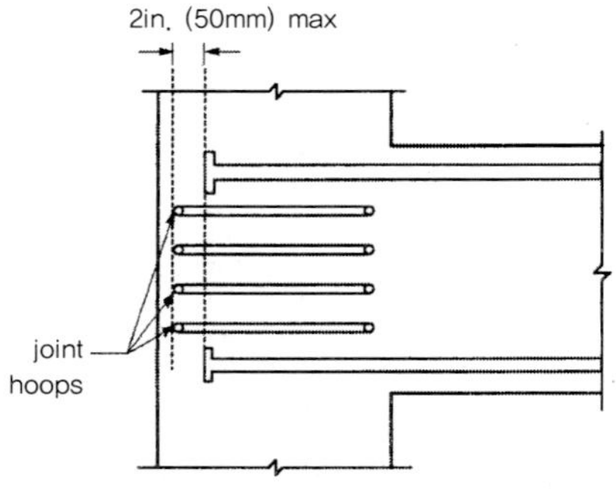

그림 3.43 ACI 352의 확대머리 철근 정착 정착판 위치 규정

접합부에 직교방향 보가 없는 자유면에 확대머리철근이 정착되는 경우에는 측면파열파괴(side-face blowout failure)를 방지해야 한다. 측면파열파괴는 다음 그림 3.44와 같이 정착판에서 형성되는 쐐기효과(wedge effect)에 의해 인장력이 작용되는 방향의 직각방향으로 작용되는 분력과 정착판 전면의 포아송비 효과에 의해 정착판 측면의 자유면 콘크리트 피복이 탈락되는 현상이다.

그림 3.44 앵커의 측면파열파괴(Furche and Eligehausen, 1991)

측면 피복두께가 $3d_b$ 이직교방향으로 배근된 전단보강근에 의해 보강되어야 한다. Type 2 접합부에서 측면파열파괴 방지용 보강철근의 강도는 정착되는 철근 항복강도의 1/2이어야 하며, Type 1 접합부에서는 정착되는 철근 항복강도의 1/4로 한다.

측면피복두께가 $3d_b$ 이상인 경우의 측면 보강력은 ACI 349의 CCD(Concrete Capacity Design) 방법에 따른 측면파열파괴 강도로 산정한다. 이 경우에도 ACI 352-02 4.2절의 최소 전단보강근 규정을 준수해야 한다.

정착길이에 관한 규정은 외부 보-기둥 접합부에 대한 실험 결과를 반영하여 갈고리 정착길이를 75%로 정하였으며, 더 짧은 경우는 접합부 전단강도와 기둥-보의 내력비 등을 고려할 때 비현실적이다. ACI 352R-02 보고서는 외부 보-기둥 접합부에 정착되는 확대머리 철근의 정착설계를 최초로 제공하고 있다.

Code

4.5.3 Headed bars terminating in the connection

4.5.3.1 Headed bars should meet ASTM Specification A 970. The use of headed reinforcement in place of standard hooks, particularly in disturbed regions of a concrete member with nonlinear strain distribution, is a viable option and presents no significant design problems (Wallace 1997; Berner and Hoff 1994).

4.5.3.2 Bar heads should be located in the confined core within 2 in. (50mm) from the back of the confined core. The minimum development length ldt, as defined in the following sections, should not be less than 8 db or 6 in. (150mm).

4.5.3.3 For Type 1 and Type 2 connections, the development length ldt of a headed bar should be taken as 3/4 of the value computed for hooked bars using Eq. (4.10). For headed bars adjacent to a free face of the joint having a side cover normal to the longitudinal axis of the bar less than 3db, each head should be transversely restrained by a stirrup or hoop leg that is anchored in the joint. For bars in Type 2 connections expected to experience significant inelastic deformations, the strength of the hoop leg should be equal to 1/2 of the yield strength of the bar being developed; otherwise, the strength of the hoop leg should be equal to 1/4 of the yield strength of the bar being developed. If the side cover is greater than 3db, the restraining force should be determined using the ACI 349 design approach; however, minimum transverse reinforcement as required in Section 4.2 should always be provided.

Commentary

The location of a headed bar within the confined core is shown in Fig. 4.9. Development lengths for headed bars are based on research (Bashandy 1996; DeVries 1996; McConnell and Wallace 1994, 1995; Wallace et al. 1998; Wright and McCabe 1997). The expressions developed by Wright and McCabe (1997) indicate that the ratio of the development length for a headed bar to the development length of a hooked bar is approximately 60%, whereas the more detailed expression developed by Bashandy (1996) gives ratios of 60 to 65% for typical head sizes, covers, bars, and concrete strengths. Tests conducted on exterior connections, with headed bars embedded into the joint core approximately 75% of the embedment length required for a standard hook, indicated no significant loss of anchorage due to deterioration of the joint region during cyclic loading (Bashandy 1996; Wallace et al. 1998). The development length provisions are based on tests conducted with a single layer of headed bars and the assumption that the heads do not yield. For more than one layer of reinforcement, reduction factors may be implemented (DeVries 1996). A value of 3/4 is used in Section 4.5.3.3 based on limited data available for beam column joint tests, as well as to recognize that shorter embedment lengths are unrealistic given column dimensions needed to satisfy joint shear strength and column-to-beam flexural strength provisions.

Tests on Type 2 connections with a discontinuous column indicated the need to restrain the head of a headed bar in cases where small cover exists (cover values of 1.5 and $1.8d_b$ were tested). In the tests, specimens were of a strong column-weak beam design and column longitudinal bars were subjected to cyclic forces that reached approximate yield. Hoops and crossties at the heads of the headed bars capable of providing a clamping force across the potential failure plane equal to 1/4 of the force of the column longitudinal bar being developed were found to adequately restrain the bars against pullout. This restraining force should also be sufficient for Type 1 connections. The magnitude of the required restraining force is equal to the total cross-sectional area of hoops and crossties multiplied by their specified yield stresses. The intent is to provide restraining bars at the heads of the headed bars for both column and beam longitudinal bars for Type 1 connections.

For Type 2 connections with a discontinuous column, inverted U-bars along the top face of the joint should be provided in addition to hoops and crossties (Fig. 4.2). Inverted U-bars should be designed to apply a restraining force on the headed bar equal to 1/2 the yield strength of the bar being anchored in the joint. Similarly to Type 1 connections, the magnitude of the required restraining force is equal to the total cross-sectional area of hoops and crossties multiplied by their specified yield stresses. This amount of reinforcement serves both to confine the concrete around the bar and to improve bar anchorage. Specimens reinforced with such a detail experienced satisfactory hysteretic behavior when beam longitudinal reinforcement reached large inelastic strains (McConnell and Wallace 1994).

The committee's recommendations for headed bars are conservative because test joints were subjected to large shear demands, bars were spaced relatively close together (2.4 to $3d_b$), and small cover was used (McConnell and Wallace 1994).

For side covers larger than $3d_b$, the Concrete Capacity Design (CCD) methodology used in ACI 349 should be used. This design approach follows a model in which a uniform tensile stress distribution of $4\sqrt{f_c'}$ (psi) ($0.33\sqrt{f_c'}$ [MPa]) acts normal to the inclined failure surface defined by a truncated cone.

3) AASHTO LRFD Bridge Design Specifications (2012)

미국의 도로교 규정인 AASHTO LRFD 5.11.3에 확대머리철근정착에 관한 부분이 간략하게 언급되어 있다. 실험에 의해 그 성능이 입증된 것에 한하여 콘크리트에 크게 피해를 주지 않는 한 어떤 기계적 정착도 사용 가능하도록 하고 있으나 그 표준화된 상세는 규정하지 않고 있다.

Code

5.11.3 Development by Mechanical Anchorages

Any mechanical device capable of developing the strength of reinforcement without damage to concrete may be used as an anchorage. Performance of mechanical anchorages shall be verified by laboratory tests.

Development of reinforcement may consist of a combination of mechanical anchorage and the additional embedment length of reinforcement between the point of maximum bar stress and the mechanical anchorage.

If mechanical anchorages are to be used, complete details shall be shown in the contract documents.

Commentary

C5.11.3

Standard details for such devices have not been developed.

4) ASME III Div. 2 (2013) Code for Concrete Containments : Rules for Construction of Nuclear Facility Components

원전구조물 중 격납구조물 설계에 사용되는 ASME Sec.Ⅲ Division 2. Code for Concrete Reactor Vessels and Containments의 확대머리철근 관련 사항은 매우 간단하게 명기되어 있다. 철근 설계 항복강도의 125%를 발현할 수 있는 확대머리철근의 사용을 허용하고 있다.

설계 항복강도 125%의 정착내력은 철근의 초과강도를 고려하여 설정된 값으로 다른 규준의 확대머리철근정착 내력 및 기계적이음 내력에서도 동일한 수준을 요구하고 있다.

ASME의 다른 규정, 특히 성능평가 방법을 상세히 규정하고 있는 기계적이음에 비해 확대머리철근에 대한 규정은 매우 단순하여 오히려 설계를 불가능하게 하고 있다. 즉 상기 규정만으로는 정착길이를 결정할 수 없으며, 정착판의 형상도 설계할 수 없다.

Code
CC-3532 Reinforcing Steel Splicing and Development CC-3532.1 Tension Splices CC-3532.1.2 Development Length (a) Reinforcing steel which must terminate in a location where biaxial tension is predicted, such as at penetrations, shall be anchored by hooks, bends, or by positive mechanical anchorage in such a manner that the force in the terminated bar is adequately transferred to other reinforcement. Bar development lengths at such locations shall be increased by at least 25% over those permitted for uniaxial tension. Mechanical devices for end anchorage shall be capable of developing at least 125% of the specified minimum yield strength of the bar. These special precautions are not required for nominal temperature reinforcement. (c) The calculated tension in the reinforcement at each section shall be developed on each side of that section by embedment length or end anchorage or a combination thereof. For bars in tension, hooks may be used in developing the bars. If mechanical devices are used in whole or in part for end anchorage, the system shall be capable of developing at least 125% the specified minimum yield strength of the bar.

(d) Tension reinforcement may be anchored by bending it across the section and either making it continuous with the reinforcement on the opposite face of the section, or anchoring it there by any mechanical device capable of developing the required strength of reinforcement.

CC-3533 Reinforcing Steel Anchorage

CC-3533.1 Anchorage of Radial Shear Reinforcement

(a) Radial shear reinforcement shall be carried as close to the compression and tension surfaces of the section as cover requirements and the proximity of other steel will permit. The ends shall be anchored by one of the following means :

(4) any mechanical device capable of developing the required strength of reinforcement.

Commentary
None

5) ACI 349-13 Code Requirements for Nuclear Safety-Related Concrete Structures

격납구조물을 제외한 원자력발전소에 적용되는 ACI 349-13에서는 다음 사항을 제외하고 ACI 318-08과 동일하게 규정하고 있다.

(a) ACI 318 12.6의 설계법을 따르지 않는 경우에는 부착을 무시하여 정착판의 지압만으로 설계한다. 부착을 고려할 경우 실험으로 성능이 입증되어야 한다. 이 경우 콘크리트에 유해한 손상 없이 철근의 설계인장강도를 발현해야 한다.

(b) 콘크리트용 앵커와 동일하게 Appendix D에 따라 설계할 수도 있다.

첫 번째 예외사항에서 원자력발전소는 일반 토목·건축구조물에 비하여 강화된 규정을 요구하고 있다. ACI 318에서는 부착과 지압을 조합하여 철근의 설계기준 항복강도를 발현하도록 허용하고 있으나 ACI 349에서는 부착의 포함에 충분한 검증을 요구하고 있으며 철근의 설계인장강도 발현을 요구하고 있다.

두 번째 예외사항은 콘크리트용 앵커에 적용되는 Appendix D에 따라 설계할 수도 있도록 한 것이다. 콘크리트용 앵커설계에서는 앵커 로드(rod)의 부착을 고려하지 않고 정착판의 지압에 의해 유발되는 파괴유형에 대해서만 설계하도록 규정하고 있으므로 부착을 고려하지 않고 보다 안전하게 설계하는 첫 번째 예외사항과 같은 개념이다.

Code
12.6 Development of headed and mechanically anchored deformed bars in tension 12.6.1 Same as ACI 318-08. 12.6.2 Same as ACI 318-08. 12.6.3 Same as ACI 318-08. Replace Sections 12.6.4 in ACI 318-08 with the following and add section 12.6.5 12.6.4 Any mechanical device capable of developing the specified tensile strength of reinforcement without damage to concrete is permitted to be used as anchorage. 12.6.5 Mechanical anchorages shall be permitted to be designed in accordance with Appendix D.
Commentary
R12.6 Development of headed and mechanically anchored deformed bars in tension R12.6.4 This commentary section is the same as ACI 318-08 except mechanical anchorage should be designed to develop the full capacity of the reinforcement, except as allowed by Section 12.6.1, without relying on bond. Combinations of mechanical anchorage plus additional embedment length of reinforcement, as permitted in Section 12.6.4 of ACI 318-08, should only be used if substantiated by experimental investigation.

6) fib Model Code for Concrete Structures 2010

2010년에 개정된 Model Code에서 확대머리철근정착 규정이 신설되었으며, 다음의 2가지 경우로 구분하여 설계한다.

(a) 정착길이를 고려하지 않고 정착판의 지압만으로 설계하는 경우

(b) 정착길이를 고려하여 정착판 지압과 정착길이 부착의 조합으로 설계하는 경우

정착판의 순지압면적 $8A_b$이고, 피복두께가 철근지름의 2배 이상, 철근 중심간 간격이 철근지름의 6배 이상, 콘크리트의 설계강도가 철근의 설계강도의 1/24 이상, 그리고 철근 축의 직각방향으로 균열이 없는 경우는 정착길이가 없어도 정착판만으로 정착강도가 발현된다.

정착길이의 부착을 고려하여 부착과 지압이 함께 철근의 인장력에 저항하는 경우는

다음 3가지 방법이 가능하다. 이 중 첫 번째 갈고리와 동일하게 취급하는 방법이 가장 간단하다.

(i) 갈고리 정착과 동일하게 취급. 이 경우 정착판의 순지압면적은 갈고리 곡면부의 지압면적과 동일하며 정착판과 철근의 이음부는 철근이 항복강도를 발현할 때까지 건전해야 한다.

(ii) 정착판에서 콘크리트로 가해지는 지압에 대한 설계. 이 방법은 지압강도 평가법으로 다음 그림 3.45와 같이 A_{c0}의 면적이 국부지압을 받으면 최대 3까지 $\sqrt{A_{c1}/A_{c0}}$ 비율만큼 할증이 가능하다. 따라서 철근의 설계항복강도를 이 방법으로 발현하기 위해서는 다음의 순지압면적이 필요하다.

$$A_b f_{yd} \le A_{c0} f_{cd} \sqrt{A_{c1}/A_{c0}} \le 3 f_{cd} A_{c0}$$

$$A_{c0} \ge \frac{A_b f_{yd}}{3 f_{cd}}$$

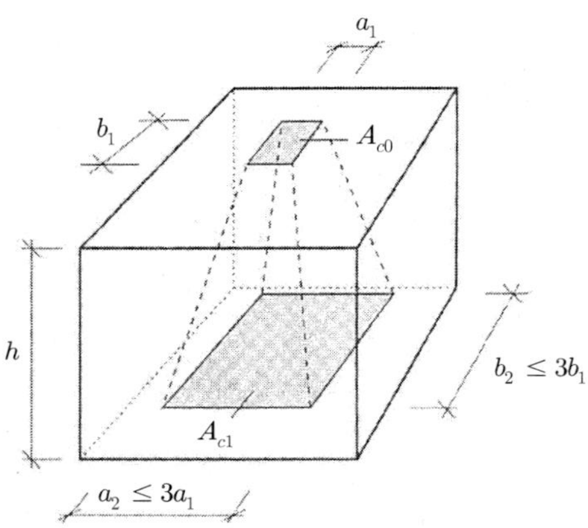

그림 3.45 fib Model Code 2010의 지압강도 산정에서 저항면적

(iii) 실험에 의해 필요한 정착길이와 정착판 치수를 결정한다.

Code
6.1.3.6 Headed reinforcement Two conditions may be considered : a) Where the full yield capacity of the bar must be developed at the head, for example in double headed studs for shear or as wall ties, and concrete is uncracked perpendicular to the axis of the bar.

b) Other circumstance in which the reinforcement is anchored by a combination of anchorage by the head and bond along the length of the bar.

Condition (a) may be satisfied by a stud with head diameter 3 times that of the bar, where the minimum cover to the side of the head is not less than 2 bar diameters, spacing between bar centres is not less than 6 bar diameters, $f_{cd} > f_{yd}/24$, and concrete is uncracke perpendicular to the axis of the bar.

For condition (b), anchorage capacity may be determined in one of three ways :

i) the headed bar may be treated as if it were a bar terminated by a hook or bend (subclause 6.1.3.5) provided the net projected area of the head is equal to that of a standard bend and the weld between hook and bend is able to develop the full yield strength of the bar,

ii) as the capacity of the head alone with no contribution from bond along the straight portion of the bar according to subclause 7.2.3.1.7;

iii) anchorage capacity may be determined by test.

In all cases the head must have sufficient embedment beyond the most highly stressed point of the bar to preclude a premature concrete cone type failure.

Commentary

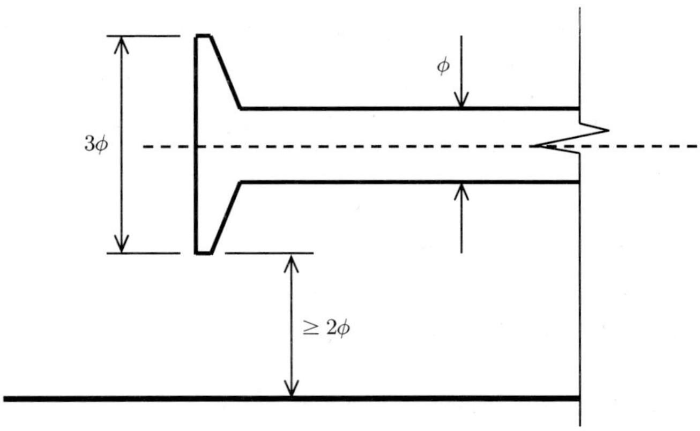

Figure 6.1-17 Condition (a) where the full yield capacity of the bar must be developed at the head

While it is evident that the strength of an anchorage comprising a straight portion of bar plus a welded head is less than the sum of the strengths of the two components acting independently, as yet no consensus model for condition (b) is available.

Option (ⅱ) for condition (b) represents a conservative approach.

For more details reference is made to fib Design Guide, "Design of fastenings in concrete".

7) Eurocode 2 : Design of concrete structures Part 1-1 : General rules and rules for buildings BS EN 1992-1-1 : 2004

Eurocode 2에서는 확대머리철근에 대해 상세한 설계법을 제공하지 않고 있으며, 기본적으로 실험에 의해 그 성능이 검증된 경우 적용을 허용하고 있다. 대구경 철근, 프리캐스트 구조의 접합부 등에서 확대머리철근 사용에 대한 기본적인 서술만 규정하고 있다.

Code
8.4 Anchorage of longitudinal reinforcement 8.4.1 General (5) Where mechanical devices are used the test requirements should be in accordance with the relevant product standard or a European Technical Approval. 8.8 Additional rules for large diameter bars (3) Splitting forces are higher and dowel action is greater with the use of large diameter bars. Such bars should be anchored with mechanical devices. As an alternative they may be anchored as straight bars, but links should be provided as confining reinforcement. 9.10.3 Continuity and anchorage of ties (3) Ties should not normally be lapped in narrow joints between precast units. Mechanical anchorage should be used in these cases. 10.2 Basis of design, fundamental requirements (3) Where required, mechanical devices should be detailed in order to allow ease of assembly, inspection and replacement.
Commentary
None

8) CSA-A23.3-04 (R2010) Design of Concrete Structures

캐나다 콘크리트 구조물의 설계 규준인 CSA A23.3 Design of Concrete Structures (Reaffirmed 2010)에서는 ACI 318-05와 같이 콘크리트에 손상을 주지 않는 어떠한 확대머리 철근도 사용될 수 있도록 허용하고 있다. 2004년에 개정된 규정이 2014년 8월 현재 재개정 없이 사용되고 있어 구체적인 설계식은 없다.

Code
12. Development and Splices of Reinforcement 12.6 Mechanical Anchorage 12.6.1 Any mechanical device demonstrated by test to be capable of developing the strength of reinforcement without damage to the concrete may be used. 12.6.2 The development of reinforcement may consist of a combination of mechanical anchorage plus additional embedment length of reinforcement, between the point of maximum bar stress and the mechanical anchorage.
Commentary
None

9) 日本建築學會 鐵筋コンクリート構造計算規準・同解說(2010)

일본 건축학회 콘크리트구조계산규준에는 갈고리 철근과 동일하게 취급하고 있으나 횡보강근의 배치를 필수 요건으로 한다. 정착길이의 산정 방법이 갈고리 철근은 위험단면에서부터 갈고리 후면까지의 수평 투영면적으로 산정하지만 확대머리철근은 위험단면에서부터 정착판의 전면까지로 규정하고 있다.

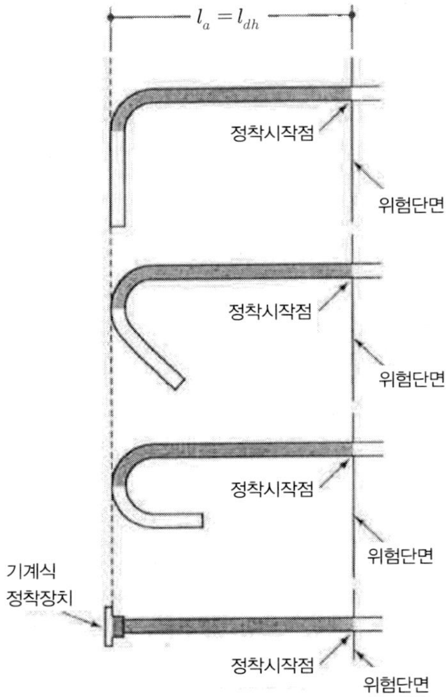

정착길이에 포함되는 부분

그림 3.46 일본 건축학회 정착길이

Code
17条 **定着** 1. **定着** (1) 一般事項 本条は，定着破壊に対する安全性の確保を目標とし.異形鉄筋の仕口への定着を対象とする. 異形鉄筋の仕口への定着は.（17.1）式により必要定着長さl_{ab}以上の定着長さl_aを確保する.通し配筋定着する場合は後述の(4)による. $l_a \geq l_{ab}$ (17.1)

(2) 定着長さl_a

直線定着する場合の定着長さl_aは，定着起点から当該鉄筋端までの長さとする[図17.1].本条2.に規定する標準フックを鉄筋端に設ける場合は.定着起点からフックまでの投影定着長さをl_aとする[図17.2]. 信頼できる機械式定着具を鉄筋端に設ける場合は，定着起点から定着具突起までの長さをl_aとする[図17.2].

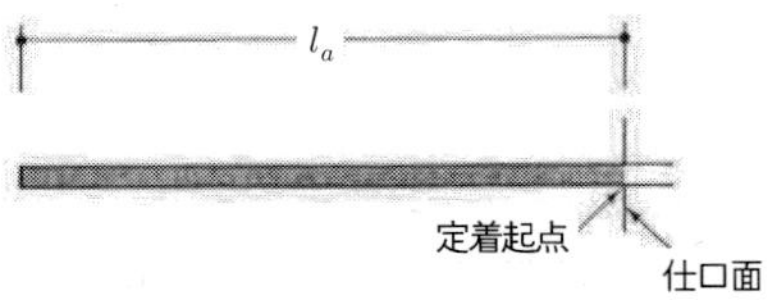

網掛けは定着長さに算入する部分

圖 17.1　直線定着する場合

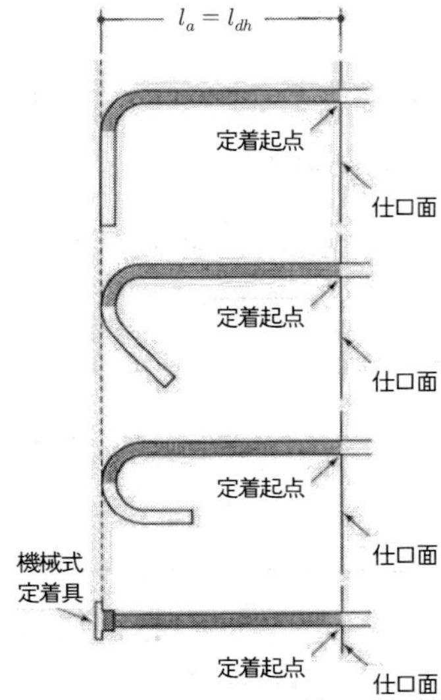

網掛けは定着長さに算入する部分

圖 17.2　標準フック等を設ける場合

(3) 必要定着長さl_{ab}

異形鉄筋による引張鉄筋の必要定着長さl_{ab}は. (17.2)式より算定する.

$$l_{ab} = \alpha \frac{S\sigma_t d_b}{10 f_b} \tag{17.2}$$

記号 f_b：付着割裂の規準となる強度で. 16条の表16.1のうち「その他の鉄筋」欄の数値

σ_t：仕口面における鉄筋の応力度.当該鉄筋の短期許容応力度を用いることを原則とする. 設計で長期応力のみ負担すると考えた部材にあっては，当該鉄筋の存在応力度の1.5倍を用いてよい.

d_b：異形鉄筋の呼び名に用いた数値(mm)

α：横補強筋で拘束されたコア内に定着する場合は1.0. それ以外の場合は1.25とする.

S：必要定着長さの修正係数で，表17.1による.

表 17.1 必要定着長さの修正係数

<table>
<tr><th colspan="3">種 類</th><th>S</th></tr>
<tr><td rowspan="4">直線定着</td><td colspan="2">耐震部材(柱, 大梁, 耐震壁, 基礎など)</td><td rowspan="2">1.25</td></tr>
<tr><td rowspan="2">非耐震部材(小梁, スラブ, 非構造壁など)</td><td>片持形式</td></tr>
<tr><td>上記以外</td><td rowspan="2">1.0</td></tr>
<tr><td colspan="2">その他の部材</td></tr>
<tr><td rowspan="4">標準フックまたは信頼できる機械式定着具</td><td colspan="2">耐震部材(柱, 大梁, 耐震壁, 基礎など)</td><td rowspan="2">0.7</td></tr>
<tr><td rowspan="2">非耐震部材(小梁, スラブ, 非構造壁など)</td><td>片持形式</td></tr>
<tr><td>上記以外</td><td rowspan="2">0.5</td></tr>
<tr><td colspan="2">その他の部材</td></tr>
</table>

(5) 定着に関する構造規定

1) 引張応力を受ける鉄筋の直線定着長さは原則として300mm以上とする.

2) 折曲げ定着の場合は原則として投影定着長さを$8d_b$かつ150mm以上とする.ただし設計で長期応力のみ負担すると考えた部材で特別な配慮をした場合はこの限りでない.

3) 折曲げによる梁主筋の柱への定着および柱主筋の梁への定着における投影定着長さは, 仕口部材断面全せいの0.75倍以上を基本とし接合部パネルゾーン側へ折り曲げることを原則とする.ただし仕口部材断面せいが十分に大きい場合, あるいは, 特別な配慮をした場合はこの限りでない.

4) 機械式定着具は横補強筋で拘束されたコア内で用いることを原則とする.

5) 特殊な定着箇所においては, 応力が無理なく伝達されるようなディテールとする.

6) 圧縮応力のみを受ける鉄筋の仕口への定着は, 原則として投影定着長さを$8d_b$以上とする.

Code(한국어 번역)

17조 정착

1. 정착

(1) 일반사항

본 규정은 정착 파괴에 대한 안전성 확보를 목표로 한다. 이형철근의 위험단면에서부터 정착을 대상으로 한다.

이형철근의 정착은 식 (17.1)과 같이 최소 정착길이 l_{ab} 이상의 정착길이를 확보해야 한다. 관통 배근으로 정착되는 경우에는 (4)의 제한 사항을 만족시켜야 한다.

$$l_a \geq l_{ab} \tag{17.1}$$

(2) 정착길이 l_a

직선 정착할 경우 정착길이는 정착 시작점에서 해당 철근 끝까지의 길이로 [그림 17.1]과 같다. 2조에 규정된 표준갈고리로 정착하는 경우는 정착 시작점에서 갈고리 끝까지 투영된 정착길이를 l_a로 한다[그림 17.2]. 신뢰할 수 있는 기계적 정착들을 철근 끝에 부착하는 경우는 정착 시작점에서 정착판 전면까지 길이를 l_a로 한다[그림 17.2].

(3) 최소 정착길이 l_{ab}

인장을 받는 이형철근의 최소 정착길이 l_{ab}는 식 (17.2)로 산정한다.

$$l_{ab} = \alpha \frac{S\sigma_t d_b}{10 f_b} \tag{17.2}$$

기호 f_b : 부착에 의한 기준 쪼갬파괴강도로 16조의 표 16.1에 따른다.

σ_t : 위험단면에서의 철근 응력으로 철근의 단기 허용응력을 원칙적으로 사용한다. 설계에서 장기 응력만 부담한다고 판단되는 부재에 대해서는 해당 철근에 작용하는 실제 응력의 1.5배를 사용할 수 있다.

d_b : 이형철근의 공칭지름(mm)

α : 횡방향 철근으로 구속된 경우는 1.0, 그 이외의 경우는 1.25로 한다.

S : 최소 정착길이의 보정계수로 표 17.1에 따른다.

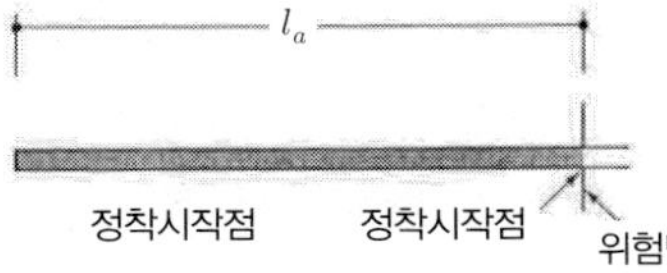

그림 17.1 직선정착의 경우

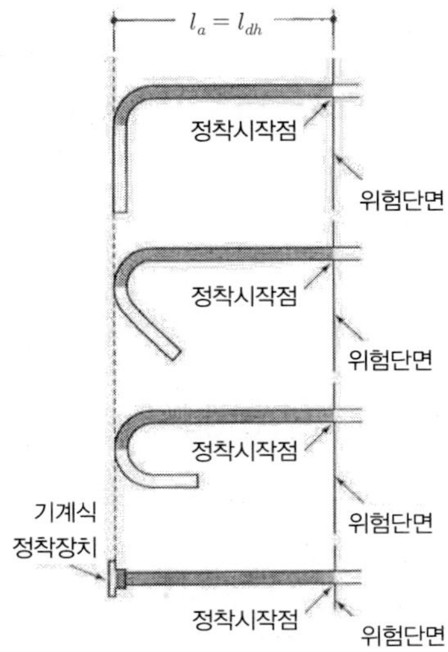

그림 17.2 표준갈고리 등이 있는 경우

표 17.1 최소 정착길의 보정계수

<table>
<tr><th colspan="3">종 류</th><th>S</th></tr>
<tr><td rowspan="4">직선 정착</td><td colspan="2">내진 부재(기둥, 큰보, 내진벽, 기초 등)</td><td rowspan="2">1.25</td></tr>
<tr><td rowspan="2">비내진부재(작은보, 슬래브, 비구조벽 등)</td><td>캔틸레버 형식</td></tr>
<tr><td>그 외</td><td rowspan="2">1.0</td></tr>
<tr><td colspan="2">그외 기타 부재</td></tr>
<tr><td rowspan="4">표준갈고리 또는 신뢰할 수 있는 기계적 정착</td><td colspan="2">내진 부재(기둥, 큰보, 내진벽, 기초 등)</td><td rowspan="2">0.7</td></tr>
<tr><td rowspan="2">비내진부재(작은보, 슬래브, 비구조벽 등)</td><td>캔틸레버 형식</td></tr>
<tr><td>그 외</td><td rowspan="2">0.5</td></tr>
<tr><td colspan="2">그외 기타 부재</td></tr>
</table>

(5) 정착에 관한 구조상세

1) 인장을 받은 철근의 직선정착길이는 원칙적으로 300mm 이상으로 한다.

2) 갈고리 정착의 경우는 원칙적으로 투영된 정착길이를 $8d_b$ 또는 150mm 이상으로 한다. 단, 설계에서 장기하중만 작용되는 부재에서는 이 규정을 적용하지 않을 수 있다.

3) 갈고리로 보 주철근을 기둥에 정착시키거나 기둥 주철근을 보에 정착시키는 경우 투영된 정착길이는 정착된 부재 전체 치수의 0.75배 이상으로 하고, 접합부 안쪽으로 갈고리를 구부리는 것을 원칙으로 한다. 단, 정착되는 부재 단면성이 충분히 클 경우 혹은 특별한 설계를 적용하는 경우에는 이 규정을 적용하지 않을 수 있다.

4) 기계적 정착들은 횡방향 철근으로 구속된 경우에 이용하는 것을 원칙으로 한다.

5) 특수한 정착이 사용된 곳에서는 응력이 무리 없이 전달되는 상세가 필요하다.

6) 압축응력만 받는 철근의 정착은 원칙적으로 투영된 정착길이를 $8d_b$ 이상으로 한다.

Commentary

None.

10) JSCE Standard Specifications for Concrete Structures(2007)

일본에서는 토목학회와 건축학회에 각각 콘크리트구조기준을 편찬하고 있다.

일본 토목학회에서는 건축학회와 달리 확대머리철근에 대한 구체적인 설계기준을 제시하지 않고, 별도 발간된 "コンクリートライブラリー128号 鐵筋定着・継手指針[2007年版]"을 참조하여 실험을 통해 적용 부위에 적합한 성능을 검증하여 적용하도록 하고 있다.

Code
13.6 Development of Reinforcement 13.6.1 General (2) Ends of the reinforcing bars shall be sufficiently embedded into concrete by the matter shown as below. (i) Bars are developed through bond stress between the reinforcement and the concrete. (ii) Bars are developed by provision of a hook. (iii) Bars are developed by suitable mechanical device. (4) If a method other than those mentioned in Item (3) is used, the method shall satisfy the required anchoring performance taking into consideration the type of structure or member, the state of loading, arrangement of reinforcement, the state of stress at the anchoring location, etc.
Commentary
13.6.1 General (4) For example, other anchoring methods are shown below. (a) Out of specification such as, high-strength reinforcing bars, large diameter reinforcing bars, special deformed bars, etc. These are embedded in concrete with the development length. (b) Ends of reinforcing bars with special bend configurations (c) End of bars welded with steel plate, nut, metal, and so on. In addition, end of bars welded into steel members. (d) The development length is shortened by improving the bond strength between reinforcing bars concrete. If an anchoring method other than those described in Item (3) is used, the method must satisfy the required performance according to the type of structure and load characteristics. In general, performance requirements include those listed below. Anchoring performance details and verification methods shall be in accordance with the Recommendations for Design, Fabrication and Evaluation of Anchorages and Joints in Reinforcing Bars (2007). 1) Static load capacity

2) High-stress cyclic load capacity
3) High-cycle load capacity
4) Reliability attributable to construction
5) Others (performance at low temperature, etc.)

3.2.6 확대머리철근정착 규정 비교

확대머리철근정착에 관한 기준은 콘크리트구조 학회기준(KCI 2017)과 ACI 318을 제외하고는 명확한 정착길이 설계식을 제공하지 않는다. 콘크리트구조 학회기준(KCI 2017)에서는 국내외 실험결과를 반영하여 적용 가능한 철근강도와 지름, 콘크리트강도 범위를 확장하였다. 또한 접합부에 적용된 확대머리철근의 순간격 규정을 완화하였다. 이는 접합부에서는 접합부 파괴 전에 정착파괴가 발생되기 어렵고, 실제 보-기둥 접합부 실험에서 좁은 순간격을 갖는 경우에도 갈고리 정착과 동등 이상의 성능이 검증되었기 때문이다.

국내외 주요 설계기준의 확대머리철근정착 규정을 비교하면 다음과 같다.

기준	정착길이		제한 규정							최소 정착길이
	기본식	기호 설명	철근 강도	철근 지름	순지압 면적	순피복 두께	순간격	콘크리트 강도	기타	
KCI 2017	$0.22\frac{\beta f_y d_b}{\psi\sqrt{f_{ck}}}$	$-\beta$: 에폭시 도막철근 1.2, 그 외 철근 1.0 $-\psi$: 측면피복과 횡보강철근에 의한 영향계수로 1.375 보다 클 수 없다. $0.6+0.3\frac{c_{so}}{d_b}+0.38\frac{K_{tr}}{d_b}$	600MPa 이하	57mm 이하	$4A_b$ 이상	$1.35d_b$ 이상	$2d_b$ 이상	70MPa 이하	-	$\max\{8d_b;\ 150\text{mm}\}$
	$0.24\frac{\beta f_y d_b}{\sqrt{f_{ck}}}$ $(K_{tr} \geq 1.2d_b)$	$-\beta$: 에폭시 도막철근 1.2, 그 외 철근 1.0	600MPa 이하	57mm 이하	$4A_b$ 이상	$2d_b$ 이상	$4d_b$ 이상	70MPa 이하	-	$\max\{8d_b;\ 150\text{mm}\}$
KCI 2012	$0.19\frac{\beta f_y d_b}{\sqrt{f_{ck}}}$	$-\beta$: 에폭시 도막철근 1.2, 그 외 철근 1.0	400MPa 이하	35mm 이하	$4A_b$ 이상	$2d_b$ 이상	$4d_b$ 이상 (단, 중간층 외부 보-기둥 접합부에서는 $2.5d_b$ 이상)	40MPa 이하	-	$\max\{8d_b;\ 150\text{mm}\}$
KBC 2013	-	성능이 입증된 어떠한 기계적 정착도 적용이 가능함	-	-	-	-	-	-	-	-
KBDC 2010	-	성능이 입증된 어떠한 기계적 정착도 적용이 가능함	-	-	-	-	-	-	-	-
KBDC LSD 2012	-	성능이 입증된 어떠한 기계적 정착도 적용이 가능함	-	-	-	-	-	-	-	-
KEPIC SNB 2012	-	철근 항복강도 125%를 만족하는 성능이 입증된 어떠한 기계적 정착도 적용이 가능함	-	-	-	-	-	-	-	-
KEPIC SNC 2010	-	앵커와 동일하게 설계	-	-	-	-	-	-	-	-
ACI 318-14	$\frac{0.19\psi_e f_y}{\sqrt{f_c'}}d_b$	$-\psi_e$: 에폭시 도막철근 1.2, 그 외 철근 1.0	420MPa 이하	36mm 이하	$4A_b$ 이상	$2d_b$ 이상	$4d_b$ 이상	42MPa 이하	-	$\max\{8d_b;\ 150\text{mm}\}$

기준	정착길이		제한 규정							최소 정착길이
	기본식	기호 설명	철근 강도	철근 지름	순지압 면적	순피복 두께	순 간격	콘크리트 강도	기타	
ACI 352R-02	Type 1 : $\frac{3f_y d_b}{16.8\sqrt{f_c'}}$	Type 1 중약진 지역	-	-	-	$3d_b$ 이상	-	-	측면피복 $3d_b$ 이하 : 정착되는 철근 인장력의 25% 이상 횡보강 철근 배근	-
ACI 352R-02	Type 2 : $\frac{3f_y d_b}{24.8\sqrt{f_c'}}$	Type 2 강진 지역 (위험단면은 기둥 후프철근 외곽부터)	-	-	-	$3d_b$ 이상	-	-	측면피복 $3d_b$ 이하 : 정착되는 철근 인장력의 50% 이상 횡보강 철근 배근	-
AASHTO LRFD BDS 2012	-	성능이 입증된 어떠한 기계적 정착도 적용이 가능함	-	-	-	-	-	-	-	-
ASME Sec. Ⅲ Div. Ⅱ 2013	-	철근 항복강도 125%를 만족하는 성능이 입증된 어떠한 기계적 정착도 적용이 가능함	-	-	-	-	-	-	-	-
ACI 349-13	$\frac{0.19\psi_e f_y}{\sqrt{f_c'}}d_b$	$-\psi_e$: 에폭시 도막철근 1.2, 그 외 철근 1.0	420MPa 이하	36mm 이하	$4A_b$ 이상	$2d_b$ 이상	$4d_b$ 이상	42MPa 이하	-	$\max\{8d_b; 150\text{mm}\}$
fib MC 2010	-	정착길이 없이 정착판만으로 정착강도 발현	-	-	$8A_b$ 이상	$2d_b$ 이상	$5d_b$ 이상	$f_y/24$ 이상	-	-
fib MC 2010	갈고리 정착과 동일하게 산정		-	-	-	-	-	-	-	-
EC 2 2004	-	성능이 입증된 어떠한 기계적 정착도 적용이 가능함	-	-	-	-	-	-	-	-
CSA R2010	-	성능이 입증된 어떠한 기계적 정착도 적용이 가능함	-	-	-	-	-	-	-	-
AIJ 2010	갈고리 정착과 동일하게 산정 (단, 정착길이는 위험단면에서 정착판 전면까지 길이)		-	-	-	-	-	-	-	-
JSCE 2007	-	성능이 입증된 어떠한 기계적 정착도 적용이 가능함	-	-	-	-	-	-	-	

참/고/문/헌

1. 김영진, 윤상조, "염해대책으로서의 에폭시수지 도막철근 사용현황", 한국복합신소재구조학회지, 2013. 6, pp.10~17.
2. 김정엽, 정형석, 천성철, 김인호, 최창식(2017), "51mm 대구경 철근을 사용한 외부 보-기둥 접합부의 정착상세별 구조성능 평가", 한국콘크리트학회 논문집, 제29권 2호, pp.201~208.
3. 김진근, 이정윤, 이재훈, 정란(2009), 고강도 철근 설계·시공 지침(안) 작성 연구. 연구보고서, 한국콘크리트학회.
4. 대한건축학회, "건축구조기준 및 해설(2009)", 2009.
5. 대한건축학회, "건축구조기준", 2011.
6. 대한건축학회, "건축구조기준", 2016.
7. 대한전기협회, "전력산업기술기준. SN 원자력 구조, SNB 격납구조", 2010.
8. 대한전기협회, "전력산업기술기준. SN 원자력 구조, SNB 격납구조. 추록", 2012.
9. 대한전기협회, "전력산업기술기준. SN 원자력 구조, SNC 철근콘크리트구조", 2010.
10. 신현목 외 6인(2006), 고성능 콘크리트 고교각의 개발 및 실용화 기술 개발. 연구보고서, 한국콘크리트학회.
11. 이용택, (2008), "헤드 철근의 구속상세에 따른 겹침이음성능에 관한 실험적 연구", 대한건축학회논문집 구조계 제24권 제5호, pp.59~66.
12. 이용택, 김승훈, 채서호, 반병열, (2008), "겹침이음된 헤드 철근의 이음 내력에 관한 실험적 연구", 대한건축학회논문집 구조계 제24권 제3호, pp.87~94.
13. 이재훈 외 10인(2010), 콘크리트 구조물에 대한 고장력 철근의 적용성 연구. 연구보고서, 한국콘크리트학회.
14. 전력연구원, "철근 기계적 정착공법 개발", 전력산업연구개발사업 최종보고서, 2005.
15. 정란 외 8인(2010), 휨-압축철근을 위한 Ultra-bar(SD600)의 적용성 연구 및 스터럽과 타이 철근을 위한 Ultra-bar(SD500 및 600)의 적용성 연구. 연구보고서, 한국콘크리트학회.
16. 정형석(2016), "고강도 대구경 확대머리철근의 정착성능 평가", 한양대학교 대학원 박사학위 논문, p.201.
17. 포스코건설(주), (주)부원비엠에스(2016), "LCT 확대머리철근 적용 기술개발", 인천대학교 연구보고서, p.144.
18. 천성철, 이성호, "외부 보-기둥 접합부에 정착된 확대머리철근의 파괴유형과 강도", 대한건축학회논

문집 구조계, 제25권 제5호(통권247호) 2009년 5월, pp.47~54.

19. 천성철, 이수영, 이병수, "대구경 확대머리철근의 정착강도 실험", 한국콘크리트학회 학술발표대회 논문집, pp.625~626. 2013년 10월 17~18일.
20. 천성철, 최동욱, 김승훈, 최석환, 문도영(2011), "ASTM A970-09 확대머리철근의 표준과 시험방법", 한국콘크리트학회지, 7월호.
21. 천성철, 최철민, 이병수, "실험방법에 따른 고강도 확대머리철근정착강도 비교", 한국콘크리트학회 학술발표대회 논문집, pp.629~630. 2013년 10월 17~18일
22. 하상수, 최동욱, 이창호, "반복하중을 받는 외부 보-기둥 접합부에서 작은 헤드를 사용한 Headed Bar 적용", 한국콘크리트학회 논문집, Vol. 19, No. 4, 2007년 8월, pp.411~420.
23. 한국교량및구조공학회, 교량설계핵심기술연구단, "도로교설계기준(한계상태설계법) 해설", 2015.
24. 한국도로교통협회, "도로교설계기준", 2010.
25. 한국도로교통협회, "도로교설계기준 한계상태설계법", 2012.
26. 한국콘크리트학회, "콘크리트구조설계기준", 2007.
27. 한국콘크리트학회, "콘크리트구조기준 해설", 2012.
28. 한국콘크리트학회, "콘크리트구조 학회기준 해설", 2017.
29. 한국콘크리트학회, "휨·압축철근을 위한 Ultra-Bar(SD600) 및 스터럽과 타이 철근을 위한 Ultra-Bar(SD500 및 SD600)의 적용성 연구", 2010년 8월, pp.153~169.
30. KS D 3871, (2017), 콘크리트보강을 위한 확대머리철근, p.8.
31. ACI-ASCE Joint Committee, Recommendations for Design of Beam-Column Connections in Monolithic Reinforced Concrete Structures (ACI 352R-02). 2002, ACI, 37 pp.
32. ACI-ASME Joint Technical Committee, "ASME Boiler and Pressure Vessel Code-Rules for Construction of Nuclear Facility Components," 2013.
33. ACI Committee 318, "Building code Requirements for Structural Concrete (ACI 318-95) and Commentary", American Concrete Institute, Farmington Hills, MI, 1995, 369 pp.
34. ACI Committee 318, "Building Code Requirements for Structural Concrete (ACI 318-08) and Commentary," American Concrete Institute, Farmington Hills, MI, 2008, 465 pp.
35. ACI Committee 318, "Building code Requirements for Structural Concrete (ACI 318-11) and Commentary," American Concrete Institute, Farmington Hills, MI, 2011, 503 pp.
36. ACI Committee 318, "Building code Requirements for Structural Concrete (ACI 318-14) and Commentary," American Concrete Institute, Farmington Hills, MI, 2015, 519 pp.
37. ACI Committee 318 subcommittee B, Meeting agenda, Nov. 17, 2006.
38. ACI Committee 349, Code Requirements for Nuclear Safety-Related Concrete Structures (ACI 349-13) and Commentary, American Concrete Institute, Farmington Hills, MI, 2014, 196 pp.

39. ACI 349-01 "Code Requirements for Nuclear Safety Related Concrete Structures" ACI, Farmington Hills, Mich., USA, 2001, 97 pp.

40. ACI 349-06 "Code Requirements for Nuclear Safety Related Concrete Structures" ACI, Farmington Hills, Mich., USA, 2006, 153 pp.

41. ACI 374.1-05 "Acceptance Criteria for Moment Frames Based on Structural Testing and Commentary", ACI, Farmington Hills, Mich., USA, 2005, 9 pp.

42. ACI Committee 408, "Bond and Development of Straight Reinforcing Bars in Tension (ACI 408R-03)," ACI, Farmington Hills, Mich., USA, 2003, 49 pp.

43 ACI Committee 408, "Suggested Development, Splice, and Standard Hook Provisions for Deformed Bars in Tension," (ACI 408.1 R-79), American Concrete Institute, Detroit, 1979, 3 pp.

44. ACI 421.1-99, "Shear Reinforcement for Slabs", ACI, Farmington Hills, Mich., USA, 1999, 15 pp.

45. ACI 421.1-08, "Shear Reinforcement for Slabs", ACI, Farmington Hills, Mich., USA, 2008, 15 pp.

46. American Association of State Highway and Transportation Officials, AASHTO LRFD Bridge Design Specifications, 1994.

47. American Association of State Highway and Transportation Officials, AASHTO LRFD Bridge Design Specifications, 2012.

48. ASME Boiler & Pressure Vessel Code III Division 2 Code for Concrete Reactor Vessels and Containments, 2010.

49. ASTM A970-13, Standard Specification for Headed Steel Bars for Concrete Reinforcement, 2013.

50. Bashandy, T.R., "Application of Headed Bars in Concrete Members," PhD Dissertation, The University of Texas at Austin, Austin, Texas, December 1996.

51. California Department of Transportation, "Standard Specifications for Construction of Local Streets and Roads," 2002, 793 pp.

52. CEB-FIP Model Code 2010 Vol. 1, 2010, 292 pp.

53. CEN, "PrEN 1992-1-1. Eurocode 2 : Design of concrete structures-Part 1-1 : General rules and rules for buildings," 2004.

54. Chamberlin, S. J., "Spacing of Spliced Bars in Beams," ACI JOURNAL, Proceedings V. 54, No. 8, 1958, pp.689~698.

55. Chinn, J.; Ferguson, P. M.; and Thompson, J. N., "Lapped Splices in Reinforced Concrete Beams," ACI JOURNAL, Proceedings V. 52, No. 2, 1988, pp.201~213.

56. Chun, Sung-Chul, (2015), "Lap Splice Tests Using High-Strength Headed Bars of 550MPa (80 ksi) Yield Strength", ACI Structural Journal, Sung-Chul Chun, Vol. 112, No. 6, Nov.-Dec., pp.679~688.

57. Chun, Sung-Chul, Choi, Chang-Sik, and Jung, Hyung-Suk, (2017), "Side-Face Blowout Failure of

Large-Diameter High-Strength Headed Bars in Beam-Column Joints", ACI Structural Journal, Vol. 114, No. 1, Jan.-Feb., pp.161~172.

58. Chun, S. C., Lee, S. H, Kang, T. H. K., Oh, B., and Wallace, J. W., "Mechanical Anchorage in Exterior Beam-Column Joints Subjected to Cyclic Loading," ACI Structural Journal, Jan.-Feb. 2007, pp.102~112

59. Chun, S. C. and Hong, S. G., "Strut-and-Tie Model for Headed Bar Development in C-C-T Nodes," ACI Structural Journal, Vol. 106, No. 2, March-April, 2009, pp.123~131.

60. Chun, S. C., Oh, B., Lee, S. H, and Naito, C. J., "Anchorage Strength and Behavior of Headed Bars in Exterior Beam-Column Joints," ACI Structural Journal, Vol. 106, No. 5, Sep.-Oct., 2009, pp.579~590.

61. Collins, M.P. and Mitchell, D., Prestressed Concrete Structures. 1991. Prentice Hall College Div.

62. Comit E. Euro-International Du B. Eton, CEB-FIP Model Code, 1993.

63. CSA A23.3-94 Design of Concrete Structures, 1994 (2010 re-approval)

64. CUR, Commissie voor Uitvoering van Research Ingesteld door de Betonvereniging, "Onderzoek naar de samenwerking van geprofileerd staal met beton," Report No. 23, The Netherlands (Translation No. 112, Cement and Concrete Association, London, "An Investigation of the Bond of Deformed Steel Bars with Concrete", 1964), 1963, 28 pp.

65. DeVries, R.A., "Anchorage of Headed Reinforcement in Concrete," PhD Dissertation, The University of Texas at Austin, Austin, Texas, December 1996.

66. ERICO, "Mechanical Rebar Splicing Systems," 2003.

67. Ferguson, P. M., and Breen, J. E., "Lapped Splices for High-Strength Reinforcing Bars," ACI JOURNAL, Proceedings V. 62, No. 9, 1965, pp.1063~1078.

68. Ferguson, P. M., and Krishnaswamy, C. N., "Tensile Lap Splices—Part 2 : Design Recommendation for Retaining Wall Splices and Large Bar Splices," Research Report No. 113-2, Center for Highway Research, The University of Texas at Austin, Tex., 1971, 60 pp.

69. Ferguson, P. M., and Briceno, A., "Tensile Lap Splices—Part 1 : Retaining Wall Type, Varying Moment Zone," Research Report No. 113-2, Center for Highway Research, The University of Texas at Austin, 1969.

70. Ferguson, P. M., and Krishnaswamy, C. N., "Tensile Lap Splices—Part 2 : Design Recommendation for Retaining Wall Splices and Large Bar Splices," Research Report No. 113-2, Center for Highway Research, The University of Texas at Austin, Tex., 1971, 60 pp.

71. Ferguson, P. M., and Thompson, J. N., "Development Length for Large High Strength Reinforcing Bars in Bond," ACI JOURNAL, Proceedings V. 59, No. 7, 1962, pp.887~922.

72. fib-International Federation for Structural Concrete, “fib Model Code for Concrete Structures”, 2013.

73. Furche, J. and Eligehausen, R., “Lateral Blow-Out Failure of Headed Studs Near a Free Edge,” Anchors in Concrete-Design and Behavior, SP-130, 1991, American Concrete Institute, Farmington Hills, MI. USA, pp.235~252.

74. Ghali, A. and Dilger, W. H. “Anchoring with Double-Head Studs”, Concrete International, Nov. 1998, pp.21~24.

75. Hassan, T.K., Seliem, H.M., Dwairi, H., Rizkalla, S.H. and Zia, P., “Shear behavior of large concrete beams reinforced with high-strength steel,” ACI Structural Journal, American Concrete Institute, Vol. 105, No. 2, 2008, pp.173~179.

76. Hegger, J., Sherif, A., and Roeser, W., “Nonseismic Design of Beam-Column Joints”, ACI Structural Journal, Vol. 100, No. 5, Sep.-Oct. 2003. pp.654~664.

77. James K. Wight, James G. Macgregor, “Reinforced Concrete-Mechanics & Design,” Pearson, 2012, 1157 pp.

78. Jirsa, James 0.; Lutz, LeRoy A.; and Gergely, Peter, “Rationale for Suggested Development, Splice, and Standard Hook Provisions for Deformed Bars in Tension,” Concrete International : Design & Construction. V. I, No.7, July 1979, pp.47~61.

79. Japan Society of Civil Engineers(JSCE), “Standard Specifications for Concrete Structures-Design,” 2007.

80. Ju, Y.-K., Chun, S.-C. Chun, and Yoon, S.-W. “Assessment of composite column and RC beam joints,” Proceedings of the Institution of Civil Engineers, Structures and Buildings, Vol. 158, Issue SB3, June 2005, pp.201~215.

81. Kang, T. H.-K.; Ha, S. S.; and Choi, D.-U. “Bar Pullout Tests and Seismic Tests of Small-Headed Bars in Beam-Column Joints,” ACI Structural Journal, V. 107, No. 1, Jan.-Feb. 2010, pp. 32-42.

82. Kang, Thomas H.-K., Shin, Myoungsu, Mitra, Nilanjan, and Bonacci, John F, (2009), “Seismic Design of Reinforced Concrete Beam-Column Joints with Headed Bars” ACI Structural Journal, Vol. 106, No. 1, pp.868~877.

83. Lee, Sungho, Chun, Sungchul, and Oh, Bohwan, “Structural Behavior of RC Columns with Mechanically Anchored Crosstie under Cyclic Loading,” Proceedings of ConMat'05, 1-12, p.164, August, 2005.

84. Marcus H. Ansley, M.H., “Investigation into the Structural Performance of MMFX Reinforcing,” Structures Research Project Report, Florida Department of Transportation, 2002.

85. Marques, J. L. G. and Jirsa, J. O., “A study of Hooked Bar Anchorages in Beam-Column Joints,” ACI Journal, Proceedings, V. 72, No. 5, 1975, pp.198~209.

86. Marsh, M.L., Wernli, M., Garrett, B.E., Stanton, J.F., Eberhard, M.O., and Weinert, M.D.(2011)

Application of Accelerated Bridge Construction Connections in Moderate-to-High Seismic Regions. NCHRP REPORT 698, Transportation Research Board, Washington, D.C.

87. Mast, R.F., Dawood, M., Rizkalla, S.H. and Zia, P., "Flexural strength design of concrete beams reinforced with high-strength steel bars," ACI Structural Journal, American Concrete Institute, Vol. 105, No. 4, 2008, pp.570~577.
88. Mathey, R., and Watstein, D., "Investigation of Bond in Beam and Pull-Out Specimens with High-Yield-Strength Deformed Bars," ACI JOURNAL, Proceedings V. 58, No. 9, 1961, pp. 1071-1090.
89. McConnell, S. W., and Wallace, J. W. (1994), "Use of T-Headed Bars in Reinforced Concrete Knee-Joints Subjected to Cyclic Loads", Report No. CU/CEE-94/10, Department of Civil and Environmental Engineering, Clarkson University, Potsdam.
90. Orangun, C. O.; Jirsa, J. O.; and Breen, J. E., "The Strength of Anchored Bars : A Reevaluation of Test Data on Development Length and Splices," Research Report No. 154-3F, Center for Highway Research, The University of Texas at Austin, Tex., 1975, 78 pp.
91. Orangun, C. O., Jirsa, J. O., and Breen, J. E., "A Reevaluation of Test Data on Developoment Length and Splices," ACI Journal, Proceedings, Vol. 74, No. 3, March, 1977, pp.114~122.
92. Pfister, J. F. and Mattock, A. H., "High Strength Bars as Concrete Reinforcement, Part 5 : Lapped Splices in Concentrically Loaded Columns", Journal, PCA Research and Development Laboratories , Vol. 5, No. 2, May 1963, pp.27~40.
93. Shao, Yun, Darwin, David, O'Reilly, Matthew, Lequesne, Remy, Ghimire, Krishna, Hano and Muna, (2016), Anchorage of Conventional and High-Strength Headed Reinforcing Bars, SM Report No. 117, The University of Kansas Center for Research, INC, p.334.
94. Sumpter, M.S., Rizkalla, S.H. and Paul Zia, P., "Behavior of high-performance steel as shear reinforcement for concrete beams," ACI Structural Journal, American Concrete Institute, Vol. 106, No. 2, 2009, pp.171~177.
95. The Institution of Structural Engineers, "Standard Method of Detailing Structural Concrete – A manual for best practice," 2006, 188 pp.
96. Thompson, M.K., "Anchorage Behavior of Headed Reinforcement in CCT Nodes and Lap Splices," PhD Dissertation, The University of Texas at Austin, Austin, Texas, May 2002.
97. Thompson, M. K.; Ziehl, M. J.; Jirsa, J. O.; and Breen, J. E., "CCT Nodes Anchored by Headed Bars-Part 1 : Behavior of Nodes," ACI Structural Journal, V. 102, No. 6, Nov.-Dec. 2005, pp.808~815.
98. Thompson, M. K.; Jirsa, J. O.; and Breen, J. E., "CCT Nodes Anchored by Headed Bars-Part 2 : Capacity of Nodes," ACI Structural Journal, V. 103, No. 1, Jan.-Feb. 2006a, pp.65~73.

99. Thompson, M. K.; Ledesma, A.; Jirsa, J. O.; and Breen, J. E., "Lap Splices Anchored by Headed Bars," ACI Structural Journal, V. 103, No. 2, Mar.-Apr. 2006b, pp.271~279.

100. Wallace, J. W.. McConnell, S. W., Gupta, P., and Cote, P. A., "Use of Headed Reinforcement in Beam-Column Joints Subjected to Earthquake Loads", ACI Structural Journal, Vol. 95, No. 5 Sep.-Oct. 1998, pp.590~606.

101. Watanabe, F. and Nishiyama, M., "Controlled yield sequence of reinforcement in concrete members," Proceedings of International Conference on High Performance Materials in Bridges, 2001.

102. Werner Fuchs, Rolf Eligehausen, and John E. Breen, "Concrete Capacity Design (CCD) Approach for Fastening to Concrete", ACI Structural Journal, Vol. 92, No. 1, Jan.-Feb. 1995. pp.73~94.

103. Y.-K. Ju, S.-C. Chun, and S.-W. Yoon "Assessment of composite column and RC beam joints," Proceedings of the Institution of Civil Engineers, Structures and Buildings, Vol. 158, Issue SB3, June 2005, pp.201~215 ISSN 0965-0911.

104. Yu-Chen Ou(2007) Precast Segmental Post-Tensioned Concrete Bridge Columns for Seismic Regions. University of New York at Buffalo.

105. 日本建築學會, 鐵筋コンクリート構造計算規準·同解說, 2010, 525 pp.

106. 日本建築學會, "各種合成構造設計指針書 同解說"

107. 日本建築學會, "プレストレストコンクリート設計施工規準·同解說"

108. 日本土木學會, コンクリートライブラリー128号 鐵筋定着・継手指針[2007年版]

109. 神戸製鋼, ネジコン定着工法の設計·施工要領

110. 東京鐵鋼株式會社, "プレ?トナット工法 設計施工指針", 日本建築センター 一般評定 BCJ評定-RC0152-03, 2008年, 70 pp.

111. 小西·加藤외 "特殊定着金物を用いたRC造梁主筋定着法に關する實驗的研究", コンクリ-ト工學年次論文報告集, 1995, Vol.17, No.2, pp.1195~1200.

112. "プレート定着型せん斷補强鐵筋 「Head-bar」", 財團法人 土木研究センター 土木系材料技術・技術審査證 第1104號, 審査證明依賴子：大成建設株式會社, 2000年 9月.

113. (財)日本建築センター 構造技術評定委員會コンクリート構造專門委員會, "鐵筋繼手性能判定基準 (1982年)," ビルデイングター 1983年 8月, pp.1~5.

4 장 예제

4.1 겹침이음

1) 기둥철근의 겹침이음

그림과 같은 기둥에 압축응력을 받는 D25 (직경=25.4mm, 단면적=506.7mm^2)와 D32(직경=31.8mm, 단면적=794.2mm^2) 철근을 겹침이음하려고 한다. 띠철근은 D10@200(직경=9.53mm, 단면적=71.3mm^2)을 단면에 3가닥 배근하였다. 이때 철근의 겹침이음길이를 콘크리트구조설계기준(2017)과 Eurocode 2로 설계하시오. 콘크리트의 압축강도 f_{ck}=24MPa, 주철근과 스터럽의 항복강도 f_y=400MPa이다. 소요철근량은 배근철근량의 0.9배이다.

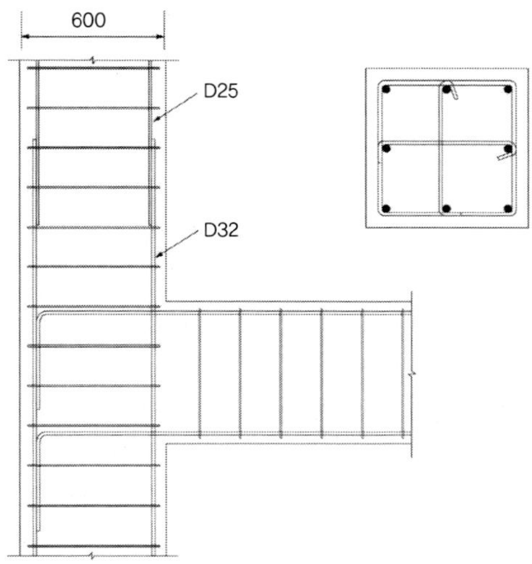

그림 4.1 기둥 철근

(1) 콘크리트구조설계 기준 2017

적용기준	계산 및 해설
기준 8.2.3	1. 굵은 철근(D32)의 정착길이 계산 기본정착길이 산정
기준 식 8.2.3	$l_{db}=\dfrac{0.25d_bf_y}{\lambda\sqrt{f_{ck}}}\times$보정계수 여기서, $\lambda=1.0$(일반콘크리트) 보정계수 산정 배근된 철근이 소요량 이상으로 과다인 경우 : 0.9
기준 8.6.3 기준 식 8.6.1	지름 6mm 이상이며 간격 100mm 이하인 나선철근 또는 압축철근에 대한 설계기준에 따라 배근된 D13 띠철근으로 둘러싸인 이형 압축철근 : 1.0 (조건을 충족시키지 못하므로) $l_{db}=\dfrac{0.25\times31.8\times400}{1\times\sqrt{24}}\times0.9=584$mm 여기서, 584mm는 $0.043d_bf_y=547$mm 비하여 크므로 적합하다.
기준 8.8	2. 가는 철근(D25)의 겹침이음길이 계산 겹침이음길이 산정 $l_s=\left(\dfrac{1.4f_y}{\lambda\sqrt{f_{ck}}}-52\right)d_b=\left(\dfrac{1.4\times400}{1\times\sqrt{24}}-52\right)\times25.4=1{,}583\,\text{mm}$ 여기서, $f_y<400$MPa일 때 $l_s\le0.072d_bf_y=0.072\times400\times25.4=732$mm 그러므로 가는 철근(D25)의 겹침이음길이는 1,583mm와 732mm의 작은 값인 732mm이며, 필요한 겹침이음길이는 굵은 철근의 정착길이와 가는 철근의 겹침이음길이 중에서 큰 값인 732mm이다. 3. 겹침이음길이 감소계수 계산 겹침이음길이 감소계수 겹침이음길이 구간 내의 띠철근의 유효단면적이 $0.0015hs$ 이상이면 겹침이음길이에 계수 0.83을 곱하여 겹침이음길이를 감소시킬 수 있다. 여기서, $0.0015hs=0.0015\times600\times200=180$mm^{2}는 겹침이음길이 구간 내의 띠철근 유효단면적인 $71.3\times3=214$mm^2 보다 크므로 최종 겹침이음길이는 $732\times0.83=607$mm이다.

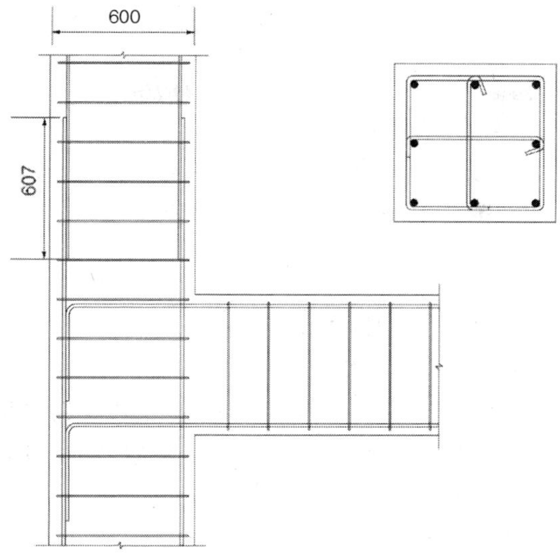

그림 4.2 기둥철근 겹침이음길이 산정(KCI 2017)

(2) Eurocode 2 (2004)

적용기준	계산 및 해설
	1. 굵은 철근(D32)의 겹침이음길이 계산
기준 8.4.2	부착강도 산정
기준 식 8.2	$f_{bd} = 2.25\eta_1\eta_2 f_{ctd} = 2.25 \times 1 \times 1 \times 1.17 = 2.63\ \text{MPa}$
	여기서,
	$\eta_1 = 1.0$(양호한 부착조건)
	$\eta_2 = 1.0(\phi < 32\,\text{mm})$
기준 식 3.1.2	$f_{ctk,0.05} = 1.75\ \text{MPa}$
기준 식 3.1.6	$f_{ctd} = \alpha_{ct} f_{ctk,0.05}/\gamma_c = 1.0 \times 1.75/1.5 = 1.17\ \text{MPa}$
기준 8.4.3	기본정착길이 산정
기준 식 8.3	$l_{b,rqd} = (\phi/4)(\sigma_{sd}/f_{bd}) = (25.4/4) \times (348/2.63) = 840\ \text{mm}$
	여기서, $\sigma_{sd} = \sigma_s/\gamma_s = 400/1.15 = 348\ \text{MPa}$
	설계겹침이음길이 산정
기준 8.7.3	$l_{bd} = \alpha_1\alpha_2\alpha_3\alpha_4\alpha_6 = 1 \times 1 \times 1 \times 1 \times 1.5 \times 840 = 1260\,\text{mm}$
	여기서,
	$\alpha_1 = 1.0(C_d < 3d_b)$
	$\alpha_2 = 1.0$
	$\alpha_3 = 1.0$

	$\alpha_4 = 1.0$(주철근에 용접된 횡철근으로 구속되지 않음) $\alpha_6 = 1.5$(겹침이음 철근비 50% 이상) 최소 겹침이음길이 검토 $l_{b,\min} = \max\{0.3\alpha_6 l_{b,rqd}\,;\,15d_b\,;\,200\}\,\mathrm{mm}$ $= \max\{233\,;\,381\,;\,200\}\,\mathrm{mm} = 381\mathrm{mm}$ $l_{bd} > l_{b,\min}$ 만족
기준 8.7.4.2	2. 겹침이음 구간에서의 횡방향 철근 압축철근의 횡방향 철근 겹침이음 철근의 지름이 20mm 이상인 경우 횡방향 철근의 전체면적 A_{st}(겹침 이음된 철근에 평행한 모든 횡방향 철근 단면적의 합)은 겹침 이음된 철근 하나의 면적(A_s)보다 커야 하므로 : D25 철근 1개의 단면적 507mm²보다 큰 횡방향 철근의 단면적 71.3×8=570mm²을 겹침이음길이 내에 배근하며, 겹침이음길이 양단의 바깥부분 $4d_b$ 안에 하나의 횡방향 철근을 배근한다.

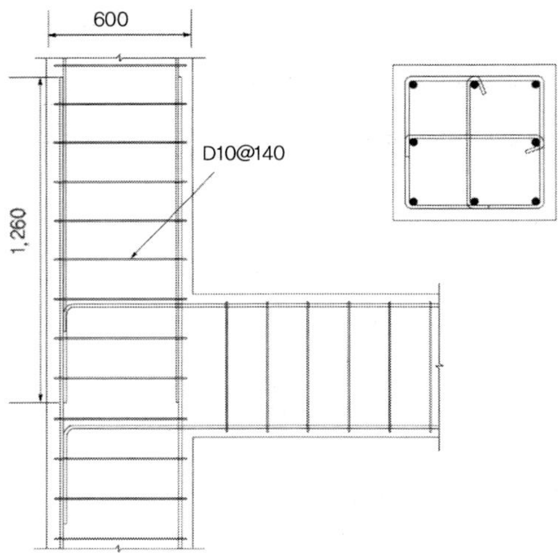

그림 4.3 기둥철근 겹침이음길이 산정(Eruocode 2)

2) 교량 바닥 슬래브의 겹침이음

깊이 h=250mm인 교량 바닥 슬래브의 상부 부휨모멘트 철근과 하부 정휨모멘트 철근으로 SD500의 D25를 150mm 간격으로 배치하려고 한다. 철근 중심까지의 피복두께는 45mm, 사용한 콘크리트는 f_{ck}=35MPa이다. 철근의 겹침이음 상세를 콘크리트구조설계기준(2017)에 따른 A급 이음과 Eurocode 2로 설계하시오.

(1) 콘크리트구조설계 기준 2017

<table>
<tr><th>적용기준</th><th>계산 및 해설</th></tr>
<tr><td>기준 8.2.2
기준 식 8.2.2</td><td>1. 철근(D25)의 정착길이 계산
기본정착길이 산정
$l_d = \dfrac{0.90 d_b f_y}{\lambda\sqrt{f_{ck}}} \times \dfrac{\alpha\beta\gamma}{\left(\dfrac{c+K_{tr}}{d_b}\right)}$
$= \dfrac{0.90\times 25.4\times 500}{1\times\sqrt{35}} \times \dfrac{1\times 1\times 1}{1.77} = 1{,}092\text{mm} > 300\text{mm}$
여기서,
$\alpha = 1.0$(기타 철근)
$\beta = 1.0$(도막되지 않은 철근)
$\gamma = 1.0$(D22 이상 주철근)
$\lambda = 1.0$(일반 콘크리트)
c=45mm(철근간격 또는 피복두께에 관련된 계수)
철근 중심에서 표면까지의 거리 45mm
철근중심간 거리의 1/2
$\dfrac{150}{2} = 75\text{mm}$
$K_{tr} = 0$
$\left(\dfrac{c+K_{tr}}{d_b}\right) = \left(\dfrac{45+0}{25.4}\right) = 1.77 < 2.5$</td></tr>
<tr><td>

기준 8.6.2</td><td>2. 겹침이음길이 계산
겹침이음길이
A급 이음으로 겹침이음해야 한다.
여기서,
A급 이음$= 1.0\times l_d = 1.0\times 1{,}092 = 1{,}092\text{mm} > 300\text{mm}$
따라서
교량 바닥 슬래브의 겹침이음길이는 1,092mm이다.</td></tr>
<tr><td>
기준 8.6.2</td><td>3. 겹침이음 철근의 배치
겹침이음 철근의 순간격
횡방향으로 소요 겹침이음길이의 1/5 또는 150mm 중 작은값
순간격=min(218, 150)
따라서
겹침이음 철근의 순간격은 150mm이다.</td></tr>
</table>

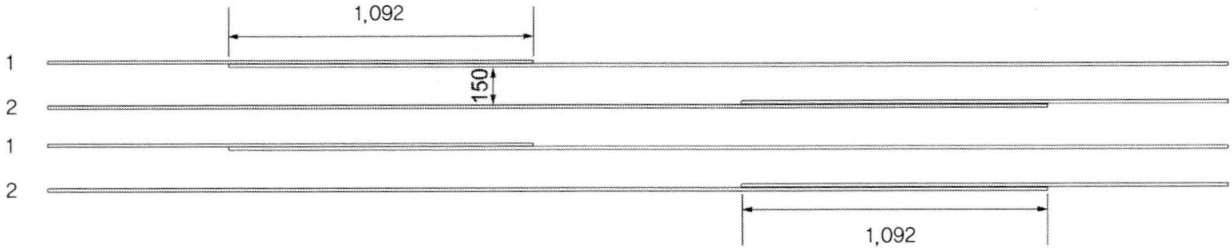

그림 4.4 슬래브 철근의 겹침이음길이 산정(KCI 2017)

(2) Eurocode 2 (2004)

적용기준	계산 및 해설
	1. 철근(D25)의 겹침이음길이 계산 부착강도 산정 $f_{bd} = 2.25\eta_1\eta_2 f_{ctd} = 2.25 \times 1 \times 1 \times 1.47 = 3.3\text{MPa}$ 여기서, $\eta_1 = 1.0$ (양호한 부착조건) $\eta_2 = 1.0$ ($\phi < 32\text{mm}$) $f_{ctk,0.05} = 2.2\text{MPa}$ $f_{ctd} = \alpha_{ct} f_{ctk,0.05}/\gamma_c = 1.0 \times 2.2/1.5 = 1.47\text{MPa}$ 기본정착길이 산정 $l_{b,rqd} = (\phi/4)(\sigma_{sd}/f_{bd}) = (25.4/4) \times (500/3.3) = 837\text{mm}$ 설계 겹침이음길이 산정 그림(a)의 교번배치의 경우 $l_{bd} = \alpha_1\alpha_2\alpha_3\alpha_4\alpha_6 = 1 \times 0.88 \times 1 \times 1 \times 1.4 \times 837 = 1{,}031\text{mm}$ 그림(b)의 계단배치의 경우 $l_{bd} = \alpha_1\alpha_2\alpha_3\alpha_4\alpha_6 = 1 \times 0.88 \times 1 \times 1 \times 1 \times 837 = 737\text{mm}$ 여기서, $\alpha_1 = 1.0$ $\alpha_2 = 1 - 0.15\frac{45-25}{25} = 0.88 \geq 0.7$ (여기서, $c = \min\{45\,;\,150/2\} = 45\text{mm}$) $\alpha_3 = 1.0$(여기서, 횡방향 철근이 이음 철근의 안쪽에 위치하므로 $K = 0$) $\alpha_5 = 1.0$ (여기서, 횡방향 압축응력 $p = 0$인 상태) $\alpha_6 = 1.4$: 그림 (a)의 교번 배치(여기서, 겹침이음 비율 = 50%) $= 1.0$: 그림 (b)의 계단 배치(여기서, 겹침이음 비율 = 25%)

최소 겹침이음길이 검토

$l_{b,\min} = \max\{0.3\alpha_6 l_{b,rqd}\ ;\ 15d_b\ ;\ 200\}\,\mathrm{mm}$

$l_{b,\min} = \max\{433\ ;\ 381\ ;\ 200\}\mathrm{mm} = 433\,\mathrm{mm}$ (교번배치)

$l_{b,\min} = \max\{221\ ;\ 381\ ;\ 200\}\mathrm{mm} = 381\mathrm{mm}$ (계단배치)

$l_{bd} > l_{b,\min}$ 만족

2. 겹침이음 구간에서의 횡방향 철근

인장철근의 횡방향 철근

설계기준에 따라 인장이음 철근의 지름이 20mm 이상이므로 겹침이음 철근 D25 하나의 단면적 507mm^{2}보다 큰 횡방향 철근량을 겹침이음길이 내의 외측 3분 구간에 걸쳐 이음 철근과 콘크리트 표면 사이에 배치하여야 한다. 따라서 교번배치인 경우는 150mm 간격으로, 계단배치인 경우에는 100mm 간격으로 D13 철근을 배치한다.

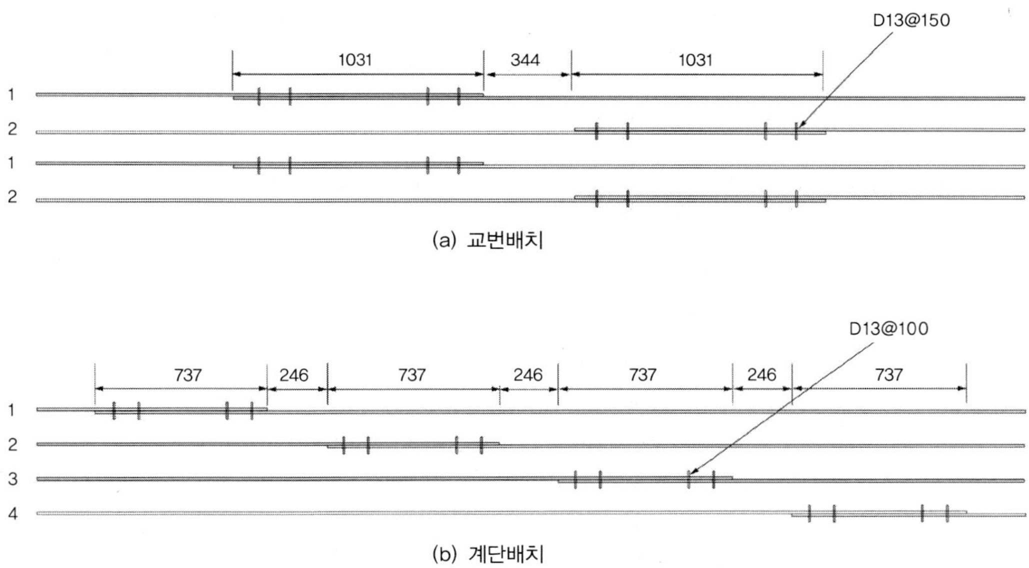

그림 4.5 슬래브 철근의 겹침이음길이 산정(Eurocode 2)

3) 연속보의 겹침이음

다음 그림과 같은 보의 단면 및 배근도에서 구조적 일체성을 확보하기 위한 경간 중앙의(B-B′) 25mm 상단 철근에 대한 인장겹침이음 길이를 콘크리트구조설계기준(2017)과 Eurocode 2로 설계하시오. 철근의 피복두께 c는 40mm이며, 스터럽은 D10@150이다. 사용된 재료는 콘크리트의 압축강도 f_{ck} =24MPa, 주철근과 스터럽의 항복강도 f_y =400MPa이다.

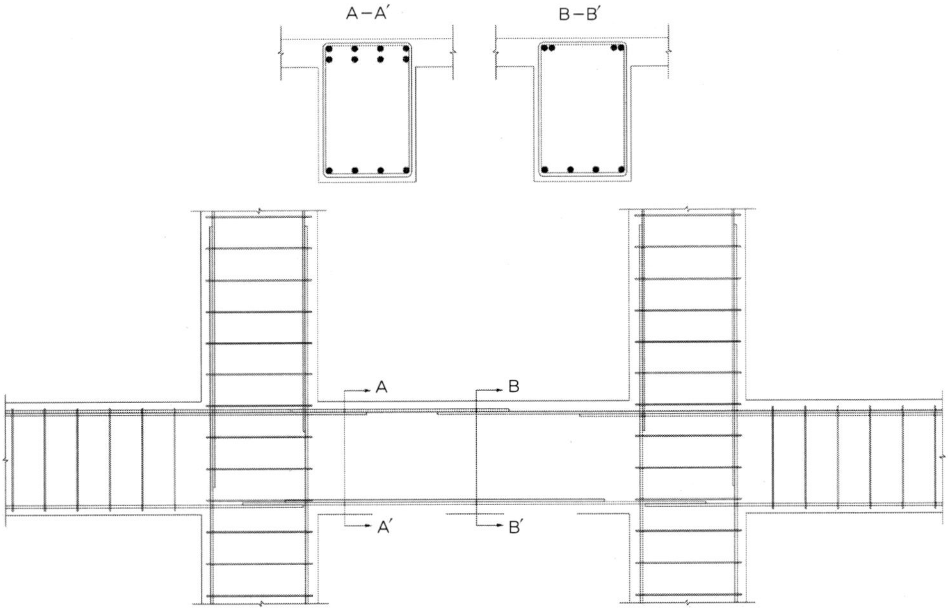

그림 4.6 연속보 단면

(1) 콘크리트구조설계 기준 2017

적용기준	계산 및 해설
기준 8.2.2 기준 식 8.2.2	1. B-B′ 단면 철근의 정착길이 계산 기본정착길이 산정 $l_d = \dfrac{0.90 d_b f_y}{\lambda\sqrt{f_{ck}}} \times \dfrac{\alpha\beta\gamma}{\left(\dfrac{c+K_{tr}}{d_b}\right)}$ $= \dfrac{0.90\times 25.4\times 400}{1\times\sqrt{24}} \times \dfrac{1.3\times 1\times 1}{2.5} = 970\text{mm} > 300\text{mm}$ 여기서, $\alpha = 1.3$(상부철근) $\beta = 1.0$(도막되지 않은 철근) $\gamma = 1.0$(D22 이상 주철근) $\lambda = 1.0$(일반 콘크리트) $c = 62\text{mm}$(철근간격 또는 피복두께에 관련된 계수) 철근 중심에서 표면까지의 거리 $40 + 9.53 + \dfrac{25.4}{2} = 62\text{mm}$ 철근순간격 $400 - (40 + 9.53)\times 2 - (25.4\times 2) = 250\text{mm}$

	철근중심간 거리의 1/2 $\frac{250.14+25.4}{2}=138\text{mm}$ $K_{tr}=\frac{40A_{tr}}{sn}=\frac{40\times 71.3\times 2}{150\times 2}=19.0\text{mm}$ $\left(\frac{c+K_{tr}}{d_b}\right)=\left(\frac{62.23+19}{25.2}\right)$=3.22는 2.5보다 크므로 2.5이다.
기준 8.6.2	2. 겹침이음길이 계산 겹침이음길이 B-B′ 단면의 상부주철근은 B급 이음으로 겹침이음해야 한다. 여기서, B급 이음 $=1.3\times l_d=1.3\times 970=1261\text{mm}>300\text{mm}$ 따라서 B-B′ 단면 상부주철근의 겹침이음길이는 1261mm이다.

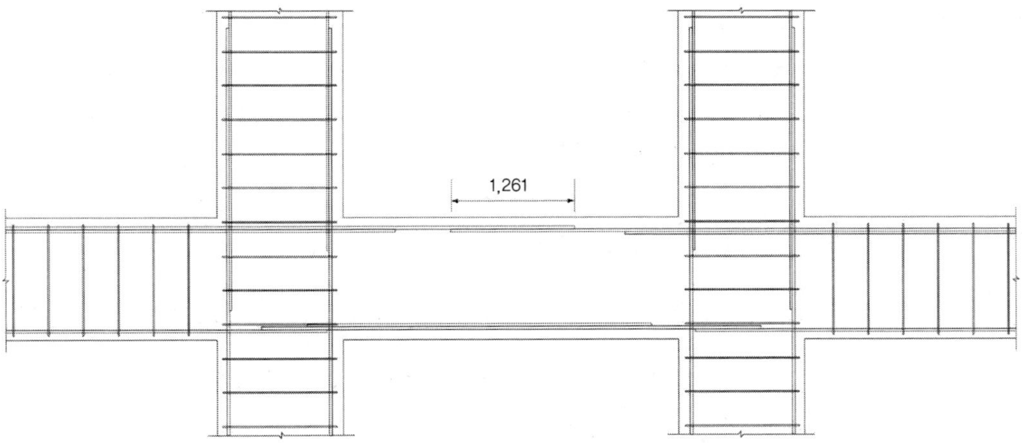

그림 4.7 연속보의 겹침이음길이 산정(KCI 2017)

(2) Eurocode 2 (2004)

적용기준	계산 및 해설
	1. B–B′ 단면 철근의 정착길이 계산
기준 8.4.2	부착강도 산정
기준 식 8.2	$f_{bd} = 2.25\eta_1\eta_2 f_{ctd} = 2.25 \times 1 \times 1 \times 1.52 = 2.63\text{MPa}$
	여기서,
	$\eta_1 = 1.0$(양호한 부착조건)
	$\eta_2 = 1.0(\phi < 32\text{mm})$
	$f_{ctk,0.05} = 1.75\text{MPa}$
기준 식 3.1.2	$f_{ctd} = \alpha_{ct} f_{ctk,0.05}/\gamma_c = 1.0 \times 1.75/1.5 = 1.17\text{MPa}$
기준 식 3.1.6	기본정착길이 산정
기준 8.4.3	$l_{b,rqd} = (\phi/4)(\sigma_{sd}/f_{bd}) = (25.4/4) \times (348/2.63) = 840\text{mm}$
기준 식 8.3	여기서, $\sigma_{sd} = \sigma_s/\gamma_s = 400/1.15 = 348\text{MPa}$
	설계겹침이음길이 산정
기준 8.7.3	$l_{bd} = \alpha_1\alpha_2\alpha_3\alpha_4\alpha_6 = 1 \times 0.88 \times 0.925 \times 1 \times 1.5 \times 840 = 997\text{mm}$
	여기서,
기준 8.4.3	$\alpha_1 = 1.0(C_d < 3d_b)$
	$\alpha_2 = 0.855$
	$\alpha_3 = 0.925$
	$\alpha_3 = 1 - \kappa\lambda = 0.925$
	$\kappa = 0.1$
	$\lambda = \dfrac{\Sigma A_{st} - \Sigma A_{st,\min}}{A_s}$
	$= \dfrac{506.7 - 0.25(506.7)}{506.7} = 0.75$ ($\Sigma A_{st} = A_s$로 가정)
	$\alpha_4 = 1.0$(주철근에 용접된 횡철근으로 구속되지 않음)
	$\alpha_6 = 1.5$(겹침이음 철근비 50% 이상)
	최소 겹침이음길이 검토
기준 8.7.4.2	$l_{b,\min} = \max\{0.3\alpha_6 l_{b,rqd}\,;\, 15d_b\,;\, 200\}\text{mm}$
	$= \max\{233\,;\, 381\,;\, 200\}\text{mm} = 381\text{mm}$
	$l_{bd} > l_{b,\min}$ 만족

기준 8.7.4	2. 겹침이음 구간에서의 횡방향 철근 압축철근의 횡방향 철근 겹침이음철근의 지름이 20mm 이상인 경우 횡방향 철근의 전체면적 A_{st}(겹침이음된 철근에 평행한 모든 횡방향 철근 단면적의 합)은 겹침이음된 철근 하나의 면적(A_s)보다 커야 하므로 : D25 철근 1개의 단면적 507mm^{2}보다 큰 횡방향 철근의 단면적 71.3×8=570mm^{2}을 겹침이음길이 내에 8@125로 배치한다.

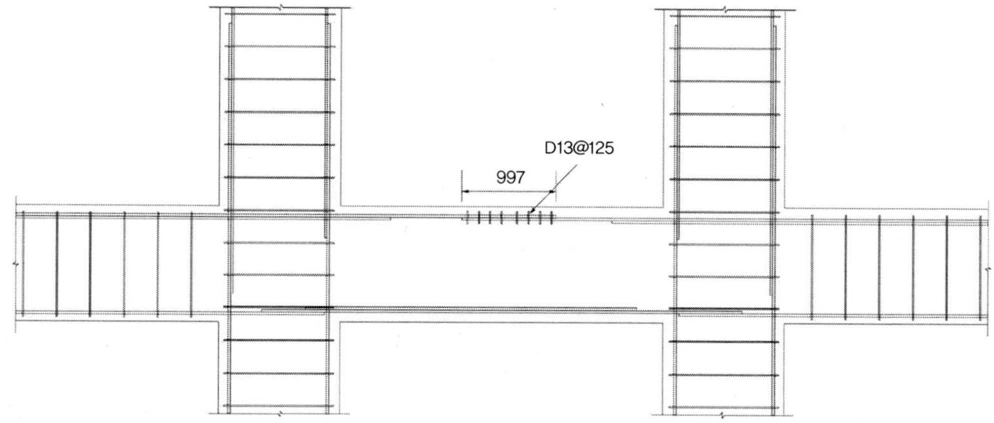

그림 4.8 연속보의 겹침이음길이 산정(Eurocode 2)

4.2 기계적이음

정사각형 단면 기둥에 대해 축방향 철근의 기계적이음을 콘크리트구조 학회기준(2017)으로 설계하시오. 기계적이음은 기둥 하부에 사용한다. 기계적이음은 철근의 설계기준 항복강도 f_y의 125% 이상을 발휘할 수 있는 완전 기계적이음을 사용하고, 커플러 외경은 40mm로 가정한다.

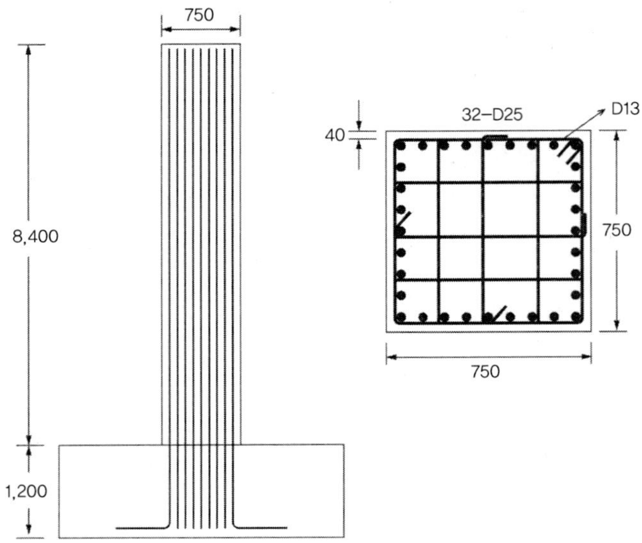

그림 4.9 기둥의 배근상세

적용기준	계산 및 해설
기준 8.8(5) 기준 8.6.1(3)	1. 기계적이음 요구 성능 검토 철근 설계기준 항복강도 f_y의 125% 이상을 발휘할 수 있는 완전 기계적이음을 사용하므로 기둥 철근의 기계적이음 요구 조건을 만족시킨다.
	2. 피복두께 검토 커플러 외경은 40 mm이고, 철근 지름은 25.4 mm이므로 커플러 두께 $t=(40-25.4)/2=7.3$mm이다. 커플러 두께는 횡방향 철근 지름 12.7mm보다 작으므로 피복두께는 추가로 검토할 필요가 없다.
기준 5.3.2(3)	3. 축방향 철근 순간격 제한 축방향 철근의 순간격은 40 mm 이상, 철근 공칭 지름의 1.5배 이상 $s_{\min}=\max(40\text{mm},\ 1.5d_b)=\max(40\text{mm},\ 38.1\text{mm})=40\text{mm}$
	4. 전수이음 가능 여부 검토 전수이음시 커플러의 순간격 $s_{net}=\dfrac{h-2[(\text{피복두께})+d_{b,stirrup}]-d_b-(n_b-1)d_{b,coupler}}{n_b-1}$ $=\dfrac{750-2[40+12.7]-25.4-(9-1)(40)}{9-1}=37.4\text{mm}<40\text{mm}$ 커플러 순간격 37.4 mm는 축방향 철근의 최소 순간격 40 mm보다 작으므로 전수이음이 불가능하다.

5. 반수이음 가능 여부 검토

반수이음시 커플러와 철근 사이의 순간격

$$s_{net} = \frac{h - 2[(\text{피복두께}) + d_{b,stirrup}] - d_b - \dfrac{n_b - 1}{2}(d_{b,coupler} + d_b)}{n_b - 1}$$

$$= \frac{750 - 2[40 + 12.7] - 25.4 - \dfrac{9-1}{2}(40 + 25.4)}{9 - 1} = 44.7\mathrm{mm} > 40\mathrm{mm}$$

커플러와 철근 사이의 순간격 44.7mm는 축방향 철근의 최소 순간격 40mm보다 크므로 인접 철근의 기계적이음은 서로 엇갈리게 한다.

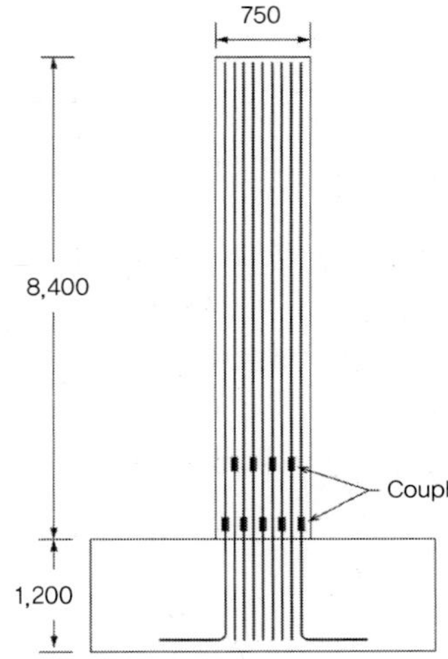

그림 4.10 기둥의 기계식이음 설계결과

4.3 갈고리정착

외부 보-기둥 접합부에서, 보 주철근을 외부 기둥에 정착시킬 때 상하단 철근의 정착길이를 콘크리트구조 학회기준(2017)과 Eurocode 2로 설계하시오. 모멘트골조는 중력하중 저항시스템으로만 사용되며, 보의 상단 주철근에 대해서는 표준갈고리로 설계하시오. 기둥에 작용하는 압축응력 최소값은 하중조합을 고려하여 콘크리트 압축강도의 10%로 가정한다.

f_{ck} =300MPa(일반콘크리트)

f_y =400MPa

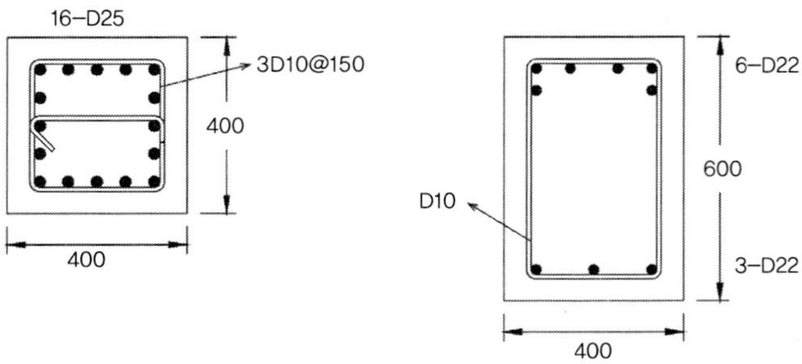

그림 4.11 외부 보-기둥 접합부의 기둥 및 보 단면

4.3.1 콘크리트구조 학회기준(2017)

적용기준	계산 및 해설
기준 8.2.5	1. 상단 주철근의 표준갈고리 정착 기본정착길이 산정
기준 식 8.2.4	$l_{hb}=\dfrac{0.24\beta d_b f_y}{\lambda\sqrt{f_{ck}}}=\dfrac{0.24\times 1\times 22\times 400}{1\sqrt{30}}=386\,\mathrm{mm}$ 여기서, $\beta=1.0$(도막되지 않은 철근), $\lambda=1.0$(일반콘크리트) 보정계수 산정 피복두께 보정계수 : 0.7(D35 이하이면서 갈고리의 측면 피복 70mm, 후면 피복 50mm) 표준갈고리 정착길이 산정 $l_{dh}=l_{hb}\times 0.7=270\mathrm{mm}\ \geq\ 150\mathrm{mm},\ 8d_b=176\mathrm{mm}$
기준 8.5.2	2. 하단 주철근의 정착 골조가 중력하중 저항시스템으로만 사용되므로 하단 주철근은 기둥에 150mm 연장하여 정착시킨다.

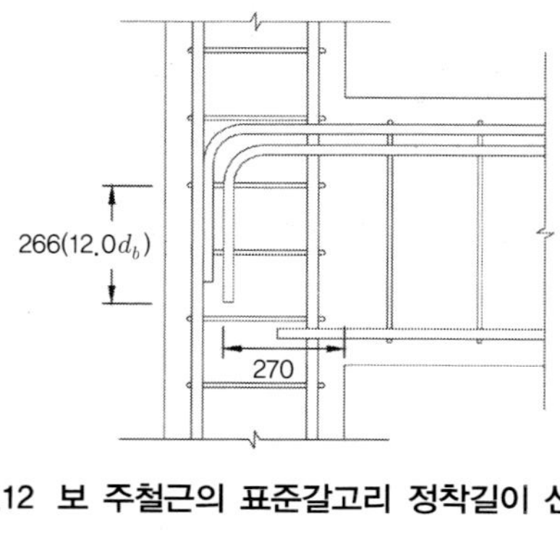

그림 4.12 보 주철근의 표준갈고리 정착길이 산정(KCI 2017)

4.3.2 Eurocode 2

적용기준	계산 및 해설
기준 8.4	1. 상단 주철근의 표준갈고리 정착 부착강도 산정
기준 식 8.2	$f_{bd} = 2.25\eta_1\eta_2 f_{ctd} = 2.25\times1\times1\times1.3 = 2.9\text{MPa}$ 여기서, $\eta_1 = 1.0$(양호한 부착조건) $\eta_2 = 1.0(\phi < 32\text{mm})$ $f_{ctk,0.05} = 2.0\text{MPa}$ $f_{ctd} = \alpha_{ct}f_{ctk,0.05}/\gamma_c = 1.0\times2.0/1.5 = 1.3\text{MPa}$ 기본정착길이 산정
기준 식 8.3	$l_{b,rqd} = (\phi/4)(\sigma_{sd}/f_{bd}) = (22/4)(348/2.9) = 660\text{mm}$ 여기서, $\sigma_{sd} = \sigma_s/\gamma_s = 400/1.15 = 348\text{MPa}$ 설계정착길이 산정
기준 식 8.4	$l_{bd} = \alpha_1\alpha_2\alpha_3\alpha_4\alpha_5 l_{b,rqd} = 1\times1\times1\times1\times0.88\times660 = 581\text{mm}$ 여기서, $\alpha_1 = 1.0(C_d < 3\phi)$ $\alpha_2 = 1.0(C_d < 3\phi)$ $\alpha_3 = 1.0$(주철근에 용접되지 않은 횡철근으로 구속되지 않음) $\alpha_4 = 1.0$(주철근에 용접된 횡철근으로 구속되지 않음) $\alpha_5 = 1-0.04p = 1-0.04\times3 = 0.88$(횡방향 압력 3MPa) 최소정착길이 검토
기준 식 8.6	$l_{b,\min} = \max\{0.3l_{b,red}\,;\,10\phi\,;\,100\text{mm}\}$ $= \max\{198, 220, 100\} = 220\text{mm}$ $l_{bd} > l_{b,\min}$ 만족 2. 하단 주철근의 정착 골조가 중력하중 저항시스템으로만 사용되므로 하단 주철근은 기둥에 220mm (10ϕ) 연장하여 정착시킨다.

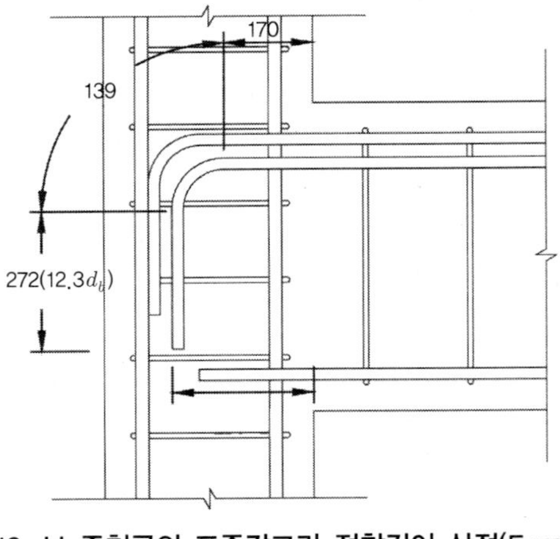

그림 4.13 보 주철근의 표준갈고리 정착길이 산정(Eurocode 2)

4.4 확대머리철근정착

중간층 외부 보-기둥 접합부에서 보 주철근을 외부 기둥에 정착시킬 때 상하단 철근의 정착길이를 설계하시오. 모멘트골조는 중력하중 저항시스템으로만 사용되며, 보의 상단 주철근에 대해서는 표준갈고리와 확대머리철근으로 각각 설계하시오.

f_{ck} =300MPa(일반콘크리트)

f_y =400MPa

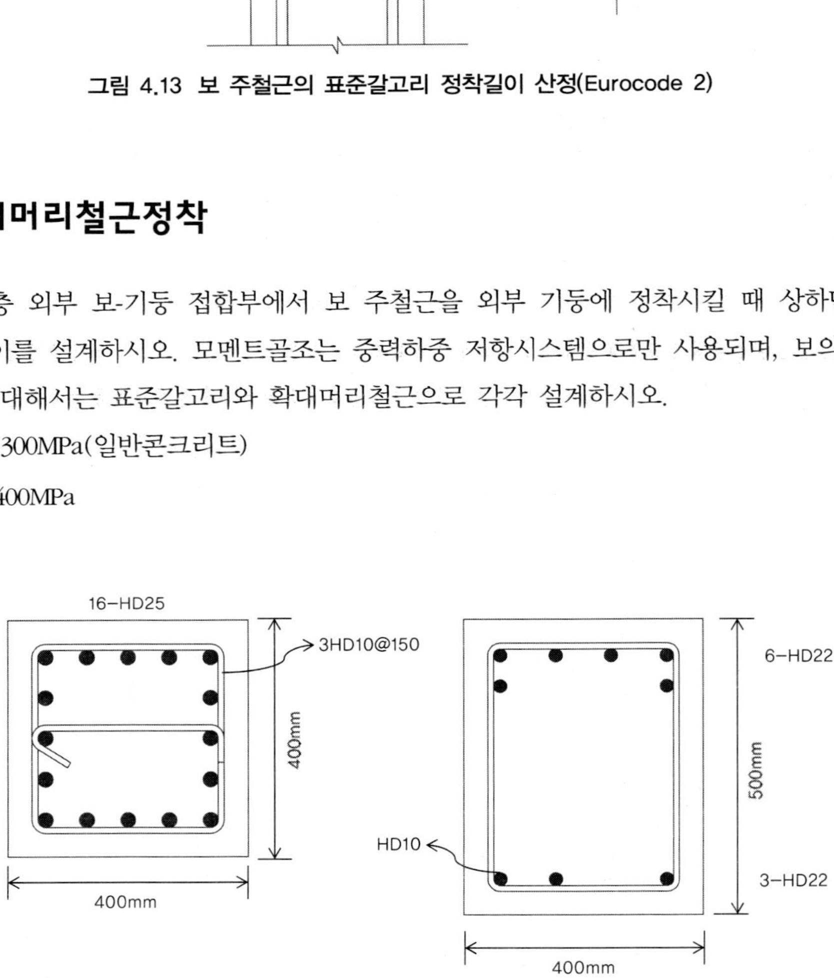

그림 4.14 확대머리철근 정착길이 예제용 보와 기둥 단면

적용기준	계산 및 해설
	1. 상단 주철근의 확대머리철근정착
기준 8.2.6 기준 식 8.2.5, 8.2.6	(1) 콘크리트구조 학회기준 적용 조건 검토 보주철근은 기둥 주철근 안쪽으로 배치되므로 측면피복두께는 $c_{so}=40+10+25=75\,\mathrm{mm}=3.4d_b \geq 1.35d_b$ O.K. 보 주철근은 기둥 주철근 사이사이에 배치되므로 확대머리철근 순간격은 $s_c=\dfrac{400-2(40+10)-25}{4}-22=46.75=2.125d_b \geq 2d_b$ O.K. 확대머리의 뒷면이 횡보강철근 바깥면부터 50mm 이내에 위치해야 하므로 확대머리정착판 뒷면까지의 최소 묻힘깊이는 400−40−50=310mm이다. 보의 유효높이 $d=500-40-10-22/2=439\mathrm{mm}$ 이므로 확대머리철근 묻힘깊이는 최소 $l_{dt}=d/1.5=292.7\mathrm{mm}$ 이상이어야 한다. 측면파열파괴를 방지할 별도의 횡보강철근이 배근되지 않았으므로 $K_{tr}=0$ 측면피복과 횡보강철근의 영향계수 산정 $\psi=0.6+0.3\dfrac{c_{so}}{d_b}+0.38\dfrac{K_{tr}}{d_b}=0.6+0.3\dfrac{75}{22}+0.38\dfrac{0}{22}=1.62>1.375$이므로 $\psi=1.375$ 정착길이 산정 $l_{dt}=\dfrac{0.22\beta f_y d_b}{\psi\sqrt{f_{ck}}}=\dfrac{0.22\times1\times400\times22}{1.375\sqrt{30}}=257\mathrm{mm}$ 여기서, $\beta=1.0$(도막되지 않은 철근) 따라서 $l_{dt}\geq \max(292.7\mathrm{mm},\ 150\mathrm{mm},\ 8d_b=176\mathrm{mm})=292.7\mathrm{mm}$ 확대머리의 뒷면이 횡보강철근 바깥 면부터 50mm 이내에 위치해야 하며, 적용 조건 검토 철근의 설계기준 항복강도 600MPa 이하 만족 콘크리트의 설계기준 압축강도 70MPa 이하 만족 철근 지름 57mm 이하 만족 보통중량콘크리트 만족

기준 8.5.2

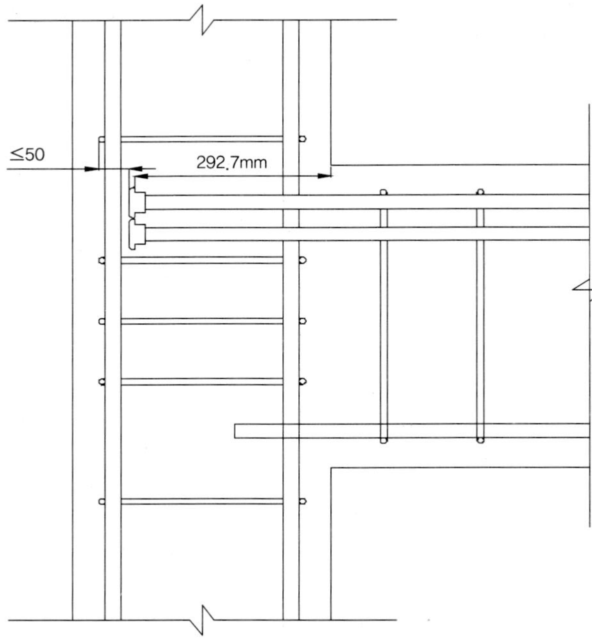

그림 4.15 보-기둥 접합부에 정착된 확대머리철근 상세(KCI 2017)

순지압면적은 $4A_b$ 이상, 확대머리철근 제작을 위해 철근마디와 리브의 손상이 지압면에서 $2d_b$를 초과하지 않으며, 확대머리와 철근 연결부의 지름이 철근 공칭지름의 1.5배 이하이며, 철근이 설계기준 항복강도를 발현할 때까지 확대머리 또는 확대머리와 철근의 이음부는 손상되지 않는 확대머리철근을 사용한다.

(2) ACI 318-14

적용 조건 검토

보주철근은 기둥 주철근 안쪽으로 배치되므로 측면피복두께는

$c_{so} = 40 + 10 + 25 = 75\,\text{mm} = 3.4d_b \geq 2d_b$ O.K.

보 주철근은 기둥 주철근 사이사이에 배치되므로 확대머리철근 순간격은

$s_c = \dfrac{400 - 2(40+10) - 25}{4} - 22 = 46.75 = 2.125d_b < 4d_b$ N.G.

정착길이 산정

$$l_{dt} = \frac{0.19\psi_e f_y d_b}{\sqrt{f_{ck}}} = \frac{0.19 \times 1 \times 400 \times 22}{\sqrt{30}} = 305\,\text{mm}$$

여기서, $\psi_e = 1.0$(도막되지 않은 철근)

따라서 $l_{dt} \geq \max(305\,\text{mm},\ 150\,\text{mm},\ 8d_b = 176\,\text{mm}) = 305\,\text{mm}$

	철근의 설계기준 항복강도 4,200MPa 이하 만족 콘크리트의 설계기준 압축강도 42MPa 이하 만족 철근 지름 36mm 이하 만족 보통중량콘크리트 만족 2. 하단 주철근의 정착 골조가 중력하중 저항시스템으로만 사용되므로 하단 주철근은 기둥에 150mm 연장하여 정착시킨다.

5 장

맺음말

이 실무지침에서는 실무 구조설계에 도움을 주기 위하여 철근의 정착 및 이음 상세에 관한 국내외 규정, 배경, 이론적 근거, 제정 및 개정에 근간이 되었던 기존 연구 등을 정리하였으며, 이를 예제를 포함한 매뉴얼 형식으로 집필하였다. 실무자에게 유용한 정보를 제공하기 위해 전반적인 내용을 체계적이고 포괄적으로 구성하였다.

이 실무지침은 한국콘크리트학회 정착-이음위원회에서 출간한 첫 번째 실무지침이다. 철근콘크리트 구조물에 있어서 철근정착 및 이음 상세의 중요성은 아무리 강조해도 지나치지 않는다. 휨-압축 설계 및 전단 설계 등이 모두 원만하게 진행되었더라도 정착 및 이음에서의 작은 실수는 매우 취성적인 파괴로 이어질 수 있고 종국적으로 구조물의 붕괴를 초래할 수도 있다. 기대했던 휨강도나 전단강도가 전혀 발현되지 않고, 심지어 무근콘크리트와 같은 거동을 나타낼 수 있기 때문이다. 정착 및 겹침이음의 경우 철근콘크리트 설계에서 일반적으로 다루어지는 내용임에도 구조를 공부한 학생들에게 있어서 휨설계나 전단설계만큼 익숙하지 않은 면이 있다. 아마도 그 이유는 휨과 전단설계 이론을 숙지한 후 해당 규정들을 급속으로 배우기도 하거니와 다소 생소한 내용들로써 집중력을 발휘하지 못하고 학습을 마치기 때문이 아닐까? 따라서 철근정착 및 이음의 중요성이 현업에서도 의외로 쉽게 간과될 수 있고, 실제로 정확하게 개념을 이해하지 못하거나 철근의 정착 및 절단 등을 정확하게 산정하지 못하는 젊은 엔지니어도 다수 있을 것으로 사료된다. 또한, 컴퓨터 프로그램의 결과에 맹목적으로 의존하고 있는 엔지니어도 상당할 것으로 상상해 본다. 콘크리트구조 학회기준 등에서 정착 및 겹침이음은 전통적으로 등장하는 내용이기에 추후 실무를 하면서 서서히 익히게 되는 수순을 밟는 것이 아닐까? 단, 콘크리트구조 학회기준은 그야말로 최소 기준과 최소한의 해설만 실리게 되므로 다소 불친절하게 느껴질지도 모른다. 그렇다면 전문서적이나 참고문헌 등을 참고해야 하는데, 국내 기준마저 오래도록 업데이트되지 않은 서적도 있고 오히려 전문서적이나 학술논문은 너무 이론적이고 복잡하여 독자들의 흥미를 끌지 못하는 실정이다. 기계이음의 경우에는 또 다른 상황이다. 성능실험 및 검증이 엄격하게 이루어져야 하고, 또 그러한 인증서나 실험결과를 믿고 국내외 현장에서는 해당 기계이음 제품이 사용된다. 기계이음은 그 종류가 대단히 많고, 각기 다른 힘 전달 메커니즘을 가지고 있기에 이에 대한 파악이 쉽지 않을 수 있다.

비록 정착-이음위원회의 첫 실무지침 발간은 많이 늦어졌지만, 이러한 철근정착 및 이음의 이해도를 높이는데 있어 도움을 주고자 시간이 걸리더라도 다소 꼼꼼하게 검토하여 출간하게 되었다. 정확한 철근정착 및 이음에 대한 현행 국내외 기준과 규정을 상세하게 정리하였다. 앞서 언급하였듯 여러 이론적 근거 및 배경에 대해서도 간결하면서도 중요한 부분을 담아 독자의 이해를 높이기 위해 노력하였다. 또, 각국의 관련 규정의 비교는 보다 폭넓은 정착 및 이음 개념의 이해와 계산의 정확도를 높이는데 도움이 될 것이다. 무엇보다 예제를 실어 실무적인 연습을 할 수 있도록 하였다. 현장에서의 시행착오를 하나라도 더 줄일 수 있다면, 그것이 이 실무지침의 의의와 목적을 이루는 일이라 하겠다. 이렇듯 그간의 연구를 기반으로 첫 번째 실무지침에 많은 유익한 내용을 담았고, 특히 최신 기준과 규정을 마지막까지도 재검토하였기 때문에 늦으나마 유용한 실무지침이 될 것으로 기대된다.

구체적으로 이형철근의 정착길이 및 겹침이름 규정, 이형철선의 겹침이음 규정, 철근의 기계적이음 규정, 이형철근의 갈고리 정착 및 겹침이음 규정, 이형철근의 확대머리철근정착 및 겹침이음의 국내외 규정에 대하여 다루었다. 이 실무지침에서 소개된 국내외 규정으로는 콘크리트구조 학회기준, 건축구조기준, 도로교 설계기준 한계상태설계법, ACI 318, AASHTO LRFD Bridge Design Specifications, Eurocode 2, 일본건축학회기준, JSCE Standard Specifications for Concrete Structures, 전력산업기술기준 격납구조, 전력산업기술기준 철근콘크리트구조, ASME Sec.III Div.II, ACI 349, CSA-A23.3, ACI 352R, fib Model Code 등이 있다. 또한 정착 및 이음 상세 이론의 배경, 정착 및 이음 파괴특성, 규정의 제정과 개정에 근간이 된 기존 연구에 대해서도 요약하였다. 그 후 해당 예제를 제시함으로써 매뉴얼의 기능을 극대화하였다. 최근 사용이 늘어나고 있으며 각 규정에서도 점진적으로 반영되고 있는 고강도 철근에 대한 내용도 다루었기 때문에 현재의 기준이나 규정보다도 고강도 철근에 있어서는 이 실무지침이 다소 앞서 있다고 할 수 있다.

그럼에도 불구하고 철근의 정착 및 이음 상세에 관하여 여전히 다루어지지 않은 부분이 있을 것이다. 특히 과밀 부위에 대한 상세나 상세도면은 워낙 방대한 내용이라 이 실무지침에서 제외하였다. 앞으로도 한국콘크리트학회 정착-이음위원회는 유용한 기술과 정보를 실무자들과 공유하기 위하여 노력할 것이다. 철근의 정착 및 이음이 전체 구조물의 성능과 거동을 지배하고 내진설계에 있어서도 대단히 중요한 설계 요소임을 고려할 때, 앞으로 정착-이음위원회가 중심이 되어 정리해 나가야 할 부분이 많다. 무엇보다 기존 구조물의 정착과 이음에 대한 상황은 정확한 구조도면과 시공도면이 존재하지 않는 한 알기 어려운 부분이다. 그리고 이에 대한 평가법 및 해결책이 공학적으로 제시되어야 한다. 정착-이음위원회는 한국콘크리트의 타 위원회 및 유관 기관과 공조하여 이런 부분에 있어 계속적으로 노력해 나갈 예정이다.

KCI-104 정착-이음위원회

위원장	하상수	강남대학교
위원	강현구	서울대학교
	고성현	제주국제대학교
	권승희	명지대학교
	김길희	공주대학교
	김도연	한국전력기술(주)
	김두기	군산대학교
	김민준	한국토지주택공사
	김승훈	한밭대학교
	김익현	울산대학교
	문도영	경성대학교
	문종혁	(주)원진
	박태원	단국대학교
	송근택	힐티코리아(주)
	안영승	(주)원진
	이득행	충북대학교
	이용진	티티케이코리아(주)
	이종한	인하대학교
	이진섭	한성피씨건설(주)
	천성철	인천대학교
	최동욱	한경대학교
	최창식	한양대학교

콘크리트 실무매뉴얼

철근의 정착이음 상세 매뉴얼

2020년 7월 10일 1판 1쇄 발행
2022년 3월 30일 1판 4쇄 발행

관리주체 사단법인 한국콘크리트학회
서울특별시 강남구 테헤란로7길 22
한국과학기술회관 신관 1009호
TEL. 02)568-5984~7
FAX. 02)568-1918

출판보급처 기 문 당
서울시 성동구 무학봉28길 4-1
TEL. 02)2295-6171(代)~5
FAX. 02)2296-8188

출판등록 1976. 10. 7 (1-44)

홈페이지 http : // www.kimoondang.com

I S B N 978-89-6225-851-6 93530